# VOYAGES
## DE
## PYTHAGORE.

Médailles Antiques de Pythagore.

# VOYAGES DE PYTHAGORE

EN ÉGYPTE,

DANS LA CHALDÉE, DANS L'INDE,

EN CRÈTE, A SPARTE,

EN SICILE, A ROME, A CARTHAGE,

A MARSEILLE ET DANS LES GAULES;

SUIVIS

DE SES LOIS POLITIQUES ET MORALES.

TOME TROISIÈME.

A PARIS,

CHEZ DETERVILLE, LIBRAIRE, RUE DU BATTOIR,
N°. 16, QUARTIER DE L'ODÉON.

AN SEPTIEME.

# VOYAGES

DE

# PYTHAGORE.

## §. XCVII.

*Voyage à Orchoë. Origines chaldéennes.*

DESCENDU de la tour de Belus, je me mis aussitôt en route pour la Chaldée, antérieurement appelée *Cephène* (1), mon dessein étant de me fixer pendant quelques jours dans le chef-lieu de ce beau pays. C'est pourquoi je ne m'arrêtai point à *Persa*, petite ville célèbre par un temple d'Adonis, et plus encore par le culte qu'on y rend au phallus (2); ni à *Borsippa*, autre petite cité, servant de résidence à l'une des trois principales familles de l'ordre sacerdotal des Chaldéens; elle est toute entière consacrée au soleil et à la lune (3); ni à *Semavat*, ou la cité céleste, sise sur un bras de l'Euphrate, à qui, sans doute, la ville donne le nom de rivière du Ciel.

Je rencontrai sur ses bords des oiseleurs occupés à prendre dans leurs filets l'outarde (4), au vol pesant; ils l'excitaient à chanter. Nous

---

(1) Etienne, de Byzance.
(2) *idem.*
(3) Strabo. lib. XVI. *geog.*
(4) Pockocke.

la tenons, me dirent-ils, sitôt qu'elle chante : alors, elle ne pense plus à rien autre chose. Je continuai ma route, en me disant : « Les Babyloniens ressemblent aux outardes ».

On en trouve aussi et on les prend de même, sous les murs d'*Opis* (1), cité forte, sise au septentrion de Babylone, et honorée d'une école d'astronomie qui le dispute à Borsippa, mais qui le cède à Orchoë. On appelle Opis, *la ville des Livres*, et Orchoë, *la ville des sages de la Chaldée* (2). Je préférai les sages aux livres.

En avançant toujours dans un lieu fort resserré entre le grand fleuve de la Babylonie et le Tigre, je vis de loin *Opis, Chalybon, Calovaz, Gunda, Batracharta, Thalatha* et même *Teredon*, à l'embouchure du grand fleuve, dans le golfe Persique. Avant de s'y perdre, il coule entre deux hautes digues pendant un long espace. Ce travail immense était nécessaire pour obliger les eaux à garder leur lit. Le cours de l'Euphrate est de onze cent mille pas (3).

Enfin, après avoir marché assez long-temps, toujours vers le midi, j'entrai sur le territoire des Orchœnes (4), peuples agriculteurs et laborieux, qui finiront par détruire l'Euphrate, s'ils continuent leurs fréquentes dérivations (5).

---

(1) Xenophon.
(2) *Chaldæopolin*. Euseb. *praepar. evang.* IX. 17.
(3) Plin. *hist. nat.* VI. 26.
(4) Plin. *hist. nat. eod. loco.*
(5) C'est ce qui est arrivé. Le lit de l'Euphrate, à sec en cet endroit, formait un vallon du temps de Pline, et sans doute bien avant l'historien de la nature.
Voy. Strabon XVI. *geogr.* et Ptolémée.

Contrée aimable ! ciel pur ! les habitans sont dignes de la terre qui les porte et qui les nourrit. Presque toutes les familles y sont encore pastorales.

Presque toutes leurs richesses consistent dans leurs bestiaux. Leurs habitudes tiennent de cette simplicité originelle qui caractérisa les fils aînés de la nature. J'ai peine à rendre le contentement que j'eprouvai de porter mes pas sur le sol où furent empreints les premiers pas de l'homme. Du moins, une tradition que je n'ai pas le courage de combattre, le veut ainsi.

Arrivé à la petite ville d'*Orchoë* (1), je me présentai aussitôt au collége des prêtres Chaldéens. Mon titre saint d'initié de Thèbes me servit beaucoup auprès d'eux. Un vieillard s'en détacha pour me satisfaire sur tous les points de leur doctrine qui paraîtraient m'intéresser. Après les premiers devoirs de l'hospitalité, il me conduisit vers une montagne voisine, la seule de ces lieux entre l'Euphrate et les déserts de la Syrie arabique. Elle est embaumée dans toutes les saisons de l'*amomum* (2), plante aromatique qui sert de baze aux meilleurs parfums. Cette montagne dont la circonférence a une étendue de trois heures de marche, s'élève au centre d'une grande plaine, comme une île au milieu de la mer. On la désigne dans le pays sous le nom de Gebel-Sinan (3). Hermès,

---

(1) Choë, ou, selon quelques-uns, *Ur Chaldaeorum*, aujourd'hui, *Drachemia*. Voy. Danville. *mém. de l'acad. des inscript.*

(2) *Amomum assyrium*. Scaliger en tire l'étimologie de *momie*, d'autant mieux que l'amomum était l'un des aromates que l'Egypte employait pour ses embaumemens.

(3) Aujourd'hui *le mont bossu*.

ainsi s'appelait le vieillard chaldéen, me fit asseoir près de lui, le visage tourné vers Babylone et Orchoë. Il restait encore assez de jour pour contempler le lieu de la scène. Nous avions à notre gauche les derniers rayons du soleil expirant. Et déjà, le disque plein de la lune commençait à se dessiner sur l'azur céleste devenu plus foncé à notre droite. Autour de nous, se déployait jusqu'au bord de l'horizon, la campagne la plus belle, la plus riche, la plus riante. Pas un nuage au ciel (1), pas une seule coudée de terrain aride et sans culture. Un nombreux bétail se disposait à jouir de la fraîcheur de la nuit, sous l'œil de plusieurs gardiens. Le calme le plus profond régnait au-dessus de nos têtes et à nos pieds. Il n'était interrompu que par le son du pipeau champêtre, le plus antique de tous les instrumens. Hermès me donna tout le temps de me bien pénétrer de ce spectacle muet. Mais à la première apparition de l'étoile du soir : « regarde, me dit-il, regarde encore, et laisse errer ton imagination dans le champ immense de la nuit profonde... La religion est fille de la nuit. Le silence (2) est une grande Divinité, mère des autres Dieux. Du moins, le premier des cultes, la source de tous les autres, naquit dans la Chaldée, au sein des ténèbres et du calme; et le premier des astronomes en fut le père. Je te fais grâce des noms et de l'histoire de quelques centaines de rois (3) qu'on

---

(1) Orchoë était environ au trente-deuxième degré de latitude septentrionale, et au quatre-vingtième de longitude.
(2) L'évêque anglais Hooper. *hérésie des Valentiniens*.
(3) Bérose, dans Syncell.

dit avoir gouverné ce pays avant et depuis une grande inondation (1). Je dois te dire au moins le nom de l'un d'entre eux, en reconnaissance de deux grands services rendus par lui à l'espèce humaine : *Samirus* (2) est l'inventeur des mesures et des poids ; il nous apprit en outre à tisser le fil (3) précieux que nous donne un insecte, en se renfermant dans son propre ouvrage ; et nous proposa cet insecte pour modèle.

Nous avons eu un roi qui a pu servir de type à votre Hercule ; nous le nommons : *Nabocrodosorus* (4).

Il faut pourtant te parler d'*Ædoraque* : c'est sous son règne que parut ce législateur étranger sorti de la mer, et dont nous gardons le souvenir, sous les traits d'une figure moitié homme, moitié poisson.

Je passe à des faits plus certains.

Bien avant qu'il y eût une ville de Babylone, sur les rives de l'Euphrate, il existait dans la Chaldée des hommes simples qui n'avaient d'autres trésors que leurs troupeaux, ni d'autres affaires que le soin de les garder. Chaque matin, un rayon du soleil venait frapper leurs paupières et rompait les douceurs d'un sommeil paisible, pour leur offrir le plus éclatant des spectacles, le lever de l'astre du jour dans toute sa pompe que n'a jamais pu rivaliser le faste oriental des rois de l'Asie. Le soir, nouveau spectacle ! Ce même astre de

---

(1) Euseb. *praepar. evang.* X. 12.
(2) Voy. les *dynasties* d'Albupharage.
(3) La soie.
(4) Strabo. XIV. *geogr.*

feu dont ils ont suivi la marche au-dessus de leur tête, les frappe encore à son coucher, en étalant à leurs yeux des beautés du premier ordre. A peine a-t-il disparu, un autre flambeau s'allume, jette sur eux une clarté moins magnifique, mais plus douce et peut-être préférable pour les ames tendres. Cette flamme blanche est environnée d'une infinité de points lumineux semés comme au hasard. Là, c'est l'étoile du bouvier; ici, c'est le charriot ou les sept étoiles. Parvenus à l'âge de la raison, ces pâtres, les plus anciens d'entre nos ancêtres, s'étonnent d'abord; puis ils admirent. Ils s'interrogent pour se rendre compte de leurs sensations. Tous aussi peu savans l'un que l'autre, ils se bornent à marquer les levers, les couchers de tous ces feux qui brillent si loin, et continuent de vivre tranquillement, innocemment, jouissant des effets, sans remonter aux causes. Nous sommes déjà bien vieux, puisque notre nation est l'aînée des peuples; mais le monde dont nous faisons partie, est encore plus ancien; car il est éternel (1). Et c'est ce que l'étude des astres nous a appris. L'harmonie qui règne entre eux doit le rendre immortel (2). Peut-être n'y-a-t-il pas d'autres Dieux.

PYTHAGORE. L'hiérophante de Thèbes affirme aux initiés ce que tu ne me donnes ici que comme un doute.

HERMÈS. Nous avons pris l'usage de ne pas nous exprimer trop affirmativement pour avoir

---

(1) *Lettre* du P. Spiridion Poupart, *journal de Trévoux.* p. 1629. 1712.
(2) Diod. sic. II. *bibl.*

la paix. *Peut-être* dit plus souvent, eût épargné bien des chagrins aux mortels. Le doute sied à l'homme.

PYTHAGORE. Sage Hermès ! continue.

HERMÈS. Un voyageur, égaré, si l'on veut, sur les bords du grand fleuve, ou bien un nautonnier, fatigué de tenir la rame sur sa nacelle de jonc; ce sera *Alorus*, ou bien *Euhadnès* (1), si l'on veut encore; on peut même le faire venir des hauteurs du mont Caucase, ou de l'île des Atlantes, par la mer Erithrée. Cet homme arrive; témoin de la simplicité de nos bons ayeux, l'occasion développe rapidement en lui le germe de la gloire ou de l'ambition : « Mes amis, s'écrie-t-il devant plusieurs familles assemblées sur le rivage, aux rayons de la lune : je suis d'une contrée où l'on en sait un peu plus que vous touchant les *choses célestes* (2), ou ces feux sans nombre dont vous ignorez la nature et les lois, la puissance et les bienfaits. Ecoutez un étranger, homme comme vous, et qui se fait un devoir de payer votre hospitalité par la révélation des plus beaux secrets. Mortels, apprenez que tous ces point lumineux fixés (3) à cette voûte immense, sont autant de soleils, tous semblables

---

(1) *Euhadnès*, dit Hygin, vint par mer en Chaldée, et y enseigna l'astrologie.

Consultez les *fragmens* de Bérose, II; et d'Helladius, dans Syncelle et Photius.

Voyez aussi l'*histoire d'Assyrie*, *initio*; par Delile de Sales. *in*-8°. tom. I.

(2) Expression de Bérose et d'Epolemus, dans la *prep. evang.* d'Eusebe. IX.

(3) *L'uranie*, ou *tableaux des philosophes*, par St. George. liv. V et VI. tom. III. *in*-12. 1693.

à celui qui brille à vos regards pendant le jour ; et chacun d'eux éclaire à son exemple un monde pareil à celui où vous êtes. Tous ces soleils, tous ces mondes sont les parties d'une masse incommensurable, impérissable, divine, (1) et doivent se servir réciproquement de limites et de mesures ; car leur existence n'est que le résultat de leurs rapports entre eux, et de la bonne harmonie qu'ils observent.

Tous les corps se modifient l'un par l'autre, influent les uns sur les autres, selon leur nature respective. Vous avez dû remarquer que l'apparition ou le passage des Hyades verse sur la terre d'humides influences ; celles des Pléïades sont violentes et dangereuses. Les planètes influent plus immédiatement que les étoiles fixes, parce qu'elles sont plus rapprochées de nous. L'influence de la planète que vous appelez le soleil est la plus forte de toutes, en proportion du voisinage et de l'étendue de son action sur la terre. La lune doit tenir le second rang, ou le premier après le soleil. Apprenez que les étoiles se trouvant en conjonction avec l'une de ces planètes, répandent leur vertu à l'aide de sa lumière, sur les corps disposés à la recevoir.

Toute génération ne pouvant avoir lieu que par une influence tout à la fois chaude et humide, les rayons brûlans du soleil frappent

---

(1) ... *Ex Philone qui Chaldaeorum ita exprimit sententiam : iidem apparentem hunc et sensibus subjectum mundum suspicati sunt et ediderunt, aut ipsum solum esse deum , aut quae eo continetur universi animam. Fatum et necescitatem deificantes... Docentes practer haec , quae conspiciuntur, nullam esse omnium causam.*
Justus Lipsius.

sur les planètes qui ont de l'humidité, avant de retomber sur la terre pour la féconder. Or, la lune est de toutes les planètes la plus humide.

Aprenez que tout le ciel domine, règle, gouverne toute la terre; Chaque étoile influe sur une contrée, quand elle lui est verticale. L'homme a deux principes de vie, la chaleur et l'humidité: l'une vient du soleil, l'autre de la lune. Leur mélange bien tempéré procure une longue existence ; l'altération de l'une ou l'autre hâte le trépas. Le soleil, maître du cœur, y place le siége de la chaleur ; la lune qui gouverne l'humidité, en met le siége dans le cerveau.

Les actions de l'homme font leur bonne ou mauvaise fortune ; elles sont l'ouvrage de ses penchans, déterminés par le tempérament qui se règle d'après l'influence des astres.

Par cette gradation, les corps célestes sont non-seulement les signes, mais encore les causes de tout ce qui arrive d'heureux ou de malheureux aux corps sublunaires.

Vous tous qui m'écoutez avec quelqu'intéret, pour mieux comprendre ces lois sacrées de la nature, je vais en faire avec vous l'application à l'une des plus importantes fonctions de la vie : Quelqu'un d'entre vous désire-t-il savoir, si le nœud du mariage qu'il vient de contracter, lui sera funeste ou prospère? qu'il examine la planète maîtresse de la septième maison du zodiaque ; si cette planète s'y trouve avec de bons aspects, ou en heureuse configuration avec d'autres planètes ; il peut présager un heureux lien. Au contraire, si une planète maléficiée domine la maison de mort et se trouve à la septième en mauvaise constitution ; funeste augure !

Pour préjuger la fécondité du mariage, il faut s'assurer si dans le tempérament des deux époux, l'humide abonde davantage que le chaud.

L'expérience ne permet pas de douter que le soleil ne soit le propre significateur des honneurs, quand il se trouve le maître du ciel.

Celle d'entre vous, ajouta l'étranger, en s'adressant aux Chaldéennes, qui a le soleil dans le lion, peut se dire fortunée.

Mais vous tous Chaldéens ! mes nouveaux amis ! retenez pour maxime qu'il n'y a rien de si contraire à l'élévation d'un homme, rien de si dangereux pour sa chute, que d'avoir Saturne placé à la pointe du milieu du ciel ».

Les hommes simples de la Chaldée écoutèrent avidement un récit aussi nouveau, et y applaudirent d'autant mieux, qu'ils n'y comprenaient rien. La singularité de cette doctrine, l'assurance de l'étranger qui la leur débitait, et le mauvais génie de la curiosité les livrèrent à la merci de l'orateur. Fier de son ascendant sur l'ame neuve de ces peuplades, il profita de ce premier moment d'enthousiasme.

« Peuple, s'écria-t-il de nouveau, vous avez appris de vous-mêmes les mouvemens des astres, pour régler vos travaux et les saisons ; apprenez de moi la vertu des étoiles et des planètes, pour prévoir le mal, en lisant dans l'avenir (1). La science la plus utile à l'homme

---

(1) Voy. *dissertatio de religione Sabaitarum, seu antico ritu Caldeorum.* 1679.

n'est point l'art de conserver le passé dans sa mémoire, mais le talent de prédire ce qui doit arriver. Le premier pas pour y atteindre, est de dresser un autel, et de consacrer un culte aux astres.

Pythagore. Le malheureux ! quel tort il a fait aux hommes. Que ne s'en tenait-il à leur proposer le culte d'*Astrée* ! peut-être aurait-il contribué à rappeler sur la terre, ou du moins à fixer dans la Chaldée cette équité naturelle qui tenait lieu des lois, et que celles-ci remplacent si mal.

Hermès. Il n'était déjà plus temps.

« Les astres, continua Euhadnès, sont les médiateurs entre l'ame du monde et celle des hommes. Rendez-vous-les favorables, en adressant vos vœux à leurs images, quand ils s'éclipsent. Elevez un simulacre à la Lune, pour l'invoquer pendant les nuits qu'elle se dérobe à l'horizon. Ayez la gloire d'être les premiers adorateurs du ciel et des corps lumineux suspendus sur vos têtes. Les astres sont les chars, les navires des intelligences divines. C'est de ces navires que les puissances de la nature abaissent leurs regards sur les faibles mortels. Pour vous guider, je m'offre à communiquer aux plus intelligens d'entre vous ce que j'ai appris de plus doctes que moi. Ils continueront mes observations après ma mort, et ils seront tout à la fois vos prêtres et vos médecins, vos législateurs et vos magistrats. Destinez quelques-unes de vos familles à ces fonctions sublimes, afin que leur doctrine puisse se transmettre intacte des pères aux enfans.

Je leur enseignerai ce que c'est que cette

Divinité suprême qui se divise en autant de Dieux qu'il y a d'astres, depuis le feu pur qui dans le soleil éclaire et produit, jusqu'à ces lampes nocturnes qui brillent attachées aux voûtes du firmament.

Je leur enseignerai comment tous ces mondes se renouvellent, et changent de formes après plusieurs milliers d'années, sans pour cela s'anéantir ; l'univers est éternel.

Je leur apprendrai l'origine de l'homme et de la femme qui long-temps ne firent qu'un seul corps à deux têtes, et avec doubles parties, une pour chaque sexe (1) ».

Pour ranimer un peu l'attention fatiguée de tant de choses au-dessus de la portée de ceux qui l'écoutaient, le harangueur étranger leur débita à ce sujet une tradition qui, en flattant l'amour-propre des Chaldéens, produisit beaucoup d'effet sur les jeunes femmes d'Orchoë. Elles s'en souviennent encore aujourd'hui ; et les mères ont soin de répéter ce récit à leurs filles, quand celles-ci touchent à l'époque de devenir épouses à leur tour. Initié de Thèbes ! pourquoi ne daignerais-tu pas prêter l'oreille à d'antiques traditions qui peignent les mœurs primitives, si précieuses, et devenues si rares ?

Le sage Hermès, avec un sourire aimable, commença ainsi sa digression :

L'étranger continua donc : « Habitans des dernières rives de l'Euphrate, il faut que je vous apprenne une aventure dont vous devriez être mieux instruits que moi, puisqu'elle se passa sur votre propre territoire. Vous igno-

---

(1) Bérose, dans Eusebe. *graec. ap.* Scalig. p. 6.

rez peut-être que cette charmante contrée, votre séjour de temps immémorial, fut le berceau du genre humain. C'est ici que le premier mortel qui naquit double (1), fût placé, au sortir des mains de la Nature, dont le soleil est l'œil.

Seul, quoique deux en un, il ne tarde pas à éprouver quelqu'ennui, malgré la beauté du ciel, et les agrémens de la terre dont il est possesseur sans rivaux. Il ne daigne pas même prendre connaissance de tous les prodiges de la végétation qui l'environnent. Un soir, il s'endormit plus profondément que de coutume, pour ne se réveiller que fort tard le lendemain; mais que son réveil fut agréable! ô surprise! à ses côtés, il voit un autre être presqu'en tout semblable à lui; il se lève, et se sent comme allégé d'un grand poids. Il se livre à l'examen du second lui-même sommeillant encore. Le mortel double en formait deux distincts; mais ce n'est toujours que la même ame dans deux corps. Réciproquement, ils se donnent la main, puis le bras; ils marchent ensemble et du même pas. Ils s'étudient, ils apprennent à se connaître; ce fut l'ouvrage d'un moment. Ils se rendent compte de leurs premières sensations, et s'aperçoivent avec ivresse que chacun d'eux a son sexe à part, mais que l'un ne peut guères se passer de l'autre. Enfin, voilà l'homme et la femme!

Cependant il manquait quelque chose à l'un

---

(1) Un grand nombre d'écrivains orientaux ont cru que le corps du premier homme fut créé double, mâle et femelle.

Voy. aussi les *androgynes* de Platon. *in conviv.*

de ces deux chefs-d'œuvre. L'homme désirait vaguement l'un des principaux ornemens de l'organisation extérieure d'une femme. Ils se promènent dans le délicieux verger au milieu duquel ils se trouvent, et qui précisément était sur cette rive gauche de l'Euphrate que vous habitez. Un bel arbre, le plus beau de ce jardin de délices (1), s'offre devant eux. Il ployait sous le poids des fruits ; et ces fruits, de forme ronde, semblaient appeler la main pour les cueillir, la bouche pour les savourer. La compagne du premier homme en détache un, et va pour le placer sur les lèvres de son frère ; elle appelait d'abord ainsi son compagnon. Un génie, porté sur un rayon de soleil, se précipite entre eux deux, s'empare du fruit (c'était la pomme de Perse (2), la pêche), la divise en deux moitiés égales, et ordonne à l'homme de les appliquer lui-même avec ses mains sur le corps de sa compagne. Par une subite métamorphose, les deux moitiés de la pêche deviennent ces deux hémisphères qui composent le sein d'une femme. La première des mortelles se mit à sourire, du moment qu'elle s'en aperçut, et voulut cacher, en croisant ses mains dessus, le nouveau trésor dont elle se trouvait chargée ; mais l'homme y reporta aussitôt et la main et la bouche....

Le génie alors disparut aussi vîte que l'éclair. La population du genre humain date de cette époque ; et c'est de la Chaldée qu'elle se répandit sur toute la terre ».

---

(1) Huet, *paradis terrestre*.
(2) *Malum persicum*.

Le sage Hermès reprit sa narration, après m'avoir observé que ce récit allégorique a pour fondement une vieille tradition chaldéenne. Elle dit que la Nature, ou *Omerca* (1), se coupa elle-même en deux, pour distinguer les sexes, et procéder à la réproduction de ses innombrables parties.

L'offre de tant de services importans fut acceptée avec empressement; une reconnaissance aveugle en fut le prix. Euhadnès passe pour le premier roi d'Orchoë; et c'est ainsi que ce chef de *genethliaques* (2) vint à bout de mener le bon peuple à la lisière (3).

PYTHAGORE. Les Egyptiens ont un certain Mercure *Oannes*, semblable à votre Euhadnès, tant pour les aventures que pour le nom; ils en parlent comme d'un poisson à face humaine, mais ils semblent en rougir; car ils donnent son histoire pour une leçon hiéroglyphique d'astronomie.

HERMÈS. De ce moment, l'astronomie, encore dans son berceau sur les bords de l'Euphrate, eut une rivale. Les habitans de ces lieux fortunés ne s'en tinrent plus à l'observation des astres, pour connaître leurs mouvemens périodiques, et en marquer les lois avec précision; ils voulurent pénétrer dans les influences des corps célestes sur les sublunaires, et peu à peu ils établirent sur des expériences plus ou moins heureuses, d'après des observations plus ou moins certaines, l'art

---

(1) *Fragment* de Bérose, conservé par Syncelle.
(2) Nom de ceux qui dressent des horoscopes.
(3) Voy. Aulugelle, *nuits attiques*. tom. II. ch. 12.

conjectural de l'astrologie (1). Ils soumirent cette nouvelle science à une sorte de méthode compliquée, obscure. La petite Orchoë devint fameuse ; elle perdit un peu de son repos ; mais elle s'en crut dédommagée par le renom. On vint la consulter de tous les points méridionaux de l'Asie. Les plus grands monarques, ainsi que les simples citoyens, tous avides de connaître l'effet aussitôt que la cause, accoururent pour s'initier aux mystères astrologiques. Il ne se passa plus de révolutions politiques sans l'intermédiaire des Chaldéens ; et nos prédécesseurs furent long-temps les seuls en possession de la confiance universelle, parce que la source de ces connaissances précieuses venait de tarir dans le flanc des montagnes du Caucase, par suite d'événemens dont l'histoire ne nous est point parvenue.

PYTHAGORE. Vous pouviez opérer de grandes choses ; l'astrologie, prudemment dirigée, devenait entre vos mains un levier assez puissant pour remuer le monde. Elle pouvait vous servir à faire la guerre aux méchants, et à rétablir la bonne intelligence parmi les bons.

HERMÈS. Nos prédécesseurs, trop timides apparemment, ne surent ou ne voulurent point profiter de tous leurs avantages ; d'ailleurs ils étaient plus amis de l'étude qu'ambitieux.

PYTHAGORE. Ils ont laissé échapper une occasion bien favorable aux plus généreux desseins.

---

(1) L'astronomie cultivée dès les premiers siècles, par les philosophes de Chaldée et d'Egypte, est la véritable source des superstitions.

*Nouv. mém.* d'Artigny. p. 45. tom. I.

HERMÈS.

HERMÈS. Le voisinage de l'Euphrate, et surtout de la Chaldée, fit songer à un grand établissement; Babylone fut fondée, et devint la résidence du monarque de plusieurs empires réunis sous un même sceptre. L'impatience que l'esprit de l'homme a de connaître ses destinées, fit trouver trop grande la distance de la métropole à la petite Orchoë. Bélus nous appela dans l'enceinte de ses murailles et de son palais ; pour nous marquer plus de considération encore, et peut-être pour attacher son nom à la première de toutes les sciences, il nous fit construire cette tour fameuse, le plus antique de tous les monumens : l'observatoire de l'Euphrate servit de modèle aux pyramides du Nil (1) ; du moins leur est-il antérieur.

Nous y continuâmes avec zèle et assiduité les calculs dont nous avions gravé les premiers résultats sur des tablettes qui ne craignent ni les inondations de l'Euphrate, ni le feu du ciel. L'astronomie faisait chaque jour de nouveaux progrès, grâce à sa sœur puînée ; car, si plus scrupuleux que leurs ancêtres, nos prédécesseurs n'avaient prétendu qu'au titre pur d'astronomes (2), ils auraient cessé bientôt d'être aussi considérés. Ils eurent la prudence de continuer les thêmes arbitraires et vagues de l'astrologie ; les hommes supportèrent la vérité, par égard pour le mensonge. Un de nous était chargé d'observer au plus haut de la tour de Bélus, les levers et les aspects des astres,

---

(1) Bailly. *astronom. anc.*
(2) Par dérision, ou plutôt par jalousie, le peuple juif appelait les Chaldéens des *espieurs d'estoiles*.

à l'heure de la naissance des enfans (1) de Babylone (2).

La faveur dont nous jouissions était trop grande pour avoir une longue durée. D'autres prêtres, jaloux de notre éclat, s'avisèrent de greffer fort adroitement un culte de prostitution sur l'arbre sacré de la religion chaste des astres. Ils s'emparèrent de l'une de nos planètes, et choisirent précisément celle qui a toujours eu le plus d'influence sur le sexe de l'homme. Votre Vénus-Uranie eut des autels à part; on n'eut pas de peine à faire adopter cette innovation fatale aux mœurs, dans une ville où il n'y en avait déjà plus; et la cour montrait l'exemple du débordement. Les prêtres obtinrent deux fois, sans la demander, la permission de s'installer dans la tour de Bélus (3); et on leur accorda avec la même facilité notre honorable exil dans la petite Orchoë. L'intérêt de la science, plus que le nôtre, nous fit quitter à regret notre observatoire de Babylone, déjà souillé avant d'avoir pu rentrer dans nos antiques foyers. Une nouvelle invasion vient de changer encore une fois la face des choses. La Vénus populaire rentre dans son bourbier;

---

(1) Or y avait-il long-temps que Domitian tenoit pour suspect l'an, le jour, l'heure et le genre de sa mort; ce que les Chaldéens lui avaient prédit, lors de son adolescence.
XII. Suétone. trad. par Baudouin.

(1) Diod. sic. *bibl.* II.

(3) Les Chaldéens bâtirent un temple à Babylone, d'une magnificence étonnante; mais du temps d'Hérodote, il n'y avait point de statue, et personne ne dormait dedans, à l'exception d'une dame du pays, qui, à ce que disaient les prêtres, partageait la couche du Dieu.
Herodot. *Clio.*

un de nos élèves, Zoroastre, venge en ce moment l'honneur de ses maîtres. Mais ne travaille-t il pas pour lui seul, sous le manteau d'un zèle reconnaissant ? C'est ce que le temps doit nous apprendre. Quoiqu'il arrive, on ne nous arrachera plus d'Orchoë. Si la vanité nous était permise, le collége des Chaldéens a fait assez pour sa gloire; son nom du moins ne peut plus périr. Le culte que nous professons est la racine de tous les autres, et leur survivra ; du moins tant que les hommes, dans leur impatiente curiosité, voudront, la veille, empiéter sur le lendemain.

PYTHAGORE. Le nom de Chaldéens ne périra jamais ; mais restera-t-il aussi pur que le feu du Soleil qui brûle sur vos autels? pourquoi ne pas prévenir la honte et les inconvéniens pour vous, d'une réforme opérée sans vous, et même contre votre gré, croira-t-on, par le ministère d'un seul homme qui vous doit tout? N'en doutez pas, le génie de Zoroastre éclipsera le vôtre. Il profitera de vos fautes, ou de votre négligence; et fera peut-être à lui seul plus de bruit dans le court espace d'une vie humaine, que vous n'en avez fait pendant les mille siècles de votre existence collective.

HERMÈS. C'est ce que, loin de le redouter, nous désirons beaucoup. Qu'il aille plus avant que nous dans le chemin de la perfectibilité ! Nous applaudirons à ses succès, du fond de notre retraite paisible.

PYTHAGORE. Et pourquoi ne pas vous charger vous-mêmes de cet honorable fardeau, si vous croyez les peuples susceptibles d'approcher de la perfection?

Hermès. A te parler en toute confiance, nous n'osons l'espérer. Zoroastre changera quelque formules ; le fond restera toujours le même. Jamais on ne fera remonter le peuple à la hauteur d'où il est descendu. Jamais on ne pourra le retenir dans les limites d'une admiration sage et raisonnée des brillans phénomènes de la nature.

Pythagore. Ne peut-on diminuer la somme des erreurs sous le poids de laquelle il gémit écrasé ?

Hermès. Non ! et si Zoroastre t'a communiqué son plan, tu as dû voir qu'il est de notre avis. Les passions de l'homme se cabrent contre sa raison, quand elle veut leur résister en face. Les conjectures de l'astrologie que nous professons toujours, ne sont pas toutes appuyées : elles seraient encore plus absurdes ; il est mille occasions où elles sont préférables à la loi la plus sage, entre des mains pures qui savent administrer ce narcotique de l'esprit humain.

Pythagore. D'un mot, tu caractérises cette science, qui enchaîne l'ame, et l'endort au sein de l'abnégation la plus passive. Car, après avoir entendu le thême de sa nativité, que reste-il à faire au peuple crédule ? Le ciel s'est déclaré. Attendre et se résigner, voilà le devoir de tous ceux qui ont foi aux oracles des prêtres chaldéens.

Hermès. Mais le prêtre chaldéen, digne de ce nom tant prophané déjà, est médecin du corps et de l'ame, en même-temps qu'astronome (1). Il connaît les habitans de la terre mieux encore que ceux du ciel. Les replis du

---

(1) Strabon. *geogr.* lib. XVI.

cœur et les traits de la physionomie lui sont familiers. La plupart des oracles qu'il rend, ne sont que des conseils salutaires, des leçons utiles, déguisées.

Pythagore. Ce n'est pas à Babylone ; l'œil y est trop clairvoyant, et l'ame trop corrompue.

Hermès. Ce sera du moins dans la petite Chaldée.

Pythagore. Les hommes simples qui vous entourent n'ont pas besoin qu'on prenne tant de peine pour les conduire : n'ont-il pas l'instinct ?

Hermès. Mais, n'est-ce rien que de les préserver de la contagion qui, jusqu'à présent, n'a pu prendre sur eux ?

Pythagore. Qu'est-ce que la Chaldée (1), quand on pense au reste de la terre ?

Hermès. Du moins, en est-ce assez pour autoriser un ami de la vérité à ne point désespérer de tout le genre humain.

Pythagore. Nous venons de parler du globe terrestre : on m'a dit que vous étiez venus à bout d'en mesurer la circonférence.

Hermès. C'est-à-dire, nous avons indiqué un moyen de procéder à cette grande opération. Tout le chemin parcouru par un voyageur habile (2), qui se mettrait en route avec le soleil, pourrait servir de mesure. Ce voyageur arriverait aussitôt que le grand astre, au point équinoxial, dans l'espace de trois cent soixante-cinq jours.

---

(1) La Babylonie et la Chaldée s'appellent aujourd'hui *Irac-Arab*, selon Gebelin, *monde primitif*.

(2) Achill. Tatius *ad arat phæn*. XVIII.

PYTHAGORE. A Babylone et ailleurs encore, on ne vous rend pas la justice qui vous est due.

HERMÈS. Quoi qu'il en soit, on ne peut refuser aux premiers observateurs chaldéens la gloire d'avoir fait de la science un culte, pour la rendre plus respectable, et d'avoir institué, de toutes les religions, la plus sublime, la plus innocente, la plus naturelle. Tu pourras en juger par toi-même ; voici l'heure où nous devons célébrer une éclipse de lune (1), sur cette montagne qui nous sert de temple et d'autel ; nous n'en avons point d'autres.

Le nom du vieillard qui me parlait ainsi, m'avait frappé ; je lui dis : « Sage Chaldéen, un grand homme, devenu presque Dieu (2) pour l'Egypte reconnaissante jusqu'à la superstition, s'appelle comme toi ».

HERMÈS. Je suis un de ses descendans. Le célèbre Hermès, dont on conserve avec tant de vénération dans les temples souterrains de Thèbes et de Memphis, les savantes observations astronomiques, était Chaldéen, né à Calovaz (3), petite ville que tu as pu rencontrer sur la route, en descendant jusqu'à Orchoë (4). Chargé des découvertes de sa patrie, Hermès passa chez les Ethiopiens il y a trois mille ans, et suivit le cours du Nil (5) jusqu'à la naissance du Delta.

---

(1) Un poëte définit les éclipses :

.... *Solis Lunæque labores.*

(2) Hermès, ou Mercure Trismégiste.

(3) Bailly, *astronom. anc. in-*4°.

(4) Th. Hyde prétend qu'*Orchoë* est la même que la ville d'*Ur*.

(5) ... *A Chaldaeis ad Ægyptos, hinc ad Graecos.* Joseph. *antiq. jud.* l. 8.

PYTHAGORE. L'hiérophante de Thèbes ne croit pas à l'existence d'Hermès (1).

HERMÈS. D'Hermès-Dieu.

PYTHAGORE. Non! d'Hermès-homme.

HERMÈS. Sans doute parce que ce dernier n'a point reçu la naissance sur les bords du Nil.

PYTHAGORE. L'Egypte en fait un mystère.

HERMÈS. Comme de toutes les choses les plus naturelles.

PYTHAGORE. Un sage de moins sur les annales de l'espèce humaine, m'affligeait.

HERMÈS. Hermés était de celle de nos trois grandes familles sacerdotales à laquelle j'appartiens. Car nous nous transmettons des pères aux enfans le sacerdoce et l'étude des astres, pour mieux conserver l'esprit de cette profession, et l'unité de la science. Nous les exerçons toutes deux, sans nous écarter des premiers principes, afin qu'ils parviennent sans mélange jusqu'à nôtre dernière postérité. L'exactitude des observations doit faire tout notre mérite. Fidelles aux lois de la nature, nous ne nous permettons pas plus d'innovations dans notre régime, qu'elle dans sa marche. De toutes les sociétés studieuses, nous sommes peut-être la plus ancienne, et en même temps la plus intacte (2).

Nous nous devons ce témoignage, et il est justifié par la simplicité de nos dogmes ; juges-en d'après celui qui sert de base à tous les autres : l'ordre par qui l'univers existe (3), et qui

---

(1) Voy. ci-dessus, p. 196. tom. II. §. LXXVIII.

(2) *Antiquissimum doctorum genus*, dit Cicéron, en parlant des mages chaldéens.

(3) Philo. *abrah.*

ne se manifeste pleinement qu'au-dessus de nos têtes dans l'harmonie des révolutions célestes, l'ordre est notre grande divinité elle-même ; elle exerce sa puissance par l'action de ses parties, le soleil, la lune, etc., et encore par l'action combinée de la terre et du ciel.

PYTHAGORE. Que n'est-il aussi le Dieu du peuple, et surtout de ceux qui le gouvernent ! il pourrait tenir lieu de toutes les autres divinités. Il n'y a qu'un esprit d'ordre, capable de régénérer l'espèce humaine.

§. XCXVIII.

*Culte astronomique. Hymne à la Lune.*

DES chants graves se firent entendre ; ils s'élevaient du pied de la montagne. Tous les habitans d'Orchoë et de son territoire, précédés des prêtres chaldéens, étaient en marche et venaient sur le sommet où nous étions, pour être les témoins religieux d'une éclipse australe de lune (1), calculée d'avance. Tous ceux qui composaient cette pompe sacrée, portaient avec solennité quelques attributs de l'astronomie (2) ; tels que cette pierre qu'on appelle

---

(1) Dans l'origine, on tenait note des éclipses arrivées. Les éclipses ont été prédites et annoncées de très-bonne heure dans quelques contrées de l'orient, en Chaldée.
Diod. sic. lib. II. *Calendrier* de Gebelin. *in*-4°. p. 197.

(2) Il est certain que tout le cérémonial religieux des anciens était surtout fondé sur les phénomènes de la nature.
Dupuis, *relig. univ.* p. 116. tom. II. *in*-8°.

aux Indes, *Sandarèse* ou *Garamantite* (1). Elle est parsemée d'autant de points d'or, qu'il y a d'étoiles dans la constellation des Hyades.

La plupart tenaient dans leurs mains élevées à la hauteur du front une brique (2) sur laquelle était dessinée l'une des ving-quatre constellations. Un autre Orchoëne portait sur sa tête une nacelle d'argile où plongeait un disque d'argent, pour indiquer que la lumière empruntée de la lune s'éclipse dans l'ombre de la terre.

Sur une autre brique (3), je lus gravé le nombre deux cent vingt-trois; c'est celui des mois lunaires, exprimant la période qui ramène les éclipses de lune.

Sur une autre, je retrouvai le nombre quatre cent soixante-treize mille, qui m'avait étonné en parcourant l'intérieur de la tour de Bélus. Hermès me tira de peine, en me disant: « Nous appelons indifféremment année ou jour toute révolution astronomique. Ici, il ne s'agit que

---

(1) *Garamantiten... Chaldaeis in caerimoniis habita*, Plin. *hist. nat.* XXXVII. 6.

(2) Epigènes dit qu'en la contrée de Baldax (Babylonia), furent trouvées des éphémérides de sept cent vingt ans, escrites en briques et tuiles... En quoi l'on voit l'usage des lettres avoir esté de tout temps.
Ch. 56. VII. *hist. nat.* Plin. trad. par Dupinet.

(3) Il semble que les briques ayent été les premières choses sur lesquelles les hommes commencèrent à écrire les connaissances qu'ils avaient acquises.
Alph. Costadeau, *traité des signes.* tom. II.

Long-temps les Chaldéens gravèrent leurs observations et leurs lois sur la brique.
Voltaire, *essai sur les nations.* tom. I.

de révolutions de journée. Nous comptons souvent les années par les jours ».

Je lus encore sur une autre brique le nombre douze, et au-dessous, *période chaldaïque* : c'est la révolution de Jupiter autour de la terre ; son retour ramène dans le même ordre, les années d'abondance et de disette.

Ces petits monumens de brique ont peu de magnificence; mais ils sont plus durables que le granit (1).

Deux Orchoënes marchant sur la même ligne, portaient l'un un pôle, ou héliotrope ; l'autre, un gnomon, ou cadran double, c'est-à-dire lunaire et solaire.

« Nous sommes, m'apprit Hermès, les inventeurs de ces deux instrumens, ainsi que de beaucoup d'autres; nous avons aussi perfectionné la clepsydre. C'est par son moyen que nous sommes parvenus à diviser le zodiaque en douze parties ; et voici la méthode qui nous a servi. Nous avons mesuré l'intervalle de deux levers consécutifs de la même étoile, par l'eau qui

---

(1) ... D'après une longue observation des monumens de l'antiquité, il m'est prouvé qu'aucune matière n'est moins sujette à être altérée par la main du temps, que la simple argile cuite au four ; ce qui m'a fait penser qu'une tuile assez épaisse pour n'être pas facilement brisée, et qu'on feroit cuire dans une verrerie, après avoir peint dessus des lettres ou des figures, seroit plus durable que les inscriptions gravées sur l'airain ou le marbre.

*Vases* d'Hamilton. p. 13. *in-fol.*

On a trouvé dans les ruines de Babylone, et déposé au muséum de Paris, des fragmens d'inscriptions en caractères cludiformes ( en forme de clou), empreintes sur des briques.

Note 2. p. 348. *Journ. des savans.* n°. 11. an V. *in-*4°.

s'écoule d'un vase ; puis, partageant cette eau en douze parties égales, ces portions nous ont mis à même de partager la révolution céleste.

PYTHAGORE. L'Egypte (1) dispute à la Chaldée l'invention de la clepsydre zodiacale (2).

Je vis un Orchoëne tenir, suspendus à sa main, trois bassins, ou demi-sphères, l'un sur l'autre et de diverses nuances.

C'est, me dit Hermès, l'image vulgaire des trois cieux différens, savoir :

Le ciel empirée, ou firmament solide.

Le ciel éthérée, ou la sphère des étoiles.

Le ciel des planètes, ou celui qui est le plus rapproché de nous.

Sous une autre brique encore est figurée la mer, dans laquelle un poisson nage et disparaît : symbole des étoiles qui s'en retournent dans leurs régions.

Les Chaldéens donnent sous cet emblême la théorie des comètes, ou plutôt suivant eux, de ces astres qui semblent s'évanouir, lorsqu'ils sont reportés dans les profondeurs du ciel, et qui reparaissent quand ils descendent vers nous.

Hermès range les comètes (3) au nombre des étoiles errantes ou vagabondes ; mais nous sommes parvenus, me dit-il, à connaître leur route, à caculer leur marche, et à prévoir leur retour.

Sur les épaules d'un homme robuste, qui paraissait ployer sous le fardeau, était portée

---

(1) Macrob. XXII.
(2) Sext. empiricus, *adv. mathem.* V.
(3) Stobée. p. 63. Apollonius de Myndes, dans la carie, cité par Senèque, *quaest. nat.* VII. 3.

une grande sphère creuse, avec l'indication des sept planètes.

Je remarquai dans les mains d'un jeune homme plusieurs cercles d'or traversés dans leur diamètre par une aiguille, ou par un pivot du même métal. Il alla les déposer sur un autel, espèce de cippe (1) : j'en demandai la raison ; il me fut répondu que ces cercles mouvans se tournaient d'eux-mêmes sur leur axe, aussitôt qu'ils sont frappés des rayons du soleil levant ; en se repliant sur eux-mêmes, ou plutôt en s'écartant l'un de l'autre, ils figurent le zodiaque, ou la sphère astronomique ; et leur mouvement est toujours accompagné d'une certaine harmonie. Ces instrumens solaires servent de talismans.

Un second Orchoëne du même âge, avait suspendu sur ses épaules une espèce de carquois, rempli de flèches, ou plutôt de baguettes. Hermès m'en donna plusieurs, pour examiner les caractères qu'on y a tracés. Ce sont des calculs, des thêmes de position des principaux astres, à l'usage des voyageurs de long cours, qui ont des déserts à traverser. Ces baguettes gravées en creux, leur servent à se reconnaître la nuit. Ce sont autant d'indicateurs, plus sûrs que le fil d'Ariane, au milieu des labyrinthes de sable mouvant au premier souffle.

Une foule d'autres Orchoënes, rangés par ordre de temps, portaient quantité de briques ou l'on avait gravé l'apparition des planètes ; c'est-à-dire le moment où, commençant à se dégager des rayons du soleil, elles se laissent

---

(1) Huet. *paradis terrestre*. p. 176.

apercevoir le matin, immédiatement avant le lever de cet astre. D'autres plaquées d'argile séchée au feu, étaient empreintes de signes indicateurs du lever et du coucher des étoiles (1). On les consulte pour prévoir la récolte et les maladies de l'année, ainsi que toutes les intempérités des saisons. Hermès me dit à cette occasion :

« L'observation de chaque jour est transcrite aussitôt sur une brique (2). Le *sarre* chaldéen de mille neuf cent soixante-onze révolutions solaires, est exprimé par sept cent vingt mille de ces briques conservées par ordre, une pour chacun de ces jours, qu'on prendra peut-être dans la suite pour autant d'années ».

Hermès me montra le dépôt de ces monumens remarquables par leur précision : ce sont des caractères mobiles, un peu grossiers, mais plus exacts encore que les caractères fixes gravés sur les murailles de briques, dans l'intérieur de l'observatoire de Babylone.

Celui d'Orchoë a coûté moins de frais, quoique beaucoup plus vaste et plus élevé ; c'est le mont Sinan lui-même qui sert de tour astromonique.

Comme autrefois dans celle de Bélus, les prêtres chaldéens y font veiller tour-à-tour un des leurs, afin qu'il n'y ait pas un seul moment du jour et de la nuit où le ciel soit sans témoin.

---

(1) Bailly. *astronom. anc. in*-4°. p. 145.
(2) Les Chaldéens comptaient par les révolutions diurnes du soleil, et par les jours de leurs observations inscrites sur des briques.
Bailly. *astronomie indienne*, *disc. prélim.*

Dans cette pompe sacrée, je fus surpris de voir un âne (1) marcher à son rang. On me dit :

« Ce quadrupède est le symbole animé de l'équinoxe. On a observé que cet animal paisible, et régulier dans ses allures, se fait entendre douze fois le jour et autant de fois la nuit dans des intervalles égaux.

Le plus curieux était de voir un Chaldéen coiffé d'une sphère artificielle, comme d'un casque dont la visière est baissée. Par les diverses inflexions de sa tête, il figurait le mouvement planétaire.

Parvenus tous sur le sommet du Gebel Sinan, les Orchoënes déposèrent en silence ce qu'ils portaient, autour du pontife astronome chargé des observations de la journée. Puis on se rangea en cercle, et on attendit religieusement l'instant du phénomène, tous les regards dirigés sur le disque de la lune, éclairant seul le lieu de la scène. Le ciel et l'air étaient si sereins, si légers qu'au milieu de la nuit, mes yeux virent presqu'aussi distinctement qu'en plein midi à certains jours dans d'autres climats. On pourrait dire qu'il n'y a point de nuit dans la Chaldée.

Le pontife observateur, assisté de plusieurs autres, tenait un charbon entre les doigts, tout prêt à vérifier le calcul de la durée du phénomène prédit, sur une brique carrée qu'élève à sa hauteur un trépied de gazon.

Une clepsydre est devant lui, disposée à recevoir une certaine mesure d'eau convenue. Le peuple, dans l'attente, était calme : il n'y avait

---

(1) Isidor. *etymol.*

point de femmes]; elles ne sont admises à Orchoë qu'aux solennités du jour, jamais à celles de la nuit ; la garde des troupeaux cesse même de leur être confiée, à l'apparition de l'étoile de Vénus. Alors, elles rentrent toutes dans leur maisons.

La lune devint sensiblement plus pâle. Son flambeau commença à s'obscurcir, et par degré nous le vîmes s'éteindre tout-à-fait. L'astre disparut totalement : malgré la confiance presqu'aveugle des habitans d'Orchoë dans leurs mages (1), je crus m'apercevoir qu'ils furent agités d'une sorte de crainte pendant la courte absence de l'astre ; on eût dit qu'ils appréhendaient de le perdre. A la première minute de son émersion, comme leur joie fut vive ! Elle alla jusqu'au transport. Ils n'auraient pu en marquer davantage, s'ils eussent été privés de cette lumière pendant l'espace d'un siècle. Le collége chaldéen eut part à leur alégresse ; ils lui adressèrent des actions de grâces, comme si le retour de la lune sur l'horizon eût été son ouvrage et l'un de ses bienfaits.

Le pontife observateur montra au peuple les caractères qu'il venait de tracer sur la brique avec du charbon ; et la rangea à la suite des autres amoncelées sur plusieurs lignes ; de sorte qu'elles formaient de longues et profondes avenues de pilastres qui semblaient n'attendre qu'une voûte pour devenir d'immenses galeries, de vastes promenoirs.

On attendit le jour pour inciser avec un ins-

---

(1) Les Chaldéens étoient des espèces de *mages* qui possédaient toutes les sciences ; ils s'appliquaient surtout à l'astronomie. Hesychius.

trument de fer l'observation qui n'était que crayonnée de noir. Le pontife en exercice ne devait point quitter son poste avant d'avoir exécuté cette dernière opération.

Les Chaldéens on/rendu numérales plusieurs lettres de leur idiome (1) ; ils écrivent leurs calculs comme leurs discours, avec les mêmes caractères alphabétiques. Cette méthode, perfectionnée, simplifiera beaucoup, un jour, le travail des mathématiciens.

Le peuple ne s'en retourna point dans ses demeures, sans s'être livré à toute sa reconnaissance (2). Je le vis brûler une si grande quantité d'encens (3) et d'autres parfums que le disque de la lune (4) parut une seconde fois éclipsé par ces nuages balsamiques. Séparée en différens groupes, toute cette multitude procéda en même-temps à l'exécution de plusieurs hymnes si vieux, que je n'y pus rien comprendre. J'eus encore recours au vieillard Hermès, pour me donner le sens de quelques strophes.

---

(1) *Dissert. sur les chronographes.* 1718. *in-8°.* Comme on voit, l'algèbre date de loin.

(2) La lune, par la diversité de ses phases, réglait les assemblées de religion, et les affaires de la société. Les peuples montaient sur un lieu élevé, pour en apercevoir la nouvelle phase ; après quoi, l'on sacrifiait.
Pluche. *hist. du Ciel.* tom. I. p. 10.

(3) A l'équinoxe du printemps, les Sabéens célébraient la grande fête de la lune.
*Relig. pers.* Th. Hyde. ch. V.

(4) Rome avait aussi une fête de la lune, le 24 d'août. *Antiq. rom.* par Duboulay. *in-fol.* p. 538.

*Hymne*

*Hymne à la Lune* (1).

### I.

PAISIBLE médiatrice entre les étoiles fixes et les hommes, sœur du soleil, grande et bienfaisante planète! bonne *Nebo* (2) ! C'est toi qui fais les belles nuits : continue à verser ta douce lumière sur nos troupeaux et leurs pasteurs. Tu es la louve céleste qui fait fuir et disperse le troupeau des étoiles (3).

### II.

O toi, autre œil de la Nature (4) ! nous te promettons de ne jamais rougir avec le sang humain la terre blanchie par tes rayons argentés.

### III.

ÉPOUSE aimée du Soleil, auquel tu sers quelquefois de voile (5) ; de ton union avec le roi des cieux, naît la lumière : elle jaillit de ton sein, faible d'abord, mais par l'action de son père qui l'alimente, elle reçoit de nouveaux accroissemens, jusqu'à ce qu'enfin ton disque, entièrement rempli, s'arrondisse, comme son premier auteur.

---

(1) Les Chaldéens étudièrent la nature des astres, leurs influences... et ils établirent la forme du culte analogue à la nature de chacun d'eux.
Albufarage. *hist. dyn.*
(2) Ou *Nabo.* Brucker. tom. I. *hist. philos. in*-4°.
(3) *Calendrier* de Gébelin. *in*-4°. p. 477.
(4) *Ophtalmitide.* Sextus empir. V.
(5) Haly, *judic. astrol. præd.* I. 4.
Hermetis *aphorism.* 2. Firmic. II. 29.

## IV.

Mère de la vie (1) ! ô Lune ! ne serais-tu pas cette terre (2) aërienne et céleste (3) qui tient le milieu entre l'asile obscur des hommes et le brillant séjour des astres immortels? Tu es la grande Isis des Egyptiens (4), qui, de concert avec le brillant Osiris, combat Typhon, le mauvais génie des ténèbres.

## V.

O Lune ! les habitans de l'*Arménie* (5), nos premiers ancêtres, t'ont consacré une montagne et un culte ; ils se font gloire de porter ton nom. Les sages du Gange ont mis une caste toute entière sous ta sauve-garde (6).

## VI.

Tu es l'astre de la vie (7) ; et pourquoi ne serais-tu pas lumineuse aussi par toi-même (8) ! O Lune, que les Phéniciens qualifient de Vénus céleste (9).

## VII.

O Lune! tu es la reine des étoiles (10), et

---

(1) Abulfarag. *dynast.*
(2) Macrob. *somn. Scip.* I.
(3) Macrob. *saturn.*
(4) Plutarch. *de Iside.*
(5) *Ar-meni*, montagne de la lune. Debrosses, sur Salluste. liv. V. p. 387. *in-*4°. tom. I.
(6) *Lettres édif.* recueil XIII. p. 159.
(7) Plin. *hist. nat.* II. 99.
(8) Apuleïus. *de deo Socratis.*
(9) *Hist. critique de la républ. des lettres.* 1713. t. IV. p. 25, 26, 27.
(10) *Ane d'or* d'Apulée. XI.

la mère de l'astronomie. C'est par tes phases régulières et fréquentes que nos premiers aïeux ont commencé l'étude du ciel, et l'ont divisé en autant de parties que tu rencontres le Soleil de fois dans son cours annuel (1).

## VIII.

Nous aimons à le reconnaître : tous les biens dont nous jouissons sont les heureux fruits de ton brillant hymenée (2) avec le taureau céleste (3), marqué au front de ton croissant argenté. Tour-à-tour vierge, épouse et veuve, sois-nous propice dans ces trois états (4).

## IX.

Providence des nuits (5)! sage législatrice des femmes (6)! ô toi, la bonne conseillère (7)! Reine du silence (8)! puissent nos compagnes être toujours modestes et silencieuses comme toi! Puissent-elles se modeler toujours sur les brillantes étoiles de la poule (9) et de ses poussins qui se trouvent régulièrement au passage de la reine des nuits!

## X.

Tu es la suprême modératrice des mois,

---

(1) Plin. *hist. nat.*
(2) Au printemps, on célébrait l'entrée du soleil dans la lune, ou son *coït* avec elle, dit Plutarq.; *traité d'Isis.*
(3) Le soleil.
(4) *Prolégomènes sabéïques.* p. 67. *in*-8°.
(5) Jul. Firmicus.
(6) *Thesmophore.*
(7) Pluche, *hist. du ciel.* tom. II. p. 13.
(8) Horace.
(9) La poussinière, ou les pléïades. Selden, *Syntim.* II. 17. Kircher. *OEd.* tom. I.

comme le Soleil est le modérateur suprême de l'année.

Le serpent se renouvelle une seule fois dans l'an (1) : c'est l'image incomplète de tes douze révolutions en une seule année !

Pendant le jour, le Soleil est roi du ciel : ô Lune ! tu en es la reine pendant la nuit (2).

## XI.

Reine de l'occident (3), répands sur nous tes plus bénignes influences. Tu n'es point la plus grande des planètes; mais tu réfléchis sur nous plus de lumière que toutes les autres, et tes émanations nocturnes tempèrent les ardeurs de l'astre du jour. O toi, l'*Ancienne* d'entre toutes les divinités (4) ! et la mère au quatre filles (5) ! souveraine des cieux (6) ! nous ne t'avons point bâti de temple ; où sont les autels plus dignes de ta clarté, que la colline de Sinan ; et dans quelles régions reçois-tu un culte plus épuré que le nôtre ?

## XII.

Oeil de la nuit (7) ! mère nourrice du monde ! providence de la nature (8) ! accorde

---

(1) *Accad. etr. di cortona.* tom. IV. *in-*4°. *dissert.* de Lami sur *les serpens sacrés*.
(2) Jablonski *Pantheon aegypt.* tom. I.
(3) Gébelin, vol. du *génie allégorique.* p. 150.
(4) Diod. sic. I. 7. *bibl.*
(5) Les quatre semaines du mois.
(6) *Beli-sama.*
(7) Pindar.
(8) D'anciens rabins l'appelaient *l'entonnoir de la nature.*

aux hommes bons autant de siècles que l'*année lunaire* a de jours (1) ».

J'observai qu'à la fin de chaque strophe, les Orchoënes, dans un silence extatique, posaient à la fois les deux mains sur leurs lèvres (2), puis les élevaient au ciel, en écartant les bras en cercle, espèce de culte commun à plusieurs nations de l'orient.

Mais une circonstance plus remarquable est celle-ci : entre chaque strophe de l'hymne à la lune, sept Orchoënes, armés de marteaux, allèrent frapper en cadence sur un grand plateau rond et convexe, espèce de cymbale d'airain ; ils en tirèrent de beaux sons : c'est ainsi qu'à Orchoë, on essaye de rendre le concert harmonieux des corps célestes.

J'observai encore que chacun des assistans, en répétant l'hymne à la Lune, tenait à la main un fragment de pierre *sélénite* (3).

Les fêtes lunaires égyptiennes ont beaucoup moins de solennité.

Tout le peuple s'écoula, plein de ce qu'il avait vu ; je descendis avec les habitans à Orchoë, où toutes les femmes, debout sur le seuil des maisons, avaient aussi observé l'éclipse. Que de caresses elles firent à leurs maris, à leurs enfans, à leurs frères ! Ce phénomène sembla resserrer tous les liens

Quand les familles furent réunies, on passa

---

(1) Bailly. *astronomie indienne*, disc. prélim.
(2) D'où est venu le mot *adoration*, ad ora.
(3) Cette pierre, selon Pline, *hist. nat.* XXXVII. 10, semble imiter par ses nuances variées, les phases successives de la lune.

le reste de la nuit dans la joie. Des danses (1), aussi régulières que celles d'Héliopolis, furent exécutées autour d'un monticule de gazon, surmonté d'une colonne de brique, en l'honneur de l'astre des nuits.

Les savans astronomes continuèrent paisiblement leurs graves occupations (2).

Chacun rentra, pour se livrer au sommeil jusqu'au lever de l'aurore.

### §. XCIX.

*Quelques détails sur le Calendrier chaldéen.*

Je dis à Hermès : « La crainte de pousser trop loin mes importunités m'empêcha de te demander encore un éclaircissement : immédiatement devant le chœur des musiciens, marchaient sept Orchoënes, portant comme les autres, chacun une brique, dont l'ensemble m'offrit cette série de nombres, de planètes et de jours de la semaine (3).

| 1. | 3. | 9. | 27. | 81. | 243. | 729. |
|---|---|---|---|---|---|---|
| Saturne. | Soleil. | Lune. | Mars. | Mercure. | Jupiter. | Vénus. |
| I. | II. | III. | IV. | V. | VI. | VII. |

Que signifie tout cela ?

Hermès me répondit : « C'est l'ordre des pla-

---

(1) .... Le cours des étoiles, voilà l'origine de la danse... Les danses des Egyptiens et celles des Chaldéens en étaient une imitation... etc.
*Hist. de la danse*, par Bonnet. 1724.

(2) *Noctem destinabant ad coelestium contemplationem.* Chærémon, cité pa. Porphyre. IV. 6.

(3) Si. Mi. La. Ré. Sol. Ut. Fa.

nètes correspondantes aux jours de la semaine (1). Ceci exige un éclaircissement. C'est la découverte qui nous fait le plus d'honneur. Écoute avec quelqu'attention :

Nous avons fixé le nombre des planètes à sept, bien que nous eussions pu en compter davantage.

Nous avons appliqué les sept sons diatoniques à l'ordre de ces planètes. Nous avons en même temps divisé le jour en vingt-quatre heures, pour y appliquer périodiquement et sans interruption, l'ordre naturel des planètes. Il en dut résulter pour les sept jours de la semaine un autre ordre de planètes applicable aux sept premiers termes d'une progression triple, qui, par leur combinaison, doivent donner et les sept sons fondamentaux de la musique, et l'intonation précise de chacun d'eux. Ces termes sont :

1. 3. 9. 27. 81. 243. 729.

auxquels répond la série des sons diatoniques. L'intonation de chacun, de quelque manière qu'on veuille les combiner, est déterminée par les nombres radicaux, 1, 3, 9, 27, etc.

Nous n'avons divisé le zodiaque en douze parties, qu'afin de les faire correspondre aux douze termes de la même progression triple ; lesquels doivent fournir les douze semi-tons, soit chromatiques, soit diatoniques, qu'on peut insérer entre les sons et leur octave, et fixer d'une manière incontestable l'intonation de ces deux sortes de semi-tons.

---

(1) *Lettres* de l'abbé Roussier, *sur le zodiaque*. Journal de Trévoux. 1770. 1771.

Nous avons tiré des nombres (1) la méthode et les règles de la musique et de l'astronomie, et nous suivons cette méthode et ces règles pour nos cérémonies civiles et religieuses, pour nos mesures, enfin pour toutes les autres objets d'un usage journalier. Tout, chez nous, se rapporte aux lois de la musique, ou en découle.

La semaine planétaire est le résultat de l'ordre des planètes appliqué aux vingt-quatre heures du jour.

Notre intention étant de faire correspondre l'ordre naturel des planètes à différentes portions du jour, nous divisons la journée en vingt-quatre heures, pour conserver cet ordre de quartes, dans lequel les planètes correspondent aux jours.

Nous avons essayé d'abord, en suivant toujours cet arrangement, de diviser le jour en dix portions, ou en dix-sept; bientôt nous nous sommes aperçu que ces deux divisions ne se prêtent pas avec autant de fécondité à certaines sous-divisions, que le nombre 24. Vingt-quatre heures peuvent se distribuer sans fractions, soit en deux parts égales de 12 chacune; soit en quatre de 6, soit en huit de 3. Douze heures sont susceptibles de se subdiviser en quatre parties, de 3 chaque.

Observe que dans le total de la semaine, l'ordre des sept planètes est parcouru vingt-quatre fois. Or, vingt-quatre fois les sept planètes donnent les cent soixante-huit heures que contient la semaine. Nous nous en tenons donc au nombre 24 pour la division du jour.

---

(1) P. Amiot. p. 7. *prélimin. du tableau de la musique chez les Chinois.*

DE PYTHAGORE. 41

Au reste, le choix du jour initial n'est pas de rigueur. Que la semaine commence par le jour de la Lune, par celui du Soleil ou de Saturne, les jours se succèdent également de quatre en quatre planètes (1), comme, la Lune, Mars, Mercure, etc. Nous nous sommes déterminés pour Saturne, comme père des Dieux, engendreur de toutes choses. Cette planète a la primauté dans le ciel.

La corde *hypate* (2) de nos instrumens de musique indiquait déjà par où il faut commencer la semaine : le premier terme de la progression triple nous a fait connaître que le jour qui répond à Saturne doit être aussi le premier jour de la semaine ; car nous consacrons par un jour de fête tous les grands phénomènes, ainsi que nos découvertes et nos établissemens de quelqu'importance. Et point de culte sans musique.

PYTHAGORE. Ne pourrait-on pas amener les hommes à se contenter des sons harmonieux, sans y joindre les formes religieuses ?

HERMÈS. Le taureau, second signe du zodiaque, correspond au soleil, second jour de la semaine.

Les jours de la semaine forment entr'eux une consonnance de quartes ; ensorte que l'arrangement des jours se trouve en rapport avec la science des sons. Car la série de sept termes en proportion triple 1, 3, 9, 27, 81, 243, 729, sur laquelle la semaine est établie, fixe invariablement à chacun des sons naturels son

---

(1) Voy. un bronze antique, dans les antiquités de Montfaucon.
(2) Première, principale.

intonation radicale. Quant aux autres, il ne s'agit plus que de prolonger cette même série par autant de termes nécessaires pour obtenir tous les sons ultérieurs.

L'art musical n'admet que sept sons diatoniques; et il ne dépend pas de la volonté de de l'homme d'en établir davantage, ou d'en retrancher.

Pythagore. D'après ce rapport constant que vous avez sçu trouver et que vous observez entre les sons de la musique, les jours de la semaine et les planètes, je ne suis plus étonné de ce respect religieux que vous portez au nombre 7.

Hermès. Nous avons cru devoir consacrer ce nombre d'une manière spéciale. Les Perses et les Egyptiens nous ont imité. Ceux-ci en composent un nom à leur grand fleuve (1). Nous laissons reposer chaque année la septième partie de nos champs. Nous accordons quelques distinctions au père de sept enfans mâles. Sept chefs de famille forment la magistrature de nos cités. Nous brûlons sept grains d'encens au soleil, le matin du jour de la semaine qui lui est dédié.

Pythagore. Zoroastre qui voulait tout simplifier, admet sept génies (2), directeurs des sphères.

Hermès. Sans doute. Le hasard seul n'a point présidé à l'arrangement des sept jours que renferme notre semaine, comme déjà on penche à le croire chez d'autres peuples qui ne savent pas se couvrir de nos dépouilles.

---

(1) *Septemfluus.*
(2) *Yinges.* Œdip. III. de Kirker.

Pythagore. Dis-moi, savant Hermès! laquelle de la division du jour en vingt-quatre heures, ou de la semaine planétaire en sept jours, a été la règle, le modèle, le type de l'autre?

Hermès. Ces deux institutions marchent de front ; l'une n'a pu être imaginée sans l'autre. La semaine planétaire est bien le résultat de l'ordre des planètes, appliqué périodiquement aux vingt-quatre heures du jour. Mais, notre objet principal a été la semaine planétaire ; c'est-à-dire cet ordre de quartes entre les planètes que présentent les jours de la semaine ; car, la semaine planétaire est une institution musicale et civile en même-temps. Cette suite de consonnances, cette harmonie qui régne entre les planètes, ou sons correspondans aux jours de la semaine, ne saurait être pris pour un pur résultat de la division du jour en vingt-quatre heures, et de l'application périodique de l'ordre naturel des planètes à ces vingt-quatre heures.

L'Egypte, pour déguiser l'emprunt qu'elle fit à la Chaldée, laisse croire à d'autres peuples que le cynocéphale urinant douze fois le jour et douze fois la nuit dans des intervalles égaux, c'est-à-dire vingt-quatre fois en tout dans l'espace d'un jour entier ou astronomique, a fourni tout naturellement l'idée de diviser ce même jour en vingt-quatre parties égales, ou heures.

Pythagore. Sage Hermès! Je suis loin d'adopter cette origine. Loin de regarder votre semaine planétaire, ou la série des consonnances qui la constituent, comme un arrangement fortuit, ou le simple résultat de l'ordre naturel des planètes, de la suite diatonique des sons appliqués périodiquement aux vingt-quatre heures du jour, j'y reconnais bien plutôt l'institution la mieux combinée, et en même temps la plus simple de la théorie des proportions particulières des divers intervalles musicaux. Théorie sublime, qui suppose dans ses auteurs beaucoup de sagacité, jointe à de grandes connaissances; puisque cette théorie se trouve liée intimement aux usages civils par les jours de la semaine, à l'astronomie par les planètes, à l'arithmétique par le calcul, à la géométrie par les proportions, à la physique même; car certes! il a fallu bien des expériences pour apprécier les sons avant d'en fixer et d'en représenter les proportions par les nombres.

Hermès, il me reste à former un vœu pour completter la gloire de votre nation et les progrès de la belle science des astres!

HERMÈS. Quel est-il?

PYTHAGORE. Que ne possédez-vous à Orchoë l'étude de la géométrie aussi profondément qu'en Egypte! La géométrie vous ferait trouver plusieurs instrumens qui semblent vous manquer pour multiplier vos observations, ou pour les rendre plus exactes encore.

HERMÈS. Chaque sol rapporte son fruit.

PYTHAGORE. Avec la culture, toute terre donne toutes sortes de productions.

HERMÈS. La nécessité rendit les Egyptiens géomètres : le beau ciel de notre Chaldée, et nos doux loisirs, firent de nous des astronomes (1) et des calculateurs (2).

---

(1) ... Les Chaldéens, c'est-à-dire, sans contestation, les premiers observateurs des astres.
Bossuet, *hist. univ.* p. 12.
(2) La lune et le soleil ont enseigné aux hommes la science des nombres. Plato. *Tim.*

Pythagore. Du mariage des sciences doit naître un jour la perfection de l'homme.

Hermès. Pour te donner un dernier aperçu de nos connaissances astronomiques positives, sache que nous divisons la durée des temps par *sares* (1), ou époques, ou révolutions de la lune. Nous distinguons trois sortes de sares ; celle qui renferme un espace de trois mille six cents années ; la seconde six cents ; la troisième soixante.

La prodigieuse antiquité dont se vantent les Babyloniens, cache le vrai sens sous l'allégorie des nombres. Leurs quatre cent trente-deux mille années sont une période astronomique, calculée avec art pour lui faire renfermer en même-temps un certain nombre fixe de révolutions de l'équinoxe, de vingt-quatre mille ans chacune, en supposant l'année divisée en mille parties égales.

Or, le nombre 432,000, quoique divisible par 24,000, et indiquant une révolution des fixes de vingt-quatre mille années, n'est pas seulement un nombre entier. Il peut, et doit être entendu comme fractionnaire, indiquant aussi des millièmes d'années.

Ces sept cent vingt mille années qui surprennent les étrangers au premier abord, déjà divisibles par vingt-quatre mille, ne sont que sept cent vingt mille millièmes d'années.

Pythagore. Avant de nous quitter, dis-moi encore une parole sur les comètes (2) ?

---

(1) Legentil, *voyage aux Indes*. tom. I. in-4°. *Mém. sur les Brames et les Chaldéens.*
(2) Pythagore apprit l'astronomie des Chaldéens.
Strabon. XII, XV.

HERMÈS. Nous admettons leur retour périodique (1); ce qui donne lieu quelquefois à les croire des planètes. Par exemple, la comète qui nous est apparue il y a un demi-siècle (2), fut prise pour l'astre de Vénus, lors d'une apparition antécédente, vers le temps de la guerre de Troye (3).

Ce qui est plus important pour l'homme, m'ajouta Hermès, c'est de ne point confondre le bien et le mal. L'homme est l'enfant de deux causes égales en puissance (4). Le bien, ou *kadiman*, est son père ; le mal, ou *ahraman*, est sa mère. Et il tient également de l'un et de l'autre.

PYTHAGORE. On m'a vanté beaucoup le chaldéen Bérose : fais-le moi connaître.

HERMÈS. C'est l'un de nos prédécesseurs, qui présida l'école astronomique d'Orchoë, avant votre trop fameuse prise de Troye. Nous lui devons le partage du jour en soixante parties égales. Il comparait le globe de la terre à une nacelle ronde, flottant dans l'air et sur les eaux. Mais la science des astres était déjà avancée, quand il s'y dévoua.

Nous avons des calculs certains qui remontent à près de deux mille années (5).

---

(1) Freret. *mém. de l'acad. des inscr.* tom. X. *in-*4°.

(2) Six cent dix-huit ans avant l'ère chr.

(3) Onze cent quatre-vingt-treize ans avant l'ère vulg.

(4) *Manichaeismus ante Manichaeos, tractatus Chr.* Wolfii. *in-*8°. 1707.

Un philosophe chaldéen enseigna à Pythagore qu'au commencement il y avait eu deux causes, savoir, le père ou la lumière ; la mère ou l'obscurité.

(5) Deux mille quatre cent cinquante-neuf ans avant l'ère chr. Bailly, *astronomie ancienne*.

Platon dit dix mille ans et plus. *Epinom*.

Pythagore. J'aime une antiquité fondée sur des nombres plutôt que sur des noms.

Hermès. Celui de *Phoronée* (1), fils d'Inachus, est venu jusqu'à nous. Est-il vrai que vos Grecs lui attribuent l'honneur d'avoir employé *le premier* la brique pour bâtir?

Pythagore. Le premier en Grèce.

Hermès. Vos Grecs ne seraient pas fâchés qu'on se méprît, et qu'on ne remontât pas plus haut que Phoronée pour les découvertes. Ils n'ont pas osé pourtant en faire un astronome : leur langue (2) à peine a des noms pour désigner les sept planètes. Mais s'ils n'ont pu atteindre à nos calculs, ils semblent s'en être dédommagés en adoptant le *phallus* des Egyptiens (3) ; cet objet est mieux à leur portée. J'espère que tu lui préféreras la fête astronomique d'Orchoë, quoique sortant des initiations de Thèbes.

Pythagore. N'en doute pas, sage Hermès!

---

(1) *Lettres sur la mythologie*, de Blackwell. tom. I.
(2) Plato. *cratyl*.
(3) En la plupart du monde, cette partie de notre corps estoit déifiée... En certains lieux, le plus sacré magistat estoit révéré et reconnu par ces parties-là. En plusieurs cérémonies, les dames égyptiennes en portoient au cou un de bois, exquisement formé... etc.
      Montaigne, *essais*. III. 5.

§. C.

*Mœurs d'Orchoë.*

Le lendemain, je visitai quelques maisons d'Orchoë ; toutes restent ouvertes la nuit ; les portes ne ferment point. Ces habitations sont bâties de deux sortes de briques. Les unes de terre crue, séchée seulement au soleil, sans autre ciment que la nature de cette argile qui se lie d'elle-même, et reste compacte, quand on a pris le soin de la bien pétrir. L'autre sorte de briques composée de la même terre est entremêlée de roseaux (1) qui croissent dans les lagunes de l'Euphrate et qui servent aussi à faire de grosses nattes pour tapisser l'intérieur des habitations. Ces joncs brisés donnent une forte consistance au limon détrempé et cuit dans les fourneaux. Avec cette seconde brique se font les planchers. Chaque maison est d'un étage et a son jardin, planté d'arbres utiles, parmi lesquels on distingue le palmier. Celui-ci s'élève à une telle hauteur qu'il surpasse de beaucoup le faîte (2) des plus grands édifices ; il les recouvre de ses branches et les dérobe entièrement à l'œil du voyageur. Vue du Gebel-Sinan, Orchoë ne paraît qu'un bois épais de palmiers chargés de dattes ; on ne se doute pas de l'existence de la ville.

Les mœurs des Orchoënes sont assorties aux localités, et tiennent beaucoup encore du premier âge de l'espèce humaine ; les habitans

---

(1) Pietro della Vallée, *voyages*.
(2) Pietro della Vallée tom. II. *in*-12.

de cette petite contrée ont toujours été trop dédaignés pour exciter l'attention de la cour et du gouvernement. On leur a permis de vivre chez eux, à-peu-près comme ils vivaient, avant qu'il y eût un gouvernement, une cour, une Babylone. Encore aujourd'hui, après avoir échappé à toutes les vicissitudes de la politique, ils mènent une existence presqu'indépendante, et coulent des jours tranquilles dans une douce aisance, acquise par un travail modéré. Les enfans ne se séparent de leurs pères qu'à la mort. Les plaisirs de famille sont les seuls qu'on goûte dans la Chaldée ; et ces plaisirs suffisent ; on n'en recherche point d'autres. Les archives de cette peuplade, l'aînée de tous les peuples, sont écrites seulement dans la mémoire des anciens. On trouve pourtant de petits monumens, plus simplifiés encore que ceux de leur astronomie ; ce sont des colonnes de briques, des tertres de gazon, des citernes. On n'y lit pour inscriptions que des noms et une datte. Une époque, un nom suffit pour leur rappeler les faits les plus intéressans de leur histoire.

Le plus âgé d'une famille en est encore à présent le roi. Il exerce la plus légitime de toutes les souverainetés, celle de la raison, de l'expérience et de l'âge. Ils ne trafiquent point ; ils font tout au plus des échanges ; chaque héritage a son assortiment de chameaux, d'ânes, de brebis et de chèvres. Ils en exportent le superflu pour rapporter à leurs jeunes épouses des bracelets d'or, des ceintures brodées et de l'encens. Jadis, ils n'habitaient que des tentes ; leurs bourgs ressemblaient à des camps paisibles : depuis qu'ils se trouvèrent resserrés entre l'Euphrate et l'Arabie, depuis qu'ils prirent la résolution de ne point se mélanger avec leurs voisins, ils se construisent des asiles permanens, trop peu magnifiques, pour appeler les regards de l'envie. Ils continuent leur genre de vie sédentaire. Elever des bestiaux, cultiver leurs terres, et consacrer le reste de leur temps à la contemplation du ciel, voilà toutes leurs occupations. C'est ainsi qu'ils se procurent une vie heureuse et une mort tardive.

La plupart des Chaldéens-Orchoënes (1) voient la révolution d'un siècle, et conservent jusqu'à la dernière heure l'usage de tous leurs sens, et particulièrement de la vue. Ils s'en disent redevables au pain d'orge, la base de leurs alimens.

Le travail est la dot des époux. Pour obtenir la fille vertueuse et belle qu'on désire pour femme, on devient le serviteur de son père pendant plusieurs années.

Le bon Hermès me conduisit chez une famille chaldéenne à l'heure du repas, vers le déclin du jour. Une longue table fut dressée entre deux hauts palmiers. On y servit un veau tout entier, rôti, sans autre apprêt, deux chevreaux assaisonnés de sel, du pain frais, cuit sous la cendre, du beure, du lait, une jatte de lentilles qu'ils préfèrent à tout autre légume, des dattes et du vin de palme.

A la fin du repas, un des enfans de la maison, prit sa ceinture et un bâton de voyage, embrassa ses frères, ses sœurs, et les genoux de sa mère ; puis, fléchissant le sien aux pieds de son père debout, il attendit, la tête baissée,

---

(1) Lucien, *chapitre de ceux qui ont vécu long-temps*.

ses ordres et sa bénédiction. « Mon fils, lui dit le père, en posant ses deux mains sur son front : n'oublie jamais le ciel de la Chaldée ; et que le neuvième soleil te retrouve au sein de ta famille » !

Une scène d'un autre genre nous attendait ailleurs. On invita Hermès à venir présider un mariage ; je l'accompagnai. Une femme jeune encore, courut au-devant du pontife, et lui dit : « Sanctifie, par ta présence et ton suffrage, la nouvelle union que je propose à mon époux... puisqu'il m'a trouvée stérile(1) jusqu'à ce moment, qu'il reçoive de ma main une autre femme plus jeune que moi et plus belle ! L'époux ému répondit avec la même franchise : qu'il soit fait comme tu le désires ! mais tu seras toujours la compagne de ma vie et l'astre tutélaire de ma maison ».

Un soir, avant de rentrer à l'habitation des prêtres d'Orchoë, la veille de mon départ pour retourner à babylone, je rencontrai une jeune Chaldéenne en deuil, portant sur sa tête une javelle de glanes. Un Chaldéen d'un âge plus mûr marchait à grands pas sur ses traces ; enfin, il l'atteignit. C'était pour lui dire : « Sage Zillia, rebroussez chemin avec moi ; il vous sied mal d'être glaneuse dans un champ dont vous êtes maîtresse ». Zillia se mit à rougir, et put à peine balbutier ces mots : « Comment se pourrait-il, seigneur... — fille sage, je viens d'apprendre la perte que vous avez faite. A présent que vous n'avez plus de père, il vous faut un mari. Vous voyez bien que le champ est à vous, puisqu'il ne

---

(1) Fleury, *mœurs des premiers Israëlites*.

dépend que de vous de partager la couche du possesseur ».

L'intérieur des habitations les plus opulentes d'Orchoë, n'éblouit pas les yeux, comme quand on entre dans le logis d'un citadin de Babylone, même de la moyenne classe. Un plancher de bois, en guise d'un parquet de marbre ; des nattes de jonc en place de tapisseries rehaussées d'or et de pourpre : mais tout y est propre et à sa place. On s'y trouve à son aise; on ne voit que des visages brillans de santé et qu'anime une joie naïve. Rien n'y embarrasse la vue. On peut reposer ses yeux sur tous les objets, sans avoir à en rougir. Au chevet du lit de chaque habitant d'Orchoë, je remarquai deux javelots, et un bouclier d'osier (1) Ce sont là toutes les armes défensives de ce peuple paisible, mais vaillant (2).

Heureuse Chaldée! O mes chers disciples! Que de fois je me suis rappelé avec délices le trop court séjour que j'y ai fait. Mon retour à Babylone pour me rendre auprès de Zoroastre, n'était pas propre à me faire oublier les délicieux tableaux de la petite Orchoë. Long-temps, je me suis plû à retracer à ma mémoire les belles soirées qu'on y passe. Toute la famille, après les travaux du jour, se réunit devant la maison; les frères, les sœurs, les enfans, les mères se groupent autour de l'Ancien assis au pied du palmier de ses ancêtres, et se racontent les événemens de la journée, tant ceux qui se passent au ciel que ceux qui ont eu lieu

---

(1) Xenophon, *hist. de Cyr.* III.
(2) L'Orient n'avait guère de meilleurs soldats, que les Chaldéens. Bossuet, *hist. univ.* p. 511.

sur leur territoire. Les plus jeunes interrogent les plus âgés ; l'épouse se fait expliquer par son mari ce qu'elle n'entend pas. L'étranger admis dans ce cercle est consulté. On l'écoute avec intérêt et en silence ; on le satisfait avec empressement. Ce bon peuple se donne pour ce qu'il est; il n'a rien à cacher. La conversation en est sérieuse, quelquefois grave, sans ennui, ni tristesse. Les âges, les humeurs s'assortissent. Etre ensemble, se voir, se parler, s'occuper d'affaires domestiques, sans se mêler de celles des voisins, jouir en commun des beautés et des bienfaits de la nature ; ce sont là tous leurs secrets pour vivre heureux.

Les Chaldéens ont l'usage du fer et des autres métaux connus, pour leurs instrumens astronomiques : ils paraissent attachés à d'antiques habitudes ; ils conservent les marteaux, les coins et les haches de pierre de leurs premiers ancêtres. Rien de plus commun dans l'intérieur de leurs maisons que ces haches dures comme le fer trempé : la lime la plus mordante n'y peut rien. Ces pierres (1) incisives sont percées convenablement au point d'équilibre. L'ouverture est évasée dans l'épaisseur du petit bloc et plus large d'une part que de l'autre, afin que le manche d'un bois compact, une fois entré le force par le côté le plus étroit, ne sorte plus qu'avec de pénibles efforts. On me dit que la moitié de l'existence d'un homme n'est pas de trop pour aiguiser ou perforer (2) ces pierres tranchantes servant de haches.

---

(1) Mairan, III<sup>e</sup>. *lettre au P. Parrenin*. p. 124, 125. *in-*12.
(2) *Idem.* 209.

Je n'eus pas le loisir d'aller visiter dansl eurs montagnes voisines des eaux du Tigre, les *Carduques* (1), colonie chaldéenne indépendante, et par cela même redoutée des Perses : moins instruits que leurs premiers parens, ils ont pris et conservé un caractère plus ferme, analogue à leurs javelots de deux coudées. Il n'est cuirasse ou bouclier qui leur résiste.

§. C I.

*Vie privée des Babyloniens.*

CE fut avec bien du regret que je sortis d'Orchoë pour rentrer dans Babylone. Quel contraste! Je voulus tout voir par mes yeux, malgré la diversité d'accueil qu'il me fallut essuyer, en passant d'une région de cette ville à une autre. Les habitans d'une cité qu'un voyageur à cheval peut à peine traverser en huit heures, doivent offrir bien des variétés. Je ne fus pas également bien reçu par tout, malgré les saintes lois de l'hospitalité. Pour plaire aux Babyloniens, il faut être homme de plaisir. Je n'y venais point faire le commerce des étoffes brodées; ses marchands n'avaient point intérêt à me fréquenter : étranger sans suite, m'éclairer et apprendre à devenir meilleur, était le seul but de mes voyages.

Babylone m'offrait, sous certains rapports un abrégé de l'univers; depuis l'aiguille de l'artisan jusqu'au soc du laboureur, on s'y occupe de tout; de grands espaces entre les murailles et la ville y sont consacrés aux ate-

---

(1) Aujourd'hui *Curdes. Voyage au Levant*, de Tournefort.

liers et à l'agriculture; tout y est spacieux, commode, abondant, excepté pour le pauvre, qui n'a pas un asile où reposer la tête. Je ne vis nulle part tant de choses disparates sous un certain air d'uniformité et de subordination. Cyrus aurait pu se dispenser de décharger les habitans du poids de leurs armes. Ils ne les portaient pas pour s'en servir. Ce n'était qu'un objet de parure. Depuis les vingt années de leur soumission au sceptre persan, ils ne sont pas plus esclaves qu'ils n'étaient sous leurs propres rois. Un Babylonien est tout ce qu'on veut qu'il soit. L'excès de civilisation a presqu'effacé sur sa physionomie comme dans son cœur l'auguste empreinte de l'homme. Le vin, les femmes, des danses lascives, des chants lubriques, les deux sexes qui n'en font qu'un, ont les mêmes goûts et sont parvenus à la même apathie. Fiers d'habiter la plus belle, ou du moins la plus grande ville de la terre, ils croient être dispensés de tous devoirs, quand ils ont montré leur tour de Bélus, leurs jardins suspendus, les deux palais, leurs murailles, et leurs belles tapisseries. Ils semblent avoir acquis le droit de mépriser le reste de la terre.

Ils poussent leur vanité jusqu'au scandale. Dès les premières inscriptions consacrées à la mémoire de son nom, Darius s'y donna le *titre du plus beau des hommes* (1). Aussitôt, toute la jeunesse babylonienne, qui n'avait pas besoin d'encouragement ou d'exemple, mit le comble à sa fatuité, en isant au suprême honneur d'être le plus beau des peuples soumis au plus beau des rois.

---

(1) Herodot. *Melpom.* IV.

Je ne connais pas de villes où il y ait plus de maisons de plaisir, et où l'on baille davantage. Il y a beaucoup de misère dans la superbe Babylone ; on ne peut y faire un pas, sans être coudoyé en même-temps par un malheureux couvert de lambeaux, et par un riche chargé de broderies ou de dorures. L'un périt de besoin, en s'épuisant par un travail ingrat et pénible ; l'autre meurt d'ennui sous le poids de son oisiveté. L'indigent trouve la journée trop courte pour se procurer le soir le repas le plus chétif ; l'homme enrichi ne la trouve pas non plus assez longue pour suffire à toutes les jouissances qu'on lui ménage.

Babylone est tout-à-la-fois fastueuse et sale. Elle éblouit tour-à-tour et afflige les regards.

Mes amis, vous aurez peine à croire cette particularité : tous les matins, plusieurs clochettes parcourent la ville dans tous les sens, pour avertir les citoyens de nettoyer le devant de leurs maisons. Sans cette injonction, répétée chaque jour au nom du magistrat, Babylone serait un cloaque inhabitable.

L'urbanité y tient lieu de la compassion. On refuse un pain à toute une famille qui n'en a point depuis trois jours ; on offre sa table abondamment servie, à des parasites qui plient sous le fardeau de leur embonpoint.

Babylone est encore aujourd'hui la première ville du monde pour la magnificence et le luxe ; c'est celle aussi dont les murs renferment le plus d'objets repoussans. Parmi tous ces somptueux édifices décorés par le goût, on rencontre des carrefours, des marchés à toute heure du jour encombrés d'immondices, quoique baignés par un grand fleuve.

DE PYTHAGORE.

On ne met ni pudeur, ni décence dans certaines fonctions journalières. A Babylone, comme à Memphis, et apparemment dans toutes les grandes villes (1), on soulage la nature en présence du soleil et de la foule (2). La voie publique répugne à parcourir. Les femmes même les plus chargées de parures, ne sont pourtant pas exemptes des reproches qu'on peut faire au peuple du peu de soin qu'il prend dans l'intérieur des maisons, d'y faire régner l'ordre et la propreté, indices des mœurs pures. Les endroits publics sont négligés, mal tenus. On sacrifie tout au faste. L'indigence et la débauche y multiplient les plus tristes nudités. La jeune fille qui n'a point de fortune et qui veut être sage, y perd ses plus doux charmes avant la fin de son printemps, réduite à des travaux au-dessus de son âge et de ses forces ; tandis que par une conduite toute opposée, d'autres jeunes femmes sont flétries d'aussi bonne heure, comme ces roses fanées avant le déclin du soleil ; et pourtant elles ne négligent aucune des ressources de l'art pour conserver leur fraîcheur. Chaque matin, elles se baignent le visage avec une infusion d'orge (3) et d'eau de rosée ; ou bien, elles tâchent d'en effacer les premieres rides avec de la farine délayée dans du lait d'ânesse. Mais rien ne fait contre le temps et les excès, plus destructeurs que le temps.

Il ne faut que traverser la ville de Babylone. L'ensemble en est aussi agréable que les détails

---

(1) Aristophane. *les nuées*. ac. V. §. 2.
(2) Ceci rappelle une loi de Pythagore : *non contra solem meïto*. Voy. le vol. des lois.
(3) Bibl. Daniel. XIII. 17.

sont révoltans. Il répugne de voir dans la même enceinte le malheur avili, et la prospérité insolente, toutes les recherches de l'art et tout l'abandon de la misère : Babylone est le cahos.

Les meubles les plus recherchés décorent l'intérieur des maisons. Un deux me frappa la vue. C'est un petit jardin planté dans un vase d'or (1), ou dans une corbeille d'argent massif. On le roule d'un appartement à l'autre. On le porte sur sa tête aux fêtes d'Adonis. On le place sur les tables à la fin d'un banquet. Certes ! on ne peut guère être plus loin de la nature, qu'on l'est à Babylone, et pourtant dans cette ville on se pique d'en avoir sans cesse sous les yeux quelques vestiges.

Un meuble de leur invention, et pour lequel ils épuisent toutes les ressources de l'art, c'est une espèce de couche (2) sur laquelle on passe, à demi-penché, le moment le plus chaud du jour. Ce lit est recouvert d'étoffes précieuses (3), teintes de diverses couleurs et attachées au bois par des clous à tête d'or. Les plus recherchés sont de pourpre.

Parmi beaucoup d'autres ameublemens, je remarquai de superbes tables de plusieurs marbres (4), incrustés avec plus de recherche et de patience que de goût, et représentant divers paysages.

Ceux qui font trafic de tous ces objets pré-

---

(1) *Paradis terrestre*, de Huet.
(2) Canapé, ottomane, lit de repos, chaise longue, servant à faire ce qu'on appelle sa méridienne, *solaria babylonica*. Sextus. Plin. *hist. nat.* VIII. 48.
(3) *Babylonica peripetasma*.
(4) Dracont. Hexæmero. *Lexic.* Pitisci, verbo. *Crustae*.

cieux et inutiles, n'ont point de loyauté. Spéculant sur les petites passions de la classe opulente, ils demandent cent fois au-dessus de la valeur, et l'obtiennent.

*C'est un initié de Thèbes, protégé à la cour!* Sitôt que ce bruit courut par la ville, on m'invita de tout; mais on se tint avec avec moi sur la réserve. Un masque de décence fut placé sur les visages. Les femmes essayèrent de me convertir au culte de leur Vénus. Il n'y eut point de basses complaisances qu'elles ne mirent en œuvre pour surprendre mon secret, ou gagner ma confiance. Je fus appelé aux fêtes les plus secrètes. Insensible à toutes ces provocations, je devins un mortel dont on crut ne devoir jamais se défier trop. Je ne daignai m'apercevoir de rien. On crut que je mettais du mystère dans mon séjour à Babylone. De nouvelles séductions furent tentées. Les maris complaisans me ménageaient des momens de solitude avec leurs épouses, les mères avec leurs filles; d'autres affichèrent la réforme dans leur ménage, et ne m'en parurent que plus odieux.

Il y a beaucoup d'esprit à Babylone (1). On m'admit dans plusieurs sociétés savantes des deux sexes. Chacune d'elles a ses principes particuliers, exclusifs de tous autres (2). On y traite toutes sortes de matières avec une légéreté, une suffisance qui m'amusa beaucoup. Dans l'une, on détermine certaines époques à la nature; dans l'autre, on pose des bornes à

---

(1) *Hist. univ.* de Bossuet. p. 511.
(2) L'abbé Foucher, *acad. des inscriptions, mém. sur Zoroastre.*

sa durée, après avoir osé lui assigner une origine, et indiquer l'instant précis de sa création. Dans celle-ci on fixe invariablement le nombre des élémens; dans celle-là on prétend que l'univers périra par le feu ; cette autre dit que ce sera par l'eau. Dans presque tous ces cercles on plaisante avec beaucoup de grâces sur les Dieux du peuple de Babylone. Mais on se garde bien de hasarder un mot de censure sur le gouvernement et les hommes d'état.

Dans un des cercles les plus savans, on dissertait, quand j'y fus introduit, sur l'œuf (1), qui, du ciel, tomba dans les eaux de l'Euphrate. Les poissons le roulèrent sur la rive; il fut couvé par une colombe ; Vénus en est éclose. Tous les érudits de Babylone convenaient de ce fait. Mais cet œuf divin était-il blanc? avait-il la couleur des roses ? telle était l'important objet de la discussion. Je sortis sans en attendre le résultat, et dans la crainte de me laisser surprendre par le sommeil.

Parmi ces sociétés, il en est une composée de femmes seulement, qui se sont appliquées les dernières paroles de l'épitaphe de Sémiramis (2):

« Nous trouvons du temps pour goûter tous les plaisirs, et pour faire le bonheur de tous nos amis ».

Il en est encore une qui me frappa plus que toutes les autres : elle prend pour titre : *Les Insoucians* (3). Là, on professe l'indifférence

---

(1) Hyginus *fab.* 198.
(2) Polyen. VII. 25.
(3) Chez les peuples modernes, la ville de Rossani renouvela cette académie sous le titre d'*incuriosi*; Bologne, sous celui d'*indifferenti* ; et peut-être Peruse, sous le nom d'*insipidi*.

la plus complète sur toutes choses. Un des membres voulut bien entrer avec moi dans quelques détails : « Seigneur étranger, me dit-il, étendu sur un triple tapis, nous sommes revenus de bien des préjugés. C'est au point qu'il n'y a plus pour nous ni erreur, ni vérité. Chaldéens ou Mages, Sémiramis ou Cyrus, république ou monarchie, l'estime ou le blâme, tout est pour nous parfaitement égal.

PYTHAGORE. Même le vice et la vertu ?

L'INSOUCIANT. Oui, comme le reste. Nous avons vu que tout était relatif. Le bien d'aujourd'hui est le mal d'hier. L'extrême mobilité de la nature ne permet pas d'asseoir un principe, un système. Bien fou qui se fixe à quelque chose.

PYTHAGORE. Même à l'épouse belle et sage ?

L'INSOUCIANT. Même à sa fidélité ! L'insouciance est le baume de la vie ; c'est le remède à toutes les peines, à celles de l'ame ainsi qu'à celles du corps. L'insouciance est le vrai bonheur....

PYTHAGORE. Des hommes blâsés, des caractères qui ont perdu leur ressort, des gens nuls.

L'INSOUCIANT. Comme tu voudras ; ne sois point de mon avis, ou adopte mon opinion, je ne me fatiguerai pas à te convaincre ; peu m'en soucie. Pense de nous ce qu'il te plaira.

PYTHAGORE. L'insouciance est praticable tant qu'on est heureux ; que devenez-vous dans l'adversité ? supportez-vous la douleur avec insouciance ?

L'INSOUCIANT. Nous avons des narcotiques à différens dégrés. Nous en usons à diverses doses..... jusqu'à nous endormir pour ne nous réveiller jamais. Car la mort ou la vie est à peu près de même poids à nos yeux.

Pythagore. Etes-vous beaucoup de votre société ?

L'insouciant. Elle ne souffre point de lacunes ; et nous n'avons pas beaucoup à chercher pour les remplir.

Pythagore. Dans qu'elle classe de citoyens trouvez-vous à vous compléter ?

L'insouciant. La caste opulente nous repeuplerait à elle seule ; le riche contracte aisément l'insouciance.

Pythagore. Et à quoi passez-vous le temps ?

L'insouciant. Nous n'en savons trop rien. Nous nous rassemblons ici assez machinalement ; nous nous disons quelques mots en baillant. Bailler ensemble fait plaisir. On sort, on rentre ; on se quitte comme on se retrouve, et les heures s'écoulent. Adieu, seigneur étranger ! je sens que je m'épuise en te parlant. Va trouver la sibylle *Sambéthès* (1) ; elle t'en dira davantage ; elle a plus d'haleine.

On m'avait parlé déjà de la sibylle de (2) Babylone (3). Je me rendis le soir à sa demeure. On me conseilla de lui faire des questions sur Cyrus, pour donner sujet à la volubilité de sa langue. Elle s'est prévenue contre ce héros, sans doute parce qu'il n'était pas crédule.

Il me fallut essuyer les mêmes préliminaires que dans l'antre de la sibylle de Samos (4).

---

(1) Pausanias. *Phoc.*
(2) Suidas.
(3) Ou *persique.* Varro, *apud lactant.* I. 6.
(4) Voy. tom. I. de ces *voyages de Pythagore.* §. VII. p. 33 et suiv.

Enfin, notre *Chaldéenne inspirée* (1) (elle affecte cette dénomination) parla ainsi :

« Qu'on me taise le nom de Cyrus ! il y eut avant lui de plus grands conquérans. Il y en aura encore après. Je vois dans les sombres replis des années qui attendent l'ordre des destins pour paraître à leur tour, je vois s'élever des régions où le grand astre termine son cours brillant, je vois s'élever un jeune héros. Il se place à la tête d'une poignée de soldats ; il s'avance, et chaque pas qu'il fait, est une victoire. Les armées tombent devant lui, comme un champ d'épis sous la faucille du laboureur. Toute la Perse deviendra sa conquête, et Babylone son tombeau (2).... J'ai dit ! profanes ! attendez en silence. La divinité qui m'inspire me défend d'en révéler davantage. Craignez les Dieux, et honorez leurs ministres ».

Après son discours, elle s'arma d'une courroie pour faire tourner (3) sur lui-même un sabot (4), que les Egyptiens appellent *yinge*, et qui est enrichi de saphirs, parmi des lames d'or où sont inscrits des caractères constellés. Le signe céleste où s'arrête le sabot, sert à connaître la volonté des Dieux.

Je sortis, en me rappellant d'avoir été en Egypte, le témoin de pratiques semblables.

Je visitai les tribunaux ; quoique nombreux, ils suffisent à peine aux dissentions domestiques. Les orateurs, prêts à défendre indifféremment le vice et la vertu, ne respectent pas plus les

---

(1) Justin. martyr. *ad gentes.*
(2) *Praedixit de Alexandro multa.* Justin. Euseb.
(3) Theocr. *pharmac.*
(4) Michel Psellus.

juges que le public. Leurs discours verbeux sont remplis de détails qui font rougir ou révoltent. Non contens de dévoiler le secret des familles, ils n'ont pas de scrupule de flétrir et de calomnier, ou de livrer aux sarcasmes les personnes contre lesquelles ils parlent. Le temple de la justice est souvent à Babylone une école de libertinage.

Les coupables qu'on expose sur la place publique pour subir le châtiment de la honte, avant d'être bannis ou envoyés à la chaîne, sont les premiers à plaisanter sur la flétrissure qu'on leur inflige. A Babylone, la loi n'a plus que la mort à opposer au crime.

Les sénateurs préposés à la police de cette grande cité, d'intelligence avec le gouvernement, provoquent eux-mêmes les établissemens les plus immoraux, les amusemens les plus corrupteurs, dont ils partagent le produit honteux. Les femmes publiques et les joueurs ne sont pas ce qu'il y a de plus vil à Babylone; le magistrat qui les protège l'est sans doute davantage.

### §. C I I.

#### *Pythagore voyage à Suse.*

Je ne pus soutenir long-temps le spectacle dégoûtant et pénible des mœurs de cette grande ville. C'en est assez, dis-je à Zoroastre. Partons! J'en ai trop vu.

Zoroastre. Tu sens donc maintenant combien une réforme est urgente. Le limon a besoin d'être repétri (1).

---

(1) Allusion à Prométhée.

Pythagore.

Pythagore. Renonce à l'impossible ; tu ne rendras jamais Babylone vertueuse. Jamais tu ne réformeras une immense population divisée en deux classes, d'hommes dégradés par le besoin, et d'hommes corrompus par l'abondance. Le dernier degré de l'opprobre pour l'espèce humaine, est de réunir le double scandale du vice qui rend insolent, et du travail qui abrutit. C'en est fait. Babylone mérite tout ce qu'elle a déjà souffert, et tout ce qu'on lui prépare encore d'infamie et de calamité. L'or et le luxe en sont les causes premières.

Zoroastre. Elle profite mal du voisinage des *Bambycates* (1), peuplade qui s'abreuve des eaux du Tigre : pour se préserver de la corruption des nations riches, celle-ci rassembla un jour tout ce qu'elle possédait en métaux précieux, et enfouit ce trésor dans les profondeurs du sol, en faisant de solennelles imprécations contre ceux qui tenteraient de remettre tout cet or dans le commerce.

Pythagore. Les Bambycates n'ont fait que prévenir la destinée commune. Dans la suite des siècles, il faudra pénétrer deux cents palmes en terre (2) pour retrouver la fastueuse Babylone, bâtie sur un sol humide. Où se trouve aujourd'hui la métropole du peuple atlantique?

Zoroastre. Laissons-là Babylone. Je ne m'y plais pas davantage que toi, quoique je la connaisse moins. Depuis que j'y séjourne, je n'ai presque point sorti de la tour de Bélus. Je n'y suis venu que pour y passer le temps de

---

(1) Aléx. ab Alex. IV. 15. Pline l'appelle *Babitace*. VI. 27. Solin.
(2) *Vossii observationes*.

Tome III. E

l'absence de Cambyse. Je ne pouvais guères rester sans lui à Suses, en bute aux mages jaloux. Retournons-y. Le nouveau roi m'y appelle ; et j'ai besoin encore de la cour pour affermir mon nouveau culte sur ses fondemens. Darius doit bientôt se rendre à Ecbatane ou a Persépolis. Hâtons-nous de le joindre dans son palais de Suses ».

Zoroastre me fit remarquer en passant les colonnes qui limitent l'Assyrie et la Perse : l'inscription qu'elles portent apprend que Cyrus vécut cent années (1).

Les Perses sont aussi dans l'usage de marquer sur les grandes routes, par des pierres (2), les mesures itinéraires qu'ils appellent *parasanges*.

Dans les campagnes, chaque propriétaire indique le terme de son héritage par des rochers stériles, mais le plus souvent avec des arbres portant fruit.

Nous passâmes le Tigre, pour entrer dans la Susiane, et parvenir à un autre fleuve bien moins considérable, nommé Eulœus (3) ; Il traverse la Cissie, province où se trouve la capitale ; ses eaux sont réputées si bonnes, que les rois de Perse, n'en boivent point d'autre ; il les reçoit du Mont-Jaune, à travers la montagne du cheval, et va les porter au Golfe Persique par plusieurs embouchures après en avoir communiqué une partie au Pasitigre.

Nous vîmes arriver sur ses bords, à un endroit marqué, plusieurs charriots à quatre

---

(1) Lucien, *chapitre de ceux qui ont vécu long-temps*.
(2) Reland, *dissert*.
(3) D'autres topographes l'appellent *Choaspe*.

roues. On en descendit de grandes amphores d'argent pour être emplies et conduites au palais du prince. « Là, dit Zoroastre, cette eau déjà fort légère par elle-même, sera mise en ébullition (1), avant d'être servie sur la table de Darius ; rien que de pur n'entre dans le corps des rois : Pourquoi n'en est-il pas de même de tout ce qui émane de leur cerveau ?

PYTHAGORE. Parce que, à l'exemple de Cambyse, ils se laissent circonvenir par des novateurs qui veulent faire parler d'eux à tout prix.

ZOROASTRE. Initié de Thèbes ! Ne serais-tu pas toi-même jaloux déjà de ma renommée ?

PYTHAGORE. Tu ne verras jamais en moi un rival de ta gloire. J'aspire à une autre moins bruyante.

ZOROASTRE. Etre le fondateur d'une école de sagesse. Mais le culte est la sagesse du peuple.

PYTHAGORE. Hélas ! Oui.

La belle rivière qui nous occasionna ces amères réflexions, baigne aussi les murs de Suses, défendue des vents du septentrion par une chaîne de hautes montagnes. Dans les flancs de ces lieux élevés et presqu'inaccessibles, est une peuplade, assure-t-on, qu'on n'a jamais pu dompter, ou plutôt que Cyrus n'a pas daigné apercevoir ; il est vrai qu'elle est pauvre, et ne dédommagerait pas de la peine d'aller jusqu'à elle.

J'ai eu un moment, me dit Zoroastre, le désir d'y pénétrer seul et sans armes, pour y fonder mon culte, comme les Chaldéens à Orchoë et les mages à l'Ecbatane des mon-

_____

(1) Athénée. II. *Deipnos.*

tagnes. J'avais encore des vues sur les Mizéens (1), limitrophes de la Susiane, à l'orient. Ce ne sont que des peuplades toutes sauvages, mais toutes libres.

Pythagore. Laisse les Mizéens en repos. Tu m'as parlé d'Ecbatane ?

Zoroastre. Oui ! non pas celle que Dejocès roi des Mèdes fonda il y a un siècle, dans la plaine de la grande Médie, autour d'un palais bâti par Sémiramis ; mais l'Ecbatane des mages (2), sur les confins de la Perse, entre le septentrion et le levant.

Je me suis décidé pour Suses, m'ajouta Zoroastre, d'après plusieurs considérations : l'Ecbatane royale sert de dépôt aux annales de l'empire ; Suses est la gardienne des trésors du prince. Et les législateurs, ainsi que les conquérans, ont besoin de semer autour d'eux l'abondance pour faire aimer l'autorité nouvelle de leurs lois ou de leurs armes. J'avais déjà obtenu de Cambyse la disposition de quelques bienfaits pour être répandus à propos parmi le peuple flottant encore entre l'ancien culte et le mien. Un peu d'or fit pencher le bassin de la balance de notre côté. Ces moyens ne te paraissent peut-être pas très-louables, sage initié. Apprends, si tu ne le sais pas, que les prêtres de Thèbes et de Memphis, dénués de cette ressource, ne seraient jamais parvenus à ce point d'élévation d'où tu viens de les voir tomber par une force irrésistible. Après tout, mieux vaut répandre de l'or que du sang.

Pythagore. Zoroastre ! ni l'un ni l'autre.

---

(1) Plin. *hist. nat.* VI. 27.
(2) Danville. tom. II. p. 277. *géographie anc.*

Mille pas avant d'entrer dans la capitale des Perses, nous traversâmes un petit hameau. Zoroastre y hâta subitement la marche. Pourquoi cette précipitation, lui dis-je?

ZOROASTRE. Passons-vîte. Ce lieu me fait horreur. Il se nomme *Spada* (1). C'est ici que, par les ordres de Sémiramis (2), on fit pour la première fois le dernier outrage au sexe de l'homme. Le premier eunuque fut un jeune habitant de ce village. Passons-vîte ».

*Suses* (3), à cause du riche dépôt qu'elle renferme, est une ville fortifiée : d'épaisses murailles la mettent en état de soutenir un siége opiniâtre et rude. Elle a une citadelle impénétrable (4), élevée sur les plans de Memnon, lui-même; elle en porte le titre, ainsi que la grande route qui y mène, et dont je parcourus une partie avec Zoroastre. Le nouveau monarque Darius commençait son règne par l'augmenter de plusieurs constructions. Avant d'entrer dans cette ville, qui a beaucoup d'étendue en longueur, je fus frappé d'une singularité, en jettant les yeux sur les troupeaux qui paissent aux environs : beaucoup de boucs n'ont qu'une seule corne (5). Le lis fleurit spontanément dans les campagnes en-

---

(1) D'où *spado*, pour exprimer un homme qui a cessé de l'être. Voy. *Stephanus*.

(2) Sémiramis fit les eunuques, de peur que voulant estre prainse pour un homme, elle ne fust seule qui eust la voix déliée et sans barbe.

Alex. Sarde. trad. par Chapuys.

(3) Aujourd'hui *Souster;* selon d'autres, *Baldac.*
(4) Herodot. V. Strabo. *geogr.* Pausanias. *Messen.* 31.
(5) Daniel. *vision.*

vironnantes ; il a donné à Suses (1) le nom qu'elle porte. D'autres en font honneur à la *racine* (2) *douce* fort commune sur ce territoire ; les Perses appellent *sous* (3) cette plante médicinale.

« Prince ! ( dit Zoroastre, en me présentant à Darius ) ; je t'amène un prisonnier du roi Cambyse. Accueilli, distingué par ton prédécesseur, cet étranger a plus d'un titre à ta bienveillance ; originaire de Samos et initié de Thèbes, il vient recueillir à la cour de Perse les plus purs rayons de la science des mages (4) ».

Darius me tendit la main, en me faisant dire que j'étais le bien venu et que nous arrivions fort à propos ; car il partait, sous peu de jours, pour Persépolis.

Suses venait d'être le théâtre d'un grand drame politique. « Voici, me dit OEbare (5), l'officier chargé de me détailler les beautés du palais bâti par Cyrus, continué par Cambyse, et que Darius se propose d'achever : voici l'appartement secret ou le faux Smerdis, c'est-à-dire le frère de l'archimage Pasithite et non celui de Cambyse, usurpateur du trône de Cyrus, qui lui avait fait couper les oreilles, fut découvert par les grands, eut la tête tranchée et portée au bout d'une lance, dans tous les carrefours de la ville.

PYTHAGORE. Et le peuple si attaché pour

---

(1) Athénée, XII, nou· apprend que le mot *suze* veut dire *lis*, ou *fleur de lis*.
(2) La réglisse.
(3) Reland. *dissert.*
(4) *Mog*, c'est-à-dire, *adorateurs du feu*, dans la langue persanne actuelle.
(5) Ctesias, *persic. excerp.* Phot.

l'ordinaire à ses prêtres, comment reçut-il cette nouvelle ?

ŒBARE. Il ne vit que des usurpateurs dans la personne des mages, et massacra tous ceux qu'il put trouver, à l'exemple de ses nouveaux chefs. Toutes les rues de Suses furent arrosées du sang sacerdotal. La nuit seule put mettre un terme à la rage des Perses, animés par les nobles conspirateurs. Leçon terrible pour les prêtres qui veulent enjamber de l'autel sur le trône !

PYTHAGORE. Leçon qui ne les corrigera pas.

ŒBARE. S'ils ressemblaient tous à Zoroastre...

De ce balcon, vous pouvez voir, continua l'officier, la place publique du faubourg oriental où le coursier de Darius notre souverain hennit le premier aux rayons du soleil, bien avant les autres chevaux des prétendans à la couronne. En qualité d'écuyer du prince, c'est moi qui prends soin de ce coursier cher à son maître.

PYTHAGORE. Ecuyer de Darius, il court un bruit qui prouve du moins ton attachement à sa personne : la nuit qui précéda l'élection matinale d'un successeur à Cambyse, tu pris la précaution de promener une cavale amoureuse, précisément à l'endroit de la place où devait se rendre la monture de ton maître ; les émanations de cette cavale, plus encore que les rayons du soleil, provoquèrent le hennissement subit tant désiré (1).

ŒBARE. Illustre étranger.....

---

(1) Caylus, *antiq. grecq.* tom. V. *in*-4°. rapporte une gravure en creux, qui lui paraît la représentation de cet événement.

PYTHAGORE. Ne crains rien ; repose toi sur ma discrétion ; seulement , il est peut-être convenable que tu saches les bruits qui courent sur ton compte.

OEBARE. Illustre étranger ! Le sage interprète des astres , m'en donna lui-même l'idée ; l'invention ne m'en appartient pas (1). Darius et Zoroastre m'en confièrent seulement l'exécution (2).

Hélas ! ce superbe animal, ajouta l'écuyer, à qui les trois empires sont redevables, en ce moment, d'un bon roi, est atteint d'une maladie inconnue qui nous menace de sa perte. Les mages convoqués de toutes les parties de la Perse, sont en route pour donner leurs avis sur les moyens d'opérer sa guérison. Demain ce grand concours doit avoir lieu dans les écuries du palais ».

Je ne manquai pas d'y descendre l'un des premiers. Les Dieux auraient de la peine à être mieux logés que les chevaux du roi de Perse. Leurs écuries sont plus magnifiques que des temples. Toute la cour s'y rendit ; le roi y vint, accompagné de Zoroastre. Le plus ancien des mages s'avança gravement vers la litière épaisse où gissait le quadrupède en léthargie, pour le visiter et indiquer un moyen curatif. Ni lui, ni aucun des prêtres qui le suivirent ne surent découvrir le mal, encore moins le remède ; et déjà, ils se disposaient à sortir, la tête baissée, et fort tristes de leur

---

(1) Elle fut répétée avec même succès par le laboureur Primislas , élevé de cette manière au duché de Bohême. Voy. les *parallèles histor.* 1680. *in*-12. Paris.
(2) Herodot. *Thalie*. III.

impuissance à répondre aux sollicitudes du prince.

« Un moment, s'écria Zoroastre en élevant la main pour les arrêter. Roi de Perse, tu me dois justice; je te la demande au nom de ton prédécesseur Cambyse. Sous son règne, je fus calomnié, proscrit. Je le fus par les mages, mes anciens et respectables maîtres. Un événement terrible ne m'a que trop vengé de leurs malignes imputations. Tous mes ennemis ont péri, victimes d'un attentat bien plus grave que celui qu'ils se permirent contre moi. Je ne dois pas me prévaloir d'une révolution politique qui ne me regardait point. Les mages qui survivent et qui n'ont point trempé leurs mains dans le crime du faux Smerdis, doivent encore conserver des nuages sur ma personne et mes principes. Je ne suis peut-être pas justifié à leurs yeux; il m'importe de les satisfaire. Si la réforme sainte et périlleuse que j'ai entreprise depuis longues années au nom du dieu de la Lumière et du Feu, n'est pas aussi nécessaire que je l'ai annoncée, j'invoque les puissances célestes; il faut qu'en ce jour, sur l'heure même, et dans ce lieu, elles prononcent entre les mages et leur réformateur. Je propose au roi présent une authentique et solennelle épreuve. Son coursier, qui fut l'interprète du soleil pour l'appeler au trône, est dangéreusement atteint. Eh bien! puisque tous les mages s'avouent incapables de soulager et de guérir le coursier si cher au roi; je me déclare plus habile ou plus heureux; comme c'est en vertu des lumières du ciel dont les oracles sont déposés dans mon *Zendavesta*, que je vais manifester le prodige, qu'il me soit permis de mettre une clause à la guérison du coursier cher au roi. Si je réussis à lui rendre la santé, que les mages qui en seront les témoins rendent enfin témoignage à la sainteté de ma mission ; qu'ils conviennent en face du prince, de sa cour et de tout le peuple que Zoroastre est plus puissant qu'eux, parce qu'il est véritablement, le ministre, l'envoyé d'Ormusd. Grand roi ! y consentez-vous ? (Darius daigna donner un signe d'approbation). Et vous, mages ! acceptez-vous le défi solennel ? Répondez par la bouche de votre chef...

L'ancien souscrivit au nom de ses collégues perplexes.

Alors, Zoroastre se baissant jusqu'à l'oreille droite du cheval, qui avait toujours les yeux fermés et ne pouvait se soutenir, sembla lui adresser la parole, mais tout bas ; personne n'entendit. Puis, se tournant vers le prince : « Le quadrupède consacré au soleil, dont je suis le ministre, m'a déclaré ce qu'il souffrait ; ordonnez à votre écuyer fidelle de paraître pour exécuter ce que je dois lui prescrire ».

L'écuyer arriva. Zorostre lui parla en confidence comme au cheval. Puis, OEbare sortit et rentra presqu'aussitôt chargé de plusieurs vases d'argent de formes différentes.

Zoroastre versa dans la bouche du coursier, de deux ou trois sortes de liqueur. Il oignit ses jarrets d'un onguent aromatique ; et posa sous ses nazeaux une cassolette allumée, d'où s'exhalait un parfum pénétrant, espèce de fumigation.

« Roi des Perses, s'écria un instant après Zoroastre, votre coursier est guéri ; vous pouvez le monter à l'instant ». En effet, le cheval, sans être aidé, se leva sur ses pieds, poussa plusieurs hennissemens, ouvrit les yeux jusqu'alors abattus, et alla droit à son maître pour le caresser, et comme pour lui offrir ses services accoutumés. Toute la cour poussa un cri d'admiration, et mille bouches répétèrent : « Que le grand roi Darius vive ! gloire à Zoroastre ! » Les mages confus se dérobèrent au milieu de la foule, pour éviter la honte des aveux qu'on était en droit d'exiger(1).

Zoroastre, plus fâché encore de leur disparution que fier de son triomphe, ne voulut perdre aucun de ses avantages. Il dit au roi : « Il approche, le jour arrêté pour votre couronnement ; avant votre départ, prince ! me sera-t-il permis de contribuer à sa splendeur par un signe éclatant ? Ordonnez qu'après l'auguste cérémonial, les mages demeurent encore pour être de nouveau les témoins de la vertu attachée au Zend-avesta, dont ils refusent de reconnaître l'authenticité.

Darius déféra volontiers au désir de Zoroastre. Il n'avait pas été fâché de l'humiliation des mages ; et il saisissait tous les motifs pour distraire le peuple du meurtre de ces ambitieux, enveloppés dans la proscription du faux Smerdis ; car les habitans de Suses se repentaient déjà d'avoir pris part à cette catastrophe.

---

(1) Th. Hyde. *relig. pers.* I. *Mém. de l'acad. des inscript. et belles lettres.* XXVII.

§. CIII.

*Cérémonial du couronnement de Darius.
Usages persans.*

Le jour de la fête du couronnement commençait à luire. Le lieu du cérémonial était le temple de la divinité qui préside à la guerre : si toutefois on peut appeler temple , une rotonde en colonnades qui n'a point de toit ni de muraille ; la lumière du jour et les rayons du soleil y peuvent entrer de toutes parts. Darius s'y rendit à pied, précédé des mages, et suivi de tous les grands du royaume.

Les cinq autres concurrens au trône se tinrent près la personne du roi ; revêtu de l'habit de voyage du grand Cyrus (1), il s'arrêta sur le seuil du temple pour manger quelques figues trempées dans du lait aigri (2). Hommage rendu et consacré par Cambyse , à la mémoire du fondateur de la monarchie. Ce devoir rempli, les prêtres ou mages le firent entrer jusqu'aux marches du sanctuaire ; il s'y agenouilla pour recevoir des mains sacerdotales, le diadême sur son front ; c'est une bandelette de laine fine, teinte de pourpre à ses bords.

Darius , aussitôt son élection , avait pris l'usage d'une longue chevelure empruntée (3). On la parfuma en ce moment d'essences aromatiques. Je m'aperçus aussi que le prince

───────────

( 1) Voy. l'*hist. univ.* par une société de gens de lettres.
(2) Vide. *rex unctus dei*, thèse soutenue à Strasbourg, præs. J. J. Zentgravio, par J. Vencker.
(3) Theophilacte Simocratte, *hist.* IV. 4.

laissait déjà croître sa barbe (1), pour en couvrir un jour les anneaux de lames d'or.

Il revint sur le seuil du temple où l'attendaient les cinq premiers de l'empire, pour couvrir sa tête de la thiare, espèce de turban qui s'élève en cône. L'or et les pierreries y éclatent de toute part.

Ceci se passa au bruit des acclamations populaires, à travers desquelles je remarquai cette formule du vœu national : « Puisse notre nouveau monarque vivre autant que *Cayumarath* (2) ». Je m'informai de ce personnage ; une tradition persane veut que ce prince régna jadis mille ans. Ils ajoutèrent : « Puisse-t-il être aussi riche qu'*Achœmenès* (3) ». C'est un autre ancien roi de Perse.

Le cortége, le plus brillant que j'aye encore vu, ramena Darius dans son palais, aussi révéré que l'édifice saint d'où il sortait. Toutes les portes en sont gardées nuit et jour par des hommes de confiance, qu'on appelle *les Yeux* et *les Oreilles du roi*, parce qu'ils sont chargés de tout voir, de tout entendre ; on les rend responsables du plus petit événement qui pourrait mettre en danger le salut du prince, ou lui causer la plus légère sollicitude.

Toutes ces précautions n'empêchèrent pas la conjuration des mages contre Cambyse. Il est vrai que celui-ci était absent. Que de peines tous ces princes se donnent, plus pour leur sûreté personnelle que pour le salut public !

---

(1) J. Chrysostom. *homel.* VII.
(2) Renaudot. *mém. de l'acad. des inscript.* tom. I. *Origine de la sphère.*
(3) Horat. lib. II. *carm.*

Des agens subalternes parcourent l'empire dans tous les sens, et les instruisent (1).

Un d'eux entretient sur le faîte du palais une flamme inextinguible comme le feu de Vesta. A ce centre correspondent une infinité d'autres foyers, indiquant, par leur éclat gradué, tout ce qui se passe aux extrémités et dans l'intérieur de la Perse.

L'ivoire et l'or recouvrent les parois de cette demeure royale. Le lit où le monarque rend la justice, est d'or, ainsi que celui où il repose. L'un a pour dais un grand platane aux larges feuilles, du même métal; l'autre, une vigne ployant sous le poids de ses grappes. Au chevet de la couche du monarque, est un coffre, appelé l'*Oreiller*, toujours plein d'or, et toujours ouvert. Mortel heureux! même en dormant, Darius peut faire du bien; il n'a besoin pour cela que d'étendre le bras et de plonger sa main dans sa cassette, qui se remplit à mesure qu'elle se vide.

Mais hélas! la munificence des rois ne se ressent que trop de l'état d'assoupissement où leur ame enivrée de plaisirs, se trouve habituellement.

Des jardins magnifiques entourent le palais. Ils sont arrosés par le moyen de grandes roues que tournent des bœufs, tellement accoutumés à une tâche déterminée, qu'on ne saurait, par caresses ou mauvais traitemens, les obliger à parcourir une fois plus que cent par jour, le cercle qu'ils tracent (2).

---

(1) *Angari*, lexic. Pitisci.
(2) Plutarque. *des animaux les plus avisés.* **XX.**

Dans l'un de ces jardins est un champ où le prince doit lui-même prendre la bêche, et travailler pendant la quatrième partie d'une heure (1). C'est un petit verger où le grand Cyrus venait se ressouvenir qu'il était mortel, et sujet aux mêmes besoins que le peuple.

Après s'être acquitté de ce vain cérémonial, en présence de plusieurs villageois, il daigna s'asseoir un moment avec eux (2) à une table abondamment servie, et leur adressa ces paroles (3) : « Je suis semblable à tous vous autres. Nous vous devons notre subsistance. L'empire ne se soutient que par le travail de vos mains; mais sans nos armes, vous ne pourriez pas non plus vous maintenir. Soyons donc toujours comme des frères bien unis ».

Je crus m'apercevoir que plusieurs de ces bons villageois ne purent s'empêcher de sourire au discours du prince. Mais on leur servit du vin de Chalibon (4), réservé pour la bouche royale (5). Darius possède une qualité fort précieuse aux yeux des Perses. Pas un de ses sujets ne porte mieux que lui la liqueur de Bacchus. Il en tire même vanité (6). Il ne manqua pas de vider trois fois la belle coupe de Sémiramis,

---

(1) Apparemment c'est là ce que Bossuet, dans son éloquent *discours* sur *l'histoire universelle*, appelle *faire fleurir l'agriculture.*
(2) Pocock. *note* sur Abulpharage.
(3) Golius, *alpherg.* T. Hyde, *relig. pers.*
(4) Vin du territoire de Damas, en Syrie.
(5) Athénée. *deipnos.* I. Plutarch. *fortun. Alexand.* II.
(6) Voy. son épitaphe :
*Je pouvais boire beaucoup de vin, et porter bien cette charge.*

qui pèse quinze talens d'or (1), et que Cyrus recueillit dans le trésor royal.

Les trois cent soixante femmes, autant qu'il y a de jours dans l'année persanne, chargées de semer des fleurs sur les épines du trône, vinrent au-devant du roi, en répétant un cantique, et le conduisirent au banquet. Chaque service est le tribut d'une ville ou d'une province (2).

Darius entra au milieu de la phalange des Immortels. C'est un corps de jeunes Persans choisis, toujours au nombre de mille. Ils accompagnent le monarque par tout où il va, soit à cheval, soit à pied. Ils ne sont point stipendiés. Le roi lui seul se charge de leur entretien.

On les appelle *immortels* (3), parce que cette phalange répare aussitôt ses pertes, et ne souffre point de lacune. Le guerrier qui meurt est remplacé le même jour.

Les autres gardes, qui s'élèvent à quinze mille combatans, n'entrent point dans le palais; ils en surveillent toutes les issues. On dirait que le monarque est toujours en état de guerre vis-à-vis de ses sujets. Et il y a bien quelque chose de vrai, en Perse comme ailleurs.

Darius avait trois choses à faire avant de se mettre à table : il devoit offrir un sacrifice d'actions de grâces aux Dieux, rendre la

―――――――――――――――――

(1) Plin. *hist. nat.*
(2) Herodot.
(3) *Athanati.* Théophraste porte le nombre des soldats de cette milice à dix mille.
    Voy. Quint-Curse. III. Cœl. Rhodin. XXV. I.

justice

justice (1), et recevoir l'hommage de son peuple et les présens des états tributaires.

Il condamna au supplice de la croix un juge atteint de corruption : déjà le criminel était attaché sur le bois infamant et fatal. Zoroastre présent au jugement, dit au roi : « Prince équitable ! fais-toi donner raison des services qu'a pu rendre cet infortuné jusqu'au jour de sa faiblesse ». Darius commanda de suspendre l'exécution ; et le prévenu obtint sa grâce, parce que la somme de ses devoirs remplis fut trouvée plus forte que celle de ses prévarications commises.

Le monarque fit plus. Il ordonna d'enlever la peau du magistrat Sisamène (2), étendue sur le principal siége du tribunal, par le commandement de Cambyse.

Les deux autres affaires, car le roi devait en connaître trois à son couronnement, étaient un peu moins graves ; une cependant portait la décapitation, l'autre la privation des oreilles.

Darius, pour ne point souiller de sang un jour d'alégresse publique, fut conseillé par Zoroastre, qu'il se faisait une habitude de consulter, d'interpréter ainsi la loi trop rigoureuse : il ordonna que le turban seul, et non la tête du premier des deux criminels fût abattu. Quant au second, l'exécuteur de la justice eut ordre de fouetter seulement les habits, et couper les oreillettes de la coiffure du coupable au lieu de ses oreilles.

---

(1) Les Perses ne voulaient point recevoir de rois qui dédaignassent l'état de judicature, comme Philarcus a écrit en Athénéus.
Chelidonius, trad. par Bonistuau. p. 37. recto.
(2) Herodot. *Terpsich.* V.

*Tome III.*   F

Le peuple exalta la clémence du prince, et le proclama *Mihirdad*, *l'ami de la justice* (1).

Mes chers disciples! je crois vous l'avoir déja dit : les hommes en place acquièrent une bonne renommée avec peu de chose.

Les présens arrivèrent ensuite ; ils étaient sans nombre, et d'un prix inestimable. Le prince les reçut du haut de sa chaise royale (2). J'y distinguai cinquante dents d'éléphans de la plus haute espèce; cent faisceaux d'ébeine : trois grandes mesures massives d'or, contenant chacune autant de froment du plus beau, qu'un homme en a besoin pour sa nourriture d'une année. La ville de Babylone, fidelle à ses mœurs, envoya au prince, pour son présent, trois cent soixante-cinq jeunes filles choisies, plus blanches que le lin qui les couvrait à peine. J'eus la douleur de voir qu'elles étaient accompagnées d'autant de jeunes eunuques, au teint basané.

Ce brillant assemblage était suivi du tribut de l'île de Cypre. Il consistait en cinquante jeunes filles moins belles, destinées à servir de marche-pied à l'épouse du roi de Perse (3), pour monter dans son char ou pour en descendre. On les façonne à se précipiter entre les roues et à tendre le dos, appuyées sur leurs mains.

Zoroastre fronça le sourcil, à ces derniers

---

(1) *Mihir-dad*, ou *Meherdate*, deux mots persans qui signifient *amans justitiam*, et d'oùest venu le nom *Mithridate*. T. Hyde, *relig. pers.*

(2) Voy. un bas-relief et son explication, dans les *antiquités égypt.* de Caylus. tom. III. *in*-4°. p. 50.

(3) *Cypriae, adsentatriculae , Scalulae.*

Plutarch. *adulatorib.*

spectacles; mais il n'osa s'en expliquer avec Darius. Je fis deux pas pour suppléer à son silence, et pour inviter le roi, en ma qualité d'initié, à marquer sa répugnance pour un tribut aussi révoltant : je ne sais ce qui me retint.

Mes chers disciples! en vous racontant l'histoire de mes voyages et en partageant avec vous les fruits que j'en ai rapportés, je me suis engagé aussi à ne point vous taire mes fautes, parce que vous en profiterez.

Darius fit ses présens à son tour; il distribua aux principaux courtisans une herbe merveilleuse (1) : jetée dans une armée rangée en bataille, elle a la vertu de semer l'épouvante; l'ennemi prend aussitôt la fuite. Il faut en conclure que le prince regarde ses familiers comme autant de lâches sur lesquels il ne doit pas compter beaucoup. Ses courtisans feignent de ne pas sentir l'injure, et se prosternent en signe de reconnaissance.

En Perse, après le soleil, le silence est l'une des principales Divinités (2) de la cour. Le roi, à son avénement au trône, reçoit l'hommage des grands de l'empire sur l'autel du dieu du silence. Je soupçonne que ce Dieu n'est qu'un hiéroglyphe. Malheur au courtisan qui ne sait pas se taire à propos ! si cela se pouvait, l'homme revêtu d'un grand pouvoir, ne se laisserait approcher que par des eunuques, des sourds et des muets.

On procéde à l'adoration du roi ; étiquette des cours orientales dont je n'ai pu

---

(1) Plin. *hist. nat.* XXVI. 4.
(2) Amm. Marcell. XXI. 13.

être le témoin de sang froid. Je vis des milliers d'hommes, oubliant que Darius n'était pas autre chose devant le soleil qu'un homme ainsi qu'eux, debout et les mains cachées dans les larges manches de leur longue robe, attendre un signal, pour se précipiter tous ensemble, et poser leur front dans la poussière, devant le roi, assis sur son trône élevé, la tête haute et s'efforçant de prendre un maintien convenable. Zoroastre lui-même montra l'exemple; il fut le premier à humilier son front, et le dernier à reprendre l'attitude du fils de la nature. Grâce au signe d'initié que je laissai apercevoir, on ne me contraignit point à subir la loi commune à tous les Persans.

Pendant l'adoration, un bruit semblable à celui de la foudre, et la foudre elle-même, ou du moins son image parfaitement imitée, vinrent à éclater. (1) Toute la foule prosternée osa à peine lever les yeux sur le trône du prince d'où sortait ce phénomène factice. La tête de Darius paraissait tout en feu, ainsi que les lambris de son palais. Ce prestige que la cour de Perse se permet dans les grandes occasions, laisse une assez forte impression sur la multitude ébahie: mais tout le monde n'était pas étranger aux ressorts de cette représentation politique. On commença de ce moment à donner à Darius le titre *de roi des rois* (2), usage affecté aux monarques de Perse et qui passa dans la Grèce du temps d'Agamemnon : ce prince souffrit qu'on l'appellât ainsi. Puis on distribua des médailles d'or,

---
(1) *Tzetzes, in chiliadibus.*
(2) Βασιλεὺς Βασιλέων.

de forme carrée, frappées par ordre du prince pour servir, un jour, de témoignage au grand événement de son élévation à l'empire. J'en obtins une. Cette espèce de monnaie qu'on nomme déjà *darique*, représente sur une face dans un cercle l'écuyer du roi tenant le coursier de Darius par la bride. Le revers est chargé de caractères persans (1).

Le prince en outre a donné l'ordre de lui élever une statue (2) équestre avec cette inscription : « Darius, fils d'Hystaspe, fut couronné roi de Perse par le moyen de son cheval ».

Le peuple eut part aux largesses royales. On lui jeta des poignées de menues monnaies empreintes de la constellation du (3) sagittaire.

Enfin l'heure du festin royal vint à sonner. C'était aussi celle demandée par Zoroastre pour achever la défaite des mages. Darius se mit à table, au milieu d'un grand cercle formé de ses *immortels*. Une foule innombrable, derrière une enceinte encore plus écartée, était admise à l'insigne faveur d'assister de loin au repas du monarque ; et d'admirer les beaux vases d'Onix réservés pour les grands jours (4).

Avant de rien prendre, le roi fit observer l'étiquette d'usage à la cour de Perse ; précaution sinistre qui devrait rallentir un peu les poursuites de tout prétendant à un trône. Un prégustateur (5) d'office puisa avec un petit vase dans l'amphore destinée à Darius, versa

---

(1) *Lettres* de Cuper. *in*-4°. p. 224.
(2) Herodot. III.
(3) Plutarch. *apopth.* Idem. *quaest. rom.*
(4) Appian. *Mithrid. bell.*
(5) *Pocillator.* Xenoph. *Cyropaed.* I.

dans le creux de sa main gauche quelques gouttes de la liqueur contenue et but en toute confiance ; cet essai en donna assez au roi pour vider une coupe à son tour sans craindre le poison (1). Il faut avoir bien soif d'une couronne, pour se soumettre chaque jour à pareille épreuve. Mêmes préliminaires furent répétés à chacun des mets du festin, par un autre officier de la table (2).

Cela n'empêche point les Perses d'appeler ce banquet (3) du couronnement, *Tycta* (4), expression du pays qui marque qu'on ne peut imaginer rien de plus satisfaisant, de plus magnifique, ni de mieux ordonné, et en même temps que le repas est consacré uniquement à la fête de la prise de possession du trône.

Il fut de quinze mille convives (5) et s'éleva à quatre cents talens, ou deux cent quarante fois dix mille deniers d'Italie. Ensorte que chaque bouche coûta à l'hôte royal (6) cent soixante deniers.

---

(1) Voy. l'*hieron* de Xenophon. Contraint d'entrer en défiance des mets et breuvages les plus exquis et les plus délicieux, il faut que les servants en fassent l'essai devant lui ( le roi)...
Trad. de G. Dagoneau. 1608.

(2) *Praegustator.*
(3) Herodot. IX.
(4) Τελχος en grec ; en latin, *perfecta caena.*
Athénée. *deipnos.*
(5) Athénée. IX. *eod. loco.*
(6) Un peu plus de cinq pièces d'or par tête.

## §. CIV.

### *Zoroastre et Pythagore.*

ZOROASTRE, sur une longue table dressée devant celle du roi, fit poser à l'une des extrémités, le Zend-avesta tout ouvert. A l'autre bout, l'écuyer fidelle de Darius apporta un vase épais et large, fabriqué d'une terre pétrie d'abord dans un liquide mixte, puis rougie au feu pendant trois heures entières. On y versa de l'airain bouillant (1). Zoroastre qui avait fait approcher les mages autour de la table, leur dit : « Le roi présent m'autorise à vous proposer cette grande et dernière épreuve : si les puissances des astres sont pour votre doctrine, vous vous laverez les mains (2) dans ce fluide brûlant, et vous les en retirerez saines et sauves ; à cette vue, je confesse que ma réforme est téméraire... Le grand roi Darius attend l'épreuve, pour vous honorer davantage encore et me punir comme un novateur dangereux. Chef des mages ! commence... »

Ni le chef, ni aucun des autres prêtres n'avança la main pour tenter l'expérience. Ils demeurèrent tous immobiles, ainsi que les statues d'un temple. Alors Zoroastre reprit : « Prince ! le silence obstiné des mages ne peut, sans doute, être regardé que comme un aveu tacite de l'imperfection de leur culte. A présent, hommes timides, j'ai le droit de vous obli-

---

(1) *Shah-Nameh*, du poëte Pherdouffi.
(2) *Origine ancienne de la physique nouvelle*, par Regnault. p. 214, tom. II.

ger à faire le serment, devant le roi, sur le Zend-avesta sacré du grand Ormusd, d'en être désormais les sectateurs ardens et fidelles, si par sa vertu l'épreuve à laquelle vous vous êtes refusés, me réussit ».

Zoroastre aussitôt plongea en effet ses deux mains, les replongea deux fois, et les lava dans l'airain bouillonnant encore, puis les retira et les tendit au plus âgé des mages. Darius et tous les assistans furent stupéfaits. Les prêtres semblaient pétrifiés. L'écuyer du prince, à un signal de Zoroastre, apporta une cassolette d'or, et de l'encens, que le roi ordonna aux pontifes de brûler devant le livre saint du Zend-avesta. Ils ne purent s'en défendre. Et tout le peuple fit retentir les voûtes du palais du cri mille fois répété : « *Que le grand roi Darius vive ! Gloire au Zend-avesta et à Zoroastre, l'ami d'Ormusd !* Les joueurs d'instrumens qui avaient suspendu leur mélodie, exécutèrent une marche religieuse ; ce qui détermina la cour et toute la foule, à se transporter de nouveau dans le temple pour y rendre grâces aux Dieux du grand événement qui venait de se passer dans le palais, et qui servit de pronostics heureux au nouveau règne.

Pour prolonger la fête et donner au peuple un spectacle plus à sa portée, on ouvrit les combats de béliers ; afin d'animer ces luttes, les principaux de la cour du prince prirent parti les uns contre les autres, en faveur des différens athlètes couverts de laine. La multitude s'intéressa beaucoup plus vivement encore à ces exercices naturels qu'aux prodiges de Zoroastre.

Des danses bruyantes terminèrent la solennité: C'est un des plaisirs les plus vifs en ce pays. Les hautes classes de l'empire y sont aussi fort adonnées; ordinairement, les Perses se disposent à l'exercice de l'équitation (1) par celui de la danse. Le roi lui-même dansa devant son peuple (2).

Sitôt que j'en trouvai l'occasion, je pris Zoroastre à part et lui dis : « Sans doute, tu me fais la grâce de me distinguer de ce troupeau imbécile dont tu viens de fasciner les yeux par les impostures les plus grossières. Les initiations de Thèbes m'ont donné le secret de tes deux prodiges : un somnifère administré au cheval de Darius par OEbare ton confident ; tes mains lavées d'avance dans une préparation de végétaux dont tu as eu tout le loisir d'étudier la force au sein des montagnes qui t'ont caché pendant dix ans.... Ce qui m'étonne, ce n'est pas la crédulité de la cour et du peuple, ce n'est pas même la docilité des mages qui ne doivent pas plus être dupes que moi : mais un grave législateur se permettre un tel charlatanisme, s'abaisser à ces viles pratiques !

ZOROASTRE. Jeune initié !....

PYTHAGORE. Qu'ai-je vu encore ! Zoroastre, le réformateur de la Perse et de tout l'orient, prosterné, confondu avec les esclaves, aux pieds du prince! et tu te dis le ministre de la sagesse ! Elle te désavoue.

ZOROASTRE. Non, Pythagore ! J'ai sçu ne point la compromettre : il est vrai, par une politique nécessaire, j'ai touché avec mon front

---

(1) Athénée. X. *deipnos.*
(2) Brisson, *reg. pers.*

les sandales du monarque. Mais cet anneau (1) où tu vois empreinte l'image de la sagesse, j'ai sçu le retirer adroitement de mon doigt et sans être vu, le mettre à terre sous mes yeux, pendant l'étiquette servile de la cour : Ce fut donc à la sagesse, et non à Darius, que je rendis l'hommage qui te révolte.

Pythagore. Misérable subterfuge, digne au reste de tes hautes prétentions ! Que ne prenais-tu aussi de l'emploi parmi ceux des valets du prince, chargés de chasser (2) les insectes importuns autour de sa table !

Zoroastre. Je m'attendais à tout ce que tu peux me dire, et je ne rougis pas, même aux yeux d'un sage initié de Thèbes. Est-ce ma faute, si le peuple et la cour sont ainsi faits ? Je m'en empare, du côté qu'ils donnent prise sur eux. Que veux-tu, mon cher Pythagore ? Voilà les hommes !

Pythagore. S'ils étaient tous de même, j'aurais honte d'en être.

Zoroastre. Du moins, c'est le très-grand nombre ; tu l'as vû.

Pythagore. Ainsi, trois grandes nations reçoivent et acceptent une nouvelle dynastie et un nouveau culte des mains de l'imposture. Car l'élection de Darius n'est pas plus légitime que le reste, et le public se doute....

Zoroastre. Oui ! Je sais qu'on en parle.

Pythagore. On te nomme même.

Zoroastre. Je ne m'en défends pas ; oui ! de

---

(1) AElian. *V. H.* I. 21. Barthol. *de tibiis*. III. 3.
(2) Μυοσόβας, *muscarum abactores*, officiers chasse-mouches. Athenæus. II. *deipnos*.

loin, j'ai provoqué le hennissement du cheval de Darius.

PYTHAGORE. Mettre dans sa confidence un valet, et dépendre de sa discrétion !

ZOROASTRE. Si notre secret est dans les mains d'OEbare, son existence est dans la nôtre. Et quand il parlerait, le peuple ne le croirait pas. Le peuple ajoute foi à tout, excepté à la vérité.

PYTHAGORE. Te flattes-tu de conserver sur la postérité le même ascendant que tu as sur tes contemporains ?

ZOROASTRE. La postérité saura m'apprécier; elle saura distinguer ceux qui trompent le peuple pour le tromper, de ceux qui le corrigent en l'amusant. Il faut rester chez soi, quand on ne se sent pas d'humeur à mener les autres ou à s'en laisser mener.

PYTHAGORE. Je profiterai de l'avis.

ZOROASTRE. La vertu, la vérité elles-mêmes doivent se soumettre à quelques sacrifices. Trop exigeantes, trop roides, elles ne réussissent point. Il n'y a pas deux partis à prendre, quand on se propose de se faire un grand nom parmi les hommes. Il faut leur imposer.

PYTHAGORE. Que dirait le peuple, s'il nous écoutait ; s'il venait à savoir la véritable cause du hennissement et de la maladie du cheval de ton maître ?

ZOROASTRE. Eh bien ! Qu'aurait-il à se plaindre ? Darius et mon Zend-avesta ne valent-ils pas bien Cambyse et le vieux culte des mages ? Le peuple n'est-il pas trop heureux qu'on daigne s'abaisser jusqu'à lui, pour le retirer de ses basses habitudes.

Pythagore. Il te doit de la reconnaissance d'être ton jouet.

Zoroastre. Quand une fois on s'est produit au grand jour, il faut subjuguer le peuple, sinon il vous accable. Rappelle-toi Orphée et Anacharsis. Les femmes de la Thrace et les enfans de la Scythie les mirent en pièces, parce que ces deux sages ne voulurent point faire jouer les ressorts de la politique.

Pythagore. La tienne est tranchante.

Zoroastre. Il n'y a que celle-là de bonne. Les mages ne s'apercevaient pas qu'ils allaient tous les jours en déclinant dans l'esprit de la multitude; ils auraient fini par en être méprisés, ou tout-à-fait oubliés; et la cour se préparait à regagner ce qu'ils perdaient. Ils me loueront un jour des petites mortifications que je leur fais essuyer, et dont le trône paraît jouir. Tout en me rangeant aujourd'hui du côté du prince, tout en faisant cause commune avec lui, je réveille l'attention du peuple, assoupi par l'uniformité des antiques cérémonies religieuses. Je le rattache aux autels, et je veux bientôt que ces mêmes autels rendent des oracles qui fassent trembler les plus puissans monarques.

Oui! je veux que Darius lui-même me serve d'instrument pour soumettre à mon culte toutes les puissances voisines. Car, je prétends à l'universalité de ma religion, parce que je la crois plus raisonnable, plus digne de l'homme, plus bienfaisante pour le peuple. Et il faut faire du bien au peuple malgré lui.

Pythagore. C'est une grande question qui mérite examen.

Zoroastre. J'ai tout pesé.

PYTHAGORE. Je prévois des guerres..... Le sang coulera.

ZOROASTRE. Est-il un culte dont la base ne soit cimenté par des cadavres ?

PYTHAGORE. Zoroastre !.. ton plan me révolte. J'en frémis.

ZOROASTRE. C'est que tu n'es qu'un sage. Des sages ne suffisent pas pour rendre les nations meilleures et plus heureuses. La gloire en est réservée aux hommes d'état.

PYTHAGORE. Je n'en aurai jamais le talent.

ZOROASTRE. Quels biens sont sortis de l'Ecbatane de ces mages si savans ? Leurs profondes connaissances sont stériles, même pour eux. Leur nom seul a franchi les limites de la montagne où ils vivent paisibles, mais parfaitement inutiles au monde, qui leur paye de loin un froid tribut d'estime.

Le mouvement est l'ame de la nature, comme de la société. Les habitans de la terre veulent être remués. Ils aiment à courir quelques dangers, dans l'espoir de se trouver mieux. Ils se redressent, en se heurtant les uns contre les autres. Je secoue la poussière des siècles, aux applaudissemens universels.

PYTHAGORE. Zoroastre, Arhiman ne parlerait pas autrement que toi. En aurais-tu le cerveau brûlant (1) ?

ZOROASTRE. Pythagore, si le génie du bien avait l'activité, la hardiesse, la fermeté du génie du mal, le règne de celui-ci toucherait à sa fin. Les méchans ont assez fait trembler

---

(1) Zoroastre avait le cerveau si bouillant, qu'il repoussait les mains de ceux qui les mettaient sur sa tête.
*Théâtre philosophique* de Bordelon. p. 170.

les bons; il est temps que les bons à leur tour intimident les méchans. Voilà mon systême. Né avec un sang moins calme apparemment que le tien, il ne dépend pas de moi de voir et d'agir autrement.

PYTHAGORE. Adieu, reformateur d'Urmi.

ZOROASTRE. Adieu, initié de Thèbes.

PYTHAGORE. Zoroastre! tu regretteras peut-être un jour le lait durci (1), ton seul aliment dans ta solitude.....

ZOROASTRE. Pythagore, écoute!.. quoique rebelle aux vues que j'aurais pu avoir sur ta personne, je n'hésite pas à t'inviter d'une fête tout au moins curieuse, et à laquelle tu pourras rendre témoignage, si, par la suite, les nations étrangères la dénaturent en se l'appropriant (2). Tiens-toi prêt, dans trois jours, pour assister aux mystères (3) de l'antre sacré de (4) *Mithra* (5). Cette fête d'astronomie religieuse obtiendra ton assentiment, sous plus d'un rapport. J'y célèbre le retour prochain, ou le rapprochement du soleil, son exaltation, ou son passage de la constellation du bélier dans celle du taureau, signal du renouvellement de toute la nature.

---

(1) *Zoroastrem legimus in desertis caseo vivisse.*
Stuckius. II. 8.

(2) C'est ce qu'ont fait les Romains, sous le titre de *fêtes mithriaques*.

(3) A Babylone, Pythagore fut initié à ses mystères (Zoroastre). tom. I. p. 53. *in*-4°. *vie de Zoroastre*, par Anquetil.

(4) ... *Persae sub rupibus antri.* Stat. *Theb.* I.

(5) Il faut prononcer *Mihir*, en persan; et dire les *fêtes mirhagues*.

L'antre (1) représente le monde ; et les choses qu'il renferme, mises à des distances fixes les unes des autres, t'offriront les symboles des climats et des élémens.

Tu y seras présent à l'initiation du roi et des principaux de sa cour.

PYTHAGORE. Zoroastre ! reçois de moi en te quittant, ce dernier conseil : crains de périr victime (2) du culte même dont tu es le législateur.

§. CV.

*L'antre de Mythra.*

JE me rendis, hors de la ville, à l'entrée d'une grotte fort sombre ; et j'admirai le bizarre choix du lieu, pour solenniser le plus brillant des astres. Introduit au nombre d'un très-petit groupe de spectateurs, je vis pratiquer sous mes yeux tant de cérémonies, que ma mémoire, complaisante et fidelle, eut peine à y suffire ; je me les rappelle avec la confusion qu'en effet il y régnait. Je vis d'abord les initiés autour d'une source d'eau vive (3), se laver tout le corps, en invoquant la divinité pour en obtenir la pureté de leur esprit. Je vis Zoroastre, qui remplissait lui-même les fonctions d'hiérophante, ou *de père des mistères* (4), imprimer sur la poitrine de chacun d'eux une marque indélébile. Fiers de cette distinction, je les vis prendre, manger et boire

---

(1) Eubulus, cité par Porphyre, *in antro nympharum.*
(2) *Igne coelesti absumptus creditur.* Volaterranusr
(3) Marcian, I. 13 *de baptism.*
(4) *Pater sacrorum.*

un pain de froment et un vase d'eau, emblême de leur résurrection, ou de leur passage à une nouvelle vie, à l'instar du soleil qui ouvrait un nouvel an. C'est ce qu'ils disaient dans des hymnes et des prières.

Un ministre subalterne, qu'on appelle *Corbeau sacré* (1), présenta à chacun d'eux une couronne (2) suspendue à la pointe d'un glaive. Ils refusèrent tous, en répétant une certaine formule : *Mihir est ma couronne.*

Dans le plus profond de l'antre mystique, je parvins à distinguer, non pas une statue (les Perses n'en admettent point dans leur culte) mais une représentation de Mithra (3), beau jeune homme, assis sur un taureau, et portant dans la main l'épée d'Ariès, signe consacré à la génération.

Je vis alors le roi s'avancer sous le masque d'un lion, une abeille dans la gueule (4) ; plusieurs de ses courtisans le suivirent, masqués aussi, les uns en aigles, les autres en éperviers, en chiens, en griffons....

Des femmes, chères au prince, furent admises, le visage caché, sous la figure d'une hiène, dont elles portent aussi le nom. On fit subir à tout ce monde quelques légères épreuves. On les obligea à parcourir une espèce de dédale fort obscur (5), à marcher nu-pieds parmi des monceaux de neige et de glaces factices, à recevoir sur leurs épaules découvertes quinze

---

(1) *Hierocorax.*
(2) Tertul. *de coronâ.* p. 131.
(3) Porphyr, *de abstinentiâ, de antro nympharum.*
(4) Th. Hyde. *relig. pers.*
(5) *Monumenta veteris Antii.*

coups

oups d'une verge, appelée le fouet du soleil, ou de Mithra.

A la faveur de ma robe de lin, semblable à celles de toute cette multitude, je pus approcher de l'image vénérée de Mithra, assez près pour en saisir plusieurs détails singuliers. Le jeune Dieu, qu'on nomme *le seul Invincible* (1), est dans l'attitude de dompter un vigoureux taureau, qu'il semble sur le point d'égorger. Coiffé d'une tiare persane, recourbée sur le front, pareille à celle des monarques, il est armé de l'*acinacès* (2). Pour tout costume, il porte la tunique courte, et au-dessous l'*anaxyride* du pays (3).

Je crus distinguer sur ses épaules un petit manteau (4). Deux figures qui l'accompagnent sont privées de cette pièce d'habillement, quoique vêtues de même pour tout le reste. L'un de ces assistans tient élevé un flambeau; l'autre en porte un aussi, mais renversé. Leur sexe n'est rien moins qu'équivoque. C'est, me dit-on, le symbole révéré de la reproduction des êtres. Quelques gouttes de sang coulent sous la gorge du taureau blessé; on lit autour plusieurs caractères (5), qu'on m'expliqua par ces mots: *Rosée du ciel.*

Le fond du tableau est parsemé d'une infinité de petites figures d'animaux vivans, représentant dans le calendrier des Perses, le

---

(1) *Deo soli; sol invictus Mithra.* Gruter. C'est le *feridoun* d'aujourd'hui, dans l'orient.
(2) Arme des Persans, lame de fer assez large.
(3) Ce sont les larges haut-de-chausses des Perses.
(4) Th. Hyde. *relig. pers.*
(5) *Nem*, ou *Nam*.

*Tome III.* G

soleil, la lune, les planètes et différentes constellations.

La plus intéressante et la plus sage de toutes ces pratiques religieuses est le serment (1) que chaque initié des deux sexes prononce à son tour, en s'adressant au dieu *Mihir*: « Je jure d'augmenter le nombre des créatures raisonnables qui peuplent la terre, et de tuer tout animal nuisible.

Je jure de défricher un sol inculte, et de planter un arbre à fruit.

Je jure de conduire de l'eau fraîche dans un terrain aride, et de construire ou réparer un chemin.

Et je consens à être exclu du *séjour des heureux* après mon trépas (2), si pendant ma vie je ne m'acquitte de ces saintes obligations ».

Je sçus que par complaisance, Zoroastre dispensa le prince et sa suite, des grandes et véritables épreuves de l'initiation persane. (3) Des hommes de cour, des femmes de luxe, auraient-ils pu jamais supporter une abstinence de tout aliment pendant quarante jours, une flagellation presque continuelle pendant deux journées entières, vingt autres jours passés dans des monceaux de neige, pour être ensuite transportés subitement au milieu de plusieurs brasiers.

Mais aussi aucun de ces initiés ne fut admis à monter les sept échelons planétaires. Aucun ne put atteindre au dernier degré de la perfection.

---

(1) Le *Sadder*.
(2) *Urbs paradisiaca. Sadder*, porta 19.
(3) Voy. les notes de *inscriptionum antiq. syllog*. A Guill. Fleetwood. Lond. 1691. *in-8°*.

Seulement, pour terminer la solennité, on accorda au roi et à ses principaux familiers, de boire, après les initiés, un peu de vin mêlé dans une coupe d'or (1), qui a la forme d'un œuf. Il me fut permis d'en approcher assez près pour distinguer le sujet représenté sur les flancs de cette belle coupe : j'y vis, entr'autres objets, un agriculteur presque nu, ou plutôt une espèce de Dieu priape, fortement caractérisé (2), et dans l'attitude d'un homme robuste, qui ensemence un champ.

On sortit de l'antre mystique dans l'ordre et avec toute la gravité d'une pompe religieuse. Le peuple attendait au-dehors, muni de morceaux de glace dans les mains. J'avais peine à deviner pour quel usage. Je fus bientôt instruit. La marche fut ouverte par un bel adolescent, monté sur un superbe coursier blanc, et tenant à sa main un éventail de plume (3). La foule le suivit, en lui jetant ces morceaux de glace : usage antique dont la tradition n'a conservé l'origine que pour les initiés...

Nous étions à cette époque où l'hiver expirant, insultait encore dans plusieurs régions, à l'arrivée de la belle saison.....

Les Perses, dans leurs invocations, disent : *Triple Mythra* (4) ! pour exprimer tantôt la lumière, la chaleur et le temps dont le soleil est le dispensateur ; tantôt la sagesse, la puissance et la bonté, principaux attributs de la Nature.

---

(1) Athénée. XI. *deipnos.*
(2) Th. Hyde, *relig. pers.*
(3) *Idem.*
(4) Vossius, *idol. in-fol.*

La pompe sacrée fut terminée par des danses symbolisant le cours annuel et diurne du soleil, mais avec beaucoup moins de vérité, qu'à la grande solennité d'Héliopolis; je ne vis point ici, comme sur les rives du Nil (1), les heures et les saisons personnifiées.

Je prévois que ces mystères, ou plutôt ces fêtes de Mythra, dont l'entrée n'est point interdite aux gens de cour, substituera par la suite du sang, peut-être même du sang d'homme (2), au miel dont on se contente aujourd'hui pour offrande. Je n'aime pas une institution dont les rois peuvent franchir les barrières. Mais Zoroastre en cela suit son plan. Il appuie son culte sur les marches du trône.

Je fis part de ces observations à Zoroastre lui-même, qui me dit : « Veux-tu me rendre encore responsable de l'avenir »?

PYTHAGORE. Sans doute. L'agriculteur avide qui confie à la terre une semence hasardée, est coupable de toutes les suites fâcheuses qui en résultent.

ZOROASTRE. J'en appelle à l'expérience des siècles. Pythagore! endoctrine le monde occidental. Je me charge de l'orient. La postérité nous jugera.

---

(1) En Egypte, dit Athénée, il y avait une fête où des hommes et des femmes représentaient l'année, les saisons, les parties du jour, etc. V. 7. *deipnes.*

(2) C'est ce qui est arrivé dans la ville de Lyon, qui reçut des Romains le culte de Mythra. Voy. *antiquit. de Lyon*, par Colonia. p. 92 et suiv.

§. CVI.

*Pythagore à Persépolis. Topographie de cette ville.*

QUELQUES jours après cette solennité, remplie de réminiscences égyptiennes, toute la cour partit pour séjourner à Persépolis. Je fus du voyage. Darius me fit donner pour monture l'un de ces chevaux des écuries du roi de Perse, instruits par d'habiles écuyers (1), à se baisser pour recevoir le cavalier. On nomme ces coursiers *Fars*.

L'institution des postes par Cyrus, diminua beaucoup la fatigue et le temps.

En route, ma vue se reposa agréablement sur de vaste prairies couvertes de ce *tréfle de Médie* (2), si estimé et que l'on fauche trois fois en une seule année.

Nous arrivâmes dans une longue et superbe vallée, couverte de deux à trois cents hameaux, tous bien bâtis et fort agréables à la vue ; ils sont entremêlés de grands arbres qui les abritent du soleil. Le territoire, coupé par l'Araxe, et plusieurs autres moindres fleuves, me parut parfaitement cultivé : pendant l'hiver, il est inondé ; il faut aller dans les montagnes voisines pour y passer cette saison fort courte en Perse.

Beaucoup d'objets m'échappèrent sur le chemin. Je préférais l'étude des hommes à celle des choses. Au sortir de l'antre de Mythra,

---

(1) Xenophon.
(2) Plin. *hist. nat.* VII. 21. Columel. *R. rust.* II. 11,

Zoroastre me fit connaître au prince Otanes (1), qui s'était volontairement retiré de la concurrence à l'empire. Absent du couronnement de Darius, il vint avec nous à Persépolis. Je lui dis en le voyant :

« L'exemple que vous avez donné est rare dans votre caste : avec des prétentions au premier trône du monde, opiner pour la démocratie et l'égalité ! ne vouloir point commander ! »

Otanes. Ni obéir ! L'effort ne m'a pas coûté beaucoup ; puisqu'en renonçant à la tiare persane, j'ai mis pour condition l'indépendance de ma personne, de ma famille et de toute ma postérité. Cette tunique mède, que seul, dans les trois royaumes, je porte en ma qualité de libérateur de la Perse, vaut bien tous les ornemens royaux.

Pythagore. Sans doute ! Mais ne craignez-vous pas de regretter à l'avenir ce que vous semblez fouler aux pieds aujourd'hui ?

Otanes. Je pense être assez sûr de moi pour vivre heureux et tranquille dans le domaine que j'ai choisi près de Persépolis.

Pythagore. On ne vous verra jamais user du privilége accordé aux six compagnons de Darius, d'entrer dans l'appartement du roi, sans introducteur....

Otanes. Jamais (2) !

Pythagore. Jamais on ne vous verra, consumé d'ennui dans votre solitude, las de votre nullité politique, venir demander de l'emploi au prince....

Otanes. Jamais ».

---

(1) Hérodot. *Thalie*. III.
(2) Le prince Otanes ne tint pas parole.

Mes chers disciples ! vous verrez par la suite qu'Otanes me faisait une promesse au-dessus de ses forces. Il ne me tint pas parole. Je me suis toujours défié d'un prince embrassant la liberté publique ; ce n'est ordinairement que pour l'étouffer, ou par caprice.

Persépolis, qui était peu de chose antérieurement à Cyrus, occupe, sur un plan incliné, un vaste espace, et s'annonce de loin avec beaucoup d'avantage. Elle est comme défendue par plusieurs collines, où sont placés des corps de troupes. On dirait que la nature a voulu prévenir l'art, et ne lui laisser presque rien à faire pour fortifier cette grande ville. Mille pas avant la porte de ses faubourgs, des Persépolitains armés, vinrent à la rencontre du monarque, avec le costume que leur dessina Cyrus lui-même.

Avant lui les Perses étaient vêtus et armés à l'égyptienne. Coiffés d'un haut bonnet en forme de tiare, leur ancienne robe de cuir rouge est recouverte de mailles de fer semblables aux écailles de poisson. Le bas de leurs chausses est attaché autour des jambes (1). Leur bouclier est un tissu serré de cordes et de lanières ; ils portent pour leurs armes, des flèches pendantes le long du corps, un grand carquois et des javelines de roseau, une lance courte, et un poignard sur la hanche droite ; c'est l'armure des Mèdes. Avec eux étaient beaucoup de citoyens en robe longue sans plis : Cyrus ayant réservé l'habit plissé à l'usage seul des grands de l'état. Parmi cette foule, je distin-

---

(1) *Femoralia*, *brachae*. Suidas. Hesychius Bayf, *de re vest*.

guai un groupe de jeunes personnes balançant sur leur tête de riches vases remplis d'herbes odoriférantes, principalement de myrrhis. Darius daigna en accepter, et même, il en prit plusieurs de sa main. Il était à cheval comme tous les courtisans, une grande robe blanche passée sur son armure le distinguait assez (1). Le frein de son coursier était d'or. (2) Autour de lui marchait un corps de soldats pésamment armés, et hauts de cinq coudées (3). Immédiatement devant le prince, je vis plusieurs guerriers (4) persans remarquables par une pomme d'or placée à l'extrémité de leurs piques.

J'observai qu'un *porte-balance* se trouve à l'entrée de la ville et puis se place dans le cortége, immédiatement devant la personne du roi. Le peuple aime à voir ces emblêmes; il espère toujours que ses chefs n'oublieront pas d'être justes, ayant sans cesse présens aux yeux les attributs de la justice. Du plus loin qu'on voit le prince, tout le monde se prosterne.

Deux mages soutenaient un autel portatif d'argent sur lequel brûle le feu sacré (5). Ils s'arrêtèrent sur la première place publique de Persépolis (6). Il est d'usage que le roi s'acquitte d'un devoir religieux à l'entrée de chaque grande ville où il se propose de passer quelque temps. Darius, pour descendre de cheval et mettre pied à terre, trouva un es-

---

(1) Herodot. tom. IX.
(2) Xenophon, *cyropédie*.
(3) Six pieds sept pouces sept lignes.
(4) *Melophores*. Diod. sic. *bibl.* XVIII.
(5) Ammian. Marcell. XXIII. Quint-Curt. III.
(6) Xenophon, *cyropédie*.

cabeau d'or qui lui fut présenté par un porte-siége dont il est suivi par tout (1).

Persépolis ne tardera pas à devenir l'une des plus superbes cités du monde. Le vieux palais de Cyrus lui mériterait déjà ce titre ; Un autre édifice commencé par Cambyse et que Darius a l'intention de continuer avec la plus grande activité, doit être compté un jour parmi les monumens. Le roi qui pressait lui-même cette grande entreprise par de fréquentes visites, voulut bien nous expliquer son plan, à Zoroastre et à moi ; il commença par nous montrer l'ancien palais. Cette construction que les habitans de Persépolis désignent sous le titre des quarante colonnes, ou du *palais des vents*, s'élève vers le couchant de la ville au pied d'une roche vive qu'on appelle la montagne Royale. Je marchai six cent pas pour mesurer sa façade entre le septentrion et le midi, et plus de quatre cents entre le levant et le couchant. La plate-forme s'étend de quatre cent pas jusqu'à la montagne. L'escalier principal occupe le milieu, il est double, et je n'en connais pas de plus commode à monter. Les deux rampes qui s'éloignent d'abord et se rapprochent ensuite, produisent le plus agréable effet.

Il conduit à deux portiques gardés chacun par un sphinx colossal appuyé contre un pilastre. Ces deux figures ailées ont une tête humaine, le corps d'un cheval et les extrémités du lion.

Mes chers disciples ! je ne vous fais point grâce de toutes ces particularités, pour vous

---

(1) Athénée. XII. *deipnos*.

mettre à même de juger les rois. Ils ont des trésors et du pouvoir ; mais rarement ont-ils le goût de ce qui est beau par sa simplicité. Il leur faut du bizarre.

En avançant, on entre dans un vestibule soutenu par quarante colonnes blanches et cannelées; leurs chapitaux sont ornés de bas-reliefs figurant des chameaux, des lions et autres quadrupèdes en divers attitudes. Des inscriptions gravées sur le marbre en expliquent le sujet. Des clous composent les caractères de ces écritures (1). J'en avais déjà vu de semblables sur les tables de brique de la tour de Bélus à Babylone. Le style de l'architecture n'appartient qu'à la Perse. Ce parvis est sans couverture. Des tapis suspendus en tiennent lieu ; ils interceptent les rayons du soleil, et laissent un libre cours à la fraîcheur de l'air. On dirait d'une vaste et magnifique tente, destinée au banquet royal.

Ce superbe édifice est ceint d'un triple mur (2), dont le premier, d'une grande magnificence, est flanqué de tours avec un parapet, à seize coudées d'élévation. Le second est plus haut du double. Le troisième quadrilatéral et taillé dans la roche vive, n'a pas moins de soixante coudées. Les courtines sont garnies de palissades de cuivre, avec des portes d'airain. A l'orient de ce palais, qui est en même temps une forteresse, on voit la montagne royale ; là se trouvent les sépultures des anciens roi de Perse ; ils y ont tous, leurs simu-

---

(1) Volney, *ruines*. notes. p. 315 et 316.
(2) Diod. sic. *bibl.*

lacres avec des ailes (1) ; sans doute pour les distinguer du reste des mortels. Mais c'est en vain ; la poussière de leurs ossemens est la même.

Les bas-reliefs représentent des combats d'hommes avec des animaux, des batailles de peuples, des marches triomphales, et des sacrifices solennels de chevaux au soleil (2), et de bœufs à la lune, et des tributs ou offrandes que les nations vaincues déposent aux pieds de Cyrus le victorieux. Les usages, les costumes y sont fidellement observés. Les sculpteurs n'ont point oublié de figurer les prêtres, la lèvre inférieure et le menton enveloppés de lin, pour ne point souiller par leur haleine le feu sacré et les choses saintes. Tout ce bâtiment a un caractère de grandeur jusque dans les plus petits détails. Au midi, est une cuve d'un seul bloc, longue de quinze pas d'homme et détachée de la montagne avec le ciseau. Elle recevra la chute des eaux d'une source.

Darius nous fit passer sur une autre colline. En ce lieu, nous dit-il, j'ai l'intention d'élever aussi un palais que j'ornerai des dépouilles de l'Egypte, comme Cyrus enrichit le sien des trésors de Babylone.

En m'occupant de la demeure que je dois habiter de mon vivant; je veux pourvoir à celle où reposeront mes restes, quand je ne serai plus. Taillé dans le roc, derrière le palais, mon tombeau ne doit pas être un monument d'architecture qui lui soit inférieur (3).

---

(1) Th. Hyde, *relig. pers. in-*4°.
(2) Xenophon. liv. VIII. *cyrop.*
(3) Diod. sic. *bibl.*

J'y serai représenté moi-même, debout, devant un autel de marbre, dont je me ferai un devoir d'entretenir la flamme; j'aurai la main gauche appuyée sur mon arc; et de la droite, je verserai de l'encens sur le feu sacré en présence du soleil et de la lune, sculptés en relief au fond de ce sanctuaire funèbre....
Zoroastre, pour honorer ton culte, je veux être sculpté sous le costume sacerdotal des mages dont je te constitue le chef.

Aucune route apparente ne conduira dans les profondeurs de cet asile. Mon corps sera porté dans l'urne prise au marbre de la montagne, par une machine de suspension imaginée exprès.

Un puits, creusé dans cette même roche (1), prolongera son issue jusqu'à la *grande échelle* de la montagne intérieure du royaume.

Quant au tombeau de Cyrus (2), la pompe funèbre est déjà en route, d'Ecbatane dans la Médie à la citadelle de *Persagarde* (3), au sein des montagnes où tout est préparé pour recevoir le corps du grand roi.

Zoroastre! continua le prince, tu m'aideras à choisir dans ton Zend-avesta les plus beaux passages; je veux les faire écrire sur les parois de tous ces édifices.

Tu observeras, me dit Darius, que la montagne qui les appuie est de marbre blanc; j'y ferai creuser un escalier de quatre-vingt-quinze degrés, si peu élevés et si larges que douze de

---

(1) Plin. *hist. nat.* VI. 26.
(2) Idem, *eod. loco.*
(3) Camp des Perses; aujourd'hui *Passah*, selon P. Delavallée. III. 143. *Schiras*, selon Hardouin.

mes chevaux pourront y monter de front. Je veux plus de colonnes encore qu'au palais de Cyrus ; les grandes auront vingt aulnes de hauteur, sans leurs bases et leurs chapitaux. Elles seront de deux sortes de marbre, blanc et noir.

PYTHAGORE. Prince ! de tels monumens valent des batailles gagnées.

DARIUS. Les uns n'empêchent pas les autres. Les ouvrages de la paix ne me rallentiront point sur les travaux de la guerre. Malheur à Babylone (1), ou à telle autre nation tentée de sécouer le joug persan !

§. CVII.

*Suite. Songe historique de Pythagore. Détails domestiques des rois de Perse.*

LE cerveau échauffé par la vue de tant de beautés, je me livrai au sommeil, aussitôt que j'eus quitté le roi. Un songe fort extraordinaire vint assaillir mes esprits et dura tout le temps de mon repos. En m'éveillant, je pris la résolution, peut-être inconsidérée, de faire part à Darius en présence de Zoroastre, de ces jeux de mon imagination exaltée.

« Prince, depuis plus d'un siècle, vous occupiez dans mon rêve, le superbe tombeau que vous ne faites encore que projeter. Le jeune fils d'un monarque étranger (2), venu de l'occident, avait entrepris la conquête de toute l'Asie. Trente mille guerriers lui suffisent pour

---

(1) Ce prognostic fut vérifié. V. Herodot. *Thalie.* III.
(2) Alexandre. Voy. Quint-Curt. *hist.*

cette grande expédition. Comme un autre Cyrus, il prend Babylone ; moins sage, au sein de la victoire, arrivé à Persépolis (1), il y donne, dans le palais de votre prédécesseur, peut-être même dans celui dont vous posez les fondemens aujourd'hui, un grand festin à ses amis des deux sexes et de son âge. Une courtisane (2), celle qu'il affectionne le plus, dans un délire causé par les fumées de la table, se lève, demande deux tisons allumés, en donne un à son amant et lui dit de suivre son exemple. L'exemple du roi et de la reine du festin est un ordre pour le reste des convives ; on s'arme de brandons ; en un instant, les deux palais, celui de Cyrus et le vôtre, votre sépulture, la ville entière ne forment plus qu'un immense brasier à la lueur duquel le conquérant danse et termine son orgie ; puis remontant sur son char, fier de cette horrible saillie, il se fait conduire à Babylone pour y recevoir les honneurs du triomphe. Le songe ne finit pas là.

Après m'être réveillé un moment aux cris des habitans surpris par les flammes au sein de la nuit, je me rendors : autre scène ! L'incendiaire des palais et de la ville de Persépolis, atteint dans les bras de la gloire, m'apparaît rendant le dernier soupir dans les angoisses et les convulsions d'un breuvage empoisonné qu'on lui fit prendre, peut-être, pour préserver Babylone de l'affreuse calamité qui avait détruit Persépolis. Grâces aux Dieux sauveurs de la Perse et de ses rois, rien de funeste ne s'est passé que dans mon rêve. Mais l'il-

---

(1) Diod. sic. *bibl.* XVII.
(2) Thaïs.

lusion y fut poussée si loin, que curieux de voir par mes yeux l'épouvantable désastre, la ruine de cette ville était si complète, tellement consommée que, sans les eaux de l'Araxe, qui coulent le long de ses murailles, j'aurais eu de la peine à en reconnaître l'emplacement.

Darius un peu troublé, ne dit autre chose, en affectant de sourire, que ce peu de paroles : « En attendant, préparons-nous à rendre les suprêmes devoirs au grand Cyrus ; je vais accomplir ses dernières volontés dans la citadelle de Persagarde qu'il a bâtie pour y placer en paix sa sépulture, à l'abri des conquérans ivres ».

Zoroastre, en me quittant pour suivre le prince, m'adressa tout bas ces paroles : « Initié de Thèbes ! tu ne l'es pas encore aux mystères de la cour ».

Les voyageurs à la suite d'un roi, n'ont pas le loisir de tout voir ni de bien voir. Avant de sortir de Persépolis, j'allai seul visiter une seconde fois le palais de Cyrus, ainsi que les autres ouvrages commencés et poursuivis avec ardeur; on en avait remis l'exécution à plusieurs mille artisans égyptiens, dont Cambyse s'était fait précéder, et qu'il espérait rejoindre à Suses, où à Persepolis. Les architectes ont eu rarement un site aussi favorable à leurs plans. Une grande ville assise au pied de deux montagnes, dominant une large vallée qu'arrose une belle rivière.

La vue de ces épaisses murailles, construites avec des blocs de marbre, et destinées à servir de base ou de revêtissement aux fondations des édifices projetés, m'eût étonné davantage, si je n'avais pas eu connaissance des grandes constructions égyptiennes. A Persépolis, c'est le même procédé, le même travail que celui d'avoir taillé au ciseau le roc pour y dresser les grandes pyramides du Nil. Les conduits souterrains qui percent la montagne et qui doivent s'étendre fort au loin, coûteront bien des peines et des années; la dureté du marbre qui forme cette élévation, est excessive.

Outre les deux palais, il y aura plusieurs autres corps de bâtimens réservés à divers usages publics, si ce n'est au luxe et à la vanité.

Je reconnus sur les plans la coupe de plusieurs temples découverts, quoique les Perses s'obstinent à passer pour être le seul peuple qui n'enferme point ses divinités dans une étroite enceinte. Il semble que leurs architectes veulent préparer un doute à la postérité, qui ne saura comment désigner ces grandes colonnades sans voûte. Nos neveux y seront trompés (1).

Les escaliers, tous coupés dans la montagne même, seront décorés de figures représentant des marches sacrées, et des combats, dans le style égyptien; avec cette différence que ces sculptures persanes sont de relief, sans doute pour frapper davantage, au lieu que le ciseau égyptien taille en creux pour rendre ses œuvres plus durables. Une autre particularité, dûe peut-être au progrès de l'art, c'est que les jambes des figures de Persépolis, écartées l'une de l'autre, donnent plus de mouvement à la composition.

---

(1) C'est ce qui est arrivé à Caylus. Il faut lire dans l'*histoire de l'académie des belles lettres de Paris*, son embarras à ce sujet, d'après les voyageurs.

Le

Le voyageur des siècles à venir, sera frappé d'admiration, à l'approche de Persépolis (1), quand il saisira l'ensemble de ces grandes masses d'édifices, appuyées sur un fondement immense de marbre, et dominant une grande ville et une vallée, riche de tous les dons de la nature cultivée. Les dehors ne donneront qu'une faible idée des constructions intérieures. Le pavé seul, formé d'énormes quartiers de marbre, est déjà une merveille.

Le style de l'architecture est aussi extraordinaire que le reste. Le chapiteau des colonnes ressemble à une coiffure de panaches. Des chameaux accroupis en composent le couronnement. La base figure un vase sans anse, renversé et posé sur ses rebords.

Le marbre servant de matériaux naturels à tant d'édifices, n'a point par tout la même teinte. Le blanc domine, mais on en trouve de couleur bleue; d'autres sont presque jaunes; il y en a de noirs.

Si l'on suit tous les plans, il y aura plusieurs milliers de colonnes et de figures d'hommes ou d'animaux. Un siècle entier ne suffira pas pour l'achèvement de tant d'entreprises.

Les mœurs et le caractère des Persépolitains répondent mal à de si beaux projets. Les habitans de cette belle cité, qu'ils appellent *la Reine de l'Orient* (2), n'ambitionnent qu'à tenir en Asie, le sceptre du luxe que Cyrus arracha des mains de Babylone. Vains des monumens qu'on leur prépare, ils n'aspirent à d'autre grandeur que celle des palais de leurs

---

(1) Strabo. *geogr.* XV.
(2) Quint-Cursius. *vita Alex.*

maîtres. La présence du roi dans leurs murs, est plus précieuse encore à leurs yeux, que la lumière du soleil. Ils sont peu sensibles à l'affront qui les attend un jour. Ce ne sera pas eux qu'on viendra voir, mais seulement leurs édifices de marbre.

Mes chers disciples, j'oublie de vous parler d'un objet peu digne de la majesté de l'histoire, mais qu'elle ne dédaignera peut-être pas pour l'édification des peuples. Cyrus fit graver ses lois sur les colonnes de son palais. La plupart ont un caractère de sagesse qui décèle le travail des mages. Mais, parmi, je remarquai une colonne de cuivre (1), chargée d'une longue inscription, qui n'est sans doute l'ouvrage que du grand Cyrus. Ce sont les lois de la table et de la bouche du prince (2). Elles apprennent au voyageur jaloux de s'instruire, elles apprendront à la postérité que le grand Cyrus consommait dans un seul repas quatre cents artabes de fine fleur de farine de froment, sans compter mille mesures de farine ordinaire. L'artabe mède est le medimne (3), ou le boisseau attique.

Le monument d'airain m'apprit qu'un seul repas du roi de Perse, et de sa maison, exigeait entr'autres alimens :

Deux cents artabes de gruau.

Dix artabes de coulis de farine.

Le tiers d'un artabe de Sénevé.

---

(1) Alexandre la fit enlever.
(2) Polyen. XXXII. ch. 3. liv. IV.
(3) La continence de ce médimne est de trois boisseaux et demi de Paris. *metrol.* Pancton.

Du cresson haché et criblé, dont la mesure n'est pas déterminée.

A chacun de ses repas, le grand Cyrus et sa cour dévorait :

Quatre cents moutons.
Cent bœufs.
Trente chevreaux.
Quatre cents oies grasses.
Trois cents tourterelles.
Six cents petits oiseaux de toute espèce.
Trois cents agneaux.
Et trente chèvres.

Pour un repas du grand Cyrus et de sa suite, il fallait dix *mâris* (1) de lait frais, et autant de lait apprêté.

Le mâris des mèdes équivaut à dix mesures attiques.

De l'ail, le poids d'un talent.
Un demi talent d'oignons âcres.
Une artabe de cumin.
Dix artabes de sésame, espèce de digitale d'Orient.
Cinq mâris de raisiné doux.
Cinq de raves confites et marinées (2).
Cinq de câpres pour relever les *abyrtaques*.

Mes chers disciples, vous saurez que c'est un mets de haut goût, sorte de hachi.

Dix artabes de sel.
Six capetis de cumin d'Ethiopie. Le *capetis* mède revient au *chœnix* attique.
Trente mines d'anis sec.
Quatre capetis de graine d'ache.
Trois artabes d'amandes douces sèches.

---

(1) Quatorze pintes de Paris. *metrol*. Pancton.
(2) Espèce de cornichons.

Trois mâris d'huile d'amande douce.
Cinq mâris d'huile tirée du lait.
Cinq cents mâris de vin.

Ici, la colonne de bronze fait lire une grave observation :

*N. B.* Quand le roi séjourne à Babylone, ou à Suses, la moitié du vin à l'usage de sa table est tirée du palmier ; l'autre moitié est exprimée de la vigne.

Reprenons la suite de l'inscription persane :
Cent mâris de vinaigre.
Cent masses carrées de miel compact. Chacune de ces masses du poids de dix mines.
Deux cents chariots de gros bois.
Cent de menu bois.
Dix mille chariots de paille.
Cinq mille de foin.
Vingt mille mesures d'orge pour les chevaux de maîtres et les bêtes de charge.

J'omets sans doute plusieurs menus objets que le temps a effacés de ma mémoire. Ce que j'ai retenu de cette inscription gravée sur l'airain, par le commandement de Cyrus, suffira pour apprécier le génie du vainqueur de Babylone.

Ce qui me surprit, c'est de voir passer sous silence la noix (1), ce fruit royal, que les courtisans seuls ont la permission de manger en Perse.

Depuis le règne du conquérant, il est passé en usage à la cour persane, d'immoler mille bêtes (2) par jour pour la bouche du prince. Il est vrai que ses valets et ses familiers, vivent de la desserte de sa table.

---

(1) *Nux regia.* V. *dispenses de carême*, par Hecquet.
(2) Athénée. IV. *deipnos.*

Est-ce pour dérober ces détails à l'œil de la nation, qu'un voile est tendu entre le prince et les spectateurs qui affluent dans son palais à l'heure de ses repas ? Le roi seul peut tout voir à travers cette draperie.

Ceux qui le servent sont vêtus de blanc. J'ai de plus aperçu sur une autre tablette d'airain la nomenclature des officiers du palais. Elle est curieuse pour l'histoire des mœurs qu'on pratique dans le palais des rois : en voici le sommaire :

Près de trois cents cuisiniers (1).

Plus de trois cents femmes de plaisir.

Soixante-dix surveillans des celliers du prince.

Cinquante parfumeurs.

Vingt serviteurs spécialement chargés du soin de la couche royale.

Plus de six cents artistes consacrés à l'entretien des ornemens royaux.

Mes chers disciples, pardonnez-moi ces détails; mais vous saurez en apprécier les conséquences pour le bonheur des peuples.

Ce répertoire de comestibles contraste avec la réponse de Cyrus au chef de ses pourvoyeurs :

« Prince ! quels mets faut-il vous apprêter aujourd'hui ?

Du pain ; parce que mon armée campe près d'un ruisseau ».

Les rois ne sont pas moins inconséquens que les autres hommes.

Je ne demandai pas à voir un petit édifice dont les pierres ont pour ciment de l'or

---

(1) Athénée. XIII. *deipnos*.

fondu (1). Cyrus, m'avait-on dit, le fit construire ainsi pour son seul usage.

J'ai remarqué beaucoup d'hyperboles et d'emphases dans les indications qu'on me donna sur les palais et les autres ouvrages des monarques de Perse. C'est le style des cours de l'orient.

A mesure que les hommes s'appauvrissent en vertus, ils s'occupent à enrichir leur langue. Plus ils deviennent corrompus et vils, plus ils cherchent à donner de la pompe et de la dignité à leurs paroles, ainsi qu'à leurs monumens. Les Perses, qui ne sont guères moins esclaves que les Assyriens, leurs tributaires, affectent de passer pour le *grand peuple*, le peuple par excellence de toute l'Asie.

§. CVIII.

*Dernières funérailles de Cyrus.*

La pompe funèbre de Cyrus faisant route à petites journées devait prendre quelque repos dans les murs de Persépolis, qui se trouve sur le chemin d'Ecbatane à Persagade. Des hérauts empanachés vinrent donner avis que le cortége n'était plus qu'à six heures de marche. Toute la cour à cheval, Darius en tête, s'empressa d'aller à la rencontre, trois mille pas hors de la ville. Je me trouvai à ce spectacle vraiment imposant. Plusieurs corps de musiciens allaient en avant, et faisant entendre alternativement des chants lugubres et des cris de victoire, annonçaient le double carac-

---

(1) *Textoris officin.* tom. II. p. 251.

tère de ce cérémonial. On donnait des regrets à la perte d'un héros, en même temps qu'on célébrait ses grandes actions. Tous les assistans dont le nombre surpassait dix mille, tenaient à la main deux branchages, l'un de palmier, l'autre de cyprès.

La plupart semblaient ployer sous le faix des trophées et des dépouilles enlevées aux nations subjuguées par Cyrus. Des éléphans, et des chameaux ayant la corne de leurs pieds garnie d'une semelle (1) d'or, aidaient à porter ces glorieux fardeaux. Enfin, arrivait un phalange composée seulement de guerriers, tous compagnons du grand roi ; restes vénérables des armées qui le firent vaincre. Un mélange de fierté et de douleur se faisait lire sur leur visage. Sans armes et les bras entrelacés, ils marchaient d'un pas grave et dans le silence ; ils étaient bien trois mille. Au centre de cette troupe qui attirait tous les yeux, s'élevait le char triomphal de Cyrus (2) ; il avait quatre timons et huit chevaux blancs, à la crinière flottante, et attelés de front. Leurs freins étaient d'or ; et de petites cymbales (3) de la même matière, suspendues à leurs harnais, rendaient un son agréable, en s'entreheurtant.

Les mages, gardiens du corps, l'entouraient, et chantaient des hymnes au soleil et à Mars. A chaque mille pas, ils s'arrêtaient pour renouveller les parfums et l'encens autour du

---

(1) Ce luxe asiatique passa chez les Romains. Voy. les historiens latins. Voy. aussi Aristote, *hist. anim.* II. 1.
(2) Xenophon, *cyrop.* VI.
(3) *Codon, cymbalum.* Pitisci *lexic..* Diod. sic. XVIII.

char. Ce double quadrige ombragé de palmes, portait un lit d'or recouvert de riches tapis et de draperies de pourpre, ainsi que de quantité d'ouvrages brodés à Babylone. Autour, étaient suspendues des robes, des ceintures et des cottes de maille, des cimeterres et des colliers, des boucliers et des bracelets, des carquois et des joyaux en pierreries. Toutes ces richesses se trouvaient comme ensevelies sous un vaste manteau royal, servant de suaire au corps de Cyrus. Ces restes inestimables d'un héros pouvaient être vus à travers le cercueil d'or et à jour qui les renfermait ; dessus était posé un diadême dont les pierres précieuses semblaient rivaliser l'éclat des rayons du soleil.

Un coq (1) battait des ailes sur le sommet du char funèbre et triomphal de Cyrus ; et les vieilles bandes guerrières de ce prince avaient sur leurs bannières l'image de cet oiseau courageux, par allusion au nom (2) et à la vertu belliqueuse du grand roi.

Un vieux général, monté sur un chariot dont les roues étaient armées de faulx, portait l'étendart de Cyrus où se trouvait attachée une grande pièce de lin ; sur laquelle on avait transcrit fidellement, en gros caractères, les dernières paroles (3) du héros expirant :

« Pour mon corps, mes enfans, lorsqu'il sera privé de la vie, ne l'enfermez ni dans l'or, ni dans l'argent, ni dans quelqu'autre matière que ce soit. Rendez-le promptement à la terre ; car y a-t-il rien de plus heureux que de se

---

(1) Alexander ab Alex. IV. 2.
(2) *Coq* et *Cyrus* sont le même mot, en vieux persan.
(3) *Cyropédie*. liv. dernier.

mêler avec celle qui produit et nourrit tout ce qu'il y a de bon et de beau au monde? J'ai toute ma vie aimé les hommes; et encore à présent, ce sera une grande satisfaction, pour moi, de me réunir à la bienfaictrice de tous les hommes.... Conviez tous les Perses et mes alliés de venir autour de ma tombe pour se réjouir avec moi de ce que désormais je serai en état de ne plus rien craindre, que je m'en aille avec les Dieux ou que je sois réduit au néant! »

On portait derrière le corps de Cyrus ce qu'il y de plus précieux dans l'immense butin enlevé par lui sur ses ennemis : un platane et une vigne d'or massif et de grandeur naturelle; Parmi une quantité innombrable de vases d'or, la superbe patère dont Sémiramis se servait à table (1), et du poids de cinquante talens. Toutes ces dépouilles sont évaluées à trente-quatre mille livres pesant d'or, et en argent à cinquante mille talens d'Egypte (2).

Arrivé aux portes de la ville, Darius ordonna une halte plus longue. L'archimage Zoroastre, accompagné de tous les prêtres du feu, fit un grand sacrifice, tandis que le roi monté sur le char, embrassait le cercueil d'or. Après un intervalle de recueillement, il lut les dernières paroles de Cyrus, puis il ajouta, en paraissant s'adresser à l'illustre défunt lui-même : « Héros ! nous avons respecté tes volontés suprêmes. Depuis vingt années, ta dépouille sainte a reposé sans éclat, dans le sein de la terre, à Ecbatane. C'est assez pour ta

---

(1) Varro. Plin. *hist nat.* XXXIII. 3.
(2) Le talent d'Egypte pesait, dit-on quatre-vingt liv.

modestie. Les jours de la reconnaissance sont arrivés. Toute la Perse, le monde entier a contracté une dette immense envers toi. Tes talens militaires, et tes vertus personnelles n'ont pas encore reçu un salaire digne d'eux. Permets au second de tes successeurs, de t'élever un monument durable où tous les héros à venir puissent prendre tes leçons, ou t'apporter leurs hommages ».

Darius descendu, fit ouvrir les portes de Persépolis, et conduisit lui-même le cortége jusqu'au palais de Cyrus. Le corps du prince y resta exposé pendant trois jours et autant de nuits. Les deux chœurs de mages ne discontinuèrent pas leurs saints cantiques. Tous les citoyens furent admis devant les restes du grand Cyrus, pour y déposer des guirlandes de fleurs et de l'encens.

La nuit du troisième jour, on se disposa au départ. Le signal fut donné précisément au lever du soleil, et à l'instant du culte que les Perses rendent chaque matin au grand astre. On prit la route qui tient le milieu entre l'orient et le midi. Tous les hameaux des environs accoururent sur le passage, et voulurent faire aussi chacun sa petite offrande. Enfin, on arriva sur les bords du Cyrus, ruisseau qui baigne les murs de la citadelle bâtie par le héros dont il porte le nom. Persagades est à l'orient de la Médie, non loin de la mer Caspienne (1).

Au centre de cette bourgade fortifiée, est un bois touffu, et une belle prairie que rafraîchissent plusieurs sources d'eau vive. Sous

---

(1) Aux frontières de la Caramanie.

cet ombrage délicieux, Cambyse avait fait élever un édifice carré ; les parois sont de grandes pierres d'un seul bloc, qui soutiennent une voûte épaisse de briques : la seule entrée du tombeau est par cette voûte, au moyen d'un canal qui n'a d'ouverture que ce qu'il faut pour laisser passer le cercueil d'or qu'on venait y déposer. On dressa une machine qui l'enleva, et le laissa couler doucement le long du canal, pour parvenir dans un caveau destiné à le recevoir.

De tout ce dernier cérémonial, ce qui me toucha le plus, fut la vue des vieux guerriers, au moment où le corps de leur grand capitaine disparut pour jamais à leurs regards. Des larmes ruisselaient le long de leurs joues cicatrisées dans les combats. Long-temps après que le tombeau fut refermé, ils tinrent leurs yeux fixés sur l'ouverture ; ils ne pouvaient s'en détacher. Il ne fallut rien moins que la présence et la voix de Darius, pour les faire consentir à s'éloigner enfin du monument, et à s'asseoir au banquet qu'il leur donna. Plusieurs s'obstinèrent à rester, et prononcèrent le vœu, entre les mains des mages, d'achever de vivre, errans dans les bocages voisins du tombeau de leur ancien chef.

Quant aux mages attachés au service du monument funèbre, le roi les installa lui-même dans une demeure construite auprès, en leur donnant, par écrit, le diplome de leurs grades et de leurs fonctions. En vertu de cette ordonnance du prince, on doit chaque mois leur amener un cheval blanc, pour être sacrifié aux mânes de Cyrus, et chaque matin, une corbeille des plus beaux fruits, pour être par eux déposée sur une table d'or dressée devant le tombeau. En outre, les mages recevront chaque jour un mouton, des farines et du vin pour leur nourriture. Au haut d'un escalier de marbre, à l'entrée même du tombeau par la voûte, Darius fit graver sur une grande table de marbre noir, ce peu de mots, en langage persan (1) :

*Voyageur mortel! je suis Cyrus* (2), *fils de Cambyse* (3); *j'ai acquis aux Perses l'empire de l'Asie : ne m'envie pas ce tombeau.*

Plusieurs d'entre ceux des mages qui n'étaient point destinés à la garde du tombeau, présentèrent une supplique au prince, pour qu'il leur permît de ne point retourner à Persopolis. Ils demandèrent à se retirer à l'Ecbatane des montagnes, sur les confins de la Perse, où déjà d'autres prêtres du même culte, étaient allé chercher la solitude, pour ne point être les témoins du triomphe de Zoroastre. Darius leur accorda ce qu'ils demandaient; et je pris en même temps congé de lui et de son prophète, en leur manifestant le désir d'étudier les origines du magisme.

Le prince m'avait invité aux fêtes de son second mariage avec une fille de Cambyse; union toute politique! Veuf à quarante-un ans, Darius était père de trois fils, nés d'Amise, fille de Gobrias.

---

(1) Tous ces détails sont extraits des *guerres d'Alex.* par Arrien. liv. VI.

(2) Les Persés désignaient le soleil par le nom de *Cyrus*, ou *Seigneur;* et de-là même notre mot *Sire.*
Tristan de l'Amant, *hist. emper.* p. 409. tom. II. *in-fol.*

(3) Cambyse, I<sup>er</sup>. du nom.

## §. CIX.

*Pythagore chez les mages d'Ecbatane.*

Je laissai la cour revenir sur ses pas, et j'accompagnai les dix mages allant au chef-lieu de leur ancienne doctrine. Nous fîmes le voyage à pied (1), à travers plusieurs montagnes ombragées de térébinthes, de larices, de noyers (2). Ces derniers végétaux fournissent de l'huile assez bonne, mais inférieure à celle de Samos, la plus belle de toutes.

Dans les lieux abrités, sont des arbrisseaux qui produisent cette sorte de pomme fondante, exquise et peinte des plus fraîches couleurs (3), si fameuse dans les origines chaldéennes.

Quant aux mœurs de la contrée, d'un seul trait, on peut les dessiner. Dans un hameau persan, je vis des villageois qui sacrifiaient devant un brasier allumé sur le bord d'un ruisseau. Je leur demandai la raison du choix de cet emplacement. Ils me répondirent avec bonhomie : « C'est pour obtenir ce que nous demandons au Dieu du feu ; car nous le menaçons de le jeter dans l'eau, s'il nous refuse.

Un mage, mais d'une secte particulière, dirige le culte dans ce hameau ; nous le visi-

---

(1) *Cur ipse Pythagoras et Ægyptum lustravit, et Persarum magos adiit ? Cur tantas regiones barbarorum pedibus obiit ?*
       Cicer. *de finib.* V.

(2) Athénée. II. *deipnos.*
(3) La pêche. Voy. §. XCVII.

tâmes. Voici celle de ses reflexions qui me frappa davantage.

« On nous reproche d'adorer le feu matériel ; eh bien ! apprenons aux étrangers qui nous jugent de loin, sans nous voir et sans nous entendre, que cette étincelle de feu, par nous soigneusement entretenue sous de la cendre de genièvre (1), ou d'autres arbres résineux, nous sert d'allégorie, pour faire toucher du doigt ce que c'est que l'homme. Ce feu représente l'étincelle de la vie, et cette cendre est notre corps (2). Voilà tout le mystère, tout le mécanisme de la nature ».

Mes conducteurs m'apprirent en route que le maître de Zoroastre, celui, me dirent-ils, qui réchauffa dans son sein ce serpent tortueux, demeurait à Ecbatane, achevant ses jours dans l'amertume ; son nom est Azonace. C'est lui seul que nous reconnaissons pour notre archimage ; s'il n'est pas du choix de la cour, il doit son titre à ses seules lumières, à ses seules vertus ».

L'Ecbatane des mages est moins une ville qu'une bourgade qui repose sur le sommet d'une montagne très-élevée (3). Vue à quelques mille pas, elle ne paraît que comme un point lumineux qui se détache, et scintille au plus

---

(1) Strab. *geog*. XV.

(2) Voy. B. Vigenere, *traité du feu et du sel*. p. 97 et 98. *in*-4°.

(3) Les mages étaient prêtres du soleil chez les Perses, et si considérés dans ce grand empire, qu'ils habitaient des villes toutes ouvertes, où ils se gouvernaient selon leurs lois, sans que personne y trouvât à redire, ni osât les inquiéter.

Voy. Borremansii *vesperae gorinchemenses. in* 8°.

haut des airs, quand le soleil est au milieu de sa course. Il semble qu'on ait été porter sur cette élévation une sphère astronomique ; et plus on en approche, plus l'illusion se fortifie. Pour arriver à la ville même, il faut franchir sept enceintes placées à distances différentes, et dominant l'une sur l'autre. Le linteau de chaque muraille est peint d'une couleur diverse, mais très-vive. On y distingue même de fort loin le blanc, le noir, le pourpre, le bleu, le rouge ou l'oranger. Il y a un linteau d'argent, un autre d'or.

Je me récriai beaucoup sur cette bizarrerie. L'air pur de la Perse semble favoriser ce choix d'ornemens. Un ciel brumeux ne permettrait pas à d'autres peuples de colorier ainsi les murs de leurs cités ; mais quand leurs peine ne seraient point gratuites, quand bien même ils pourraient se flatter de conserver long-temps ce hors-d'œuvre, je doute qu'ils s'en occupassent ; une muraille n'est pas une peinture.

Les mages ne me répondirent que par ces paroles : « avançons ». Lorsque nous eûmes franchi les sept remparts, nous rencontrâmes une ceinture de rochers qui semblent défendre la ville que je voyais très-haut encore au-dessus de ma tête. Pour y parvenir, il n'y a qu'une seule issue ; c'est une échelle composée de sept gradins. Ce n'est pas tout ; le plus âgé de mes dix compagnons de voyage me dit alors : « Choisis par quelle porte tu veux entrer dans Ecbatane ; elle en a sept coloriées dans le goût des linteaux de l'enceinte septennaire. Si tu veux, nous entrerons par la porte d'or ; c'est celle du soleil.

Beaucoup de voyageurs s'y méprennent

comme toi (1) ; mais tu es moins excusable qu'eux, puisque tu as fait le voyage d'Orchoë. Tu ne te rappelles donc plus les sept jours de la semaine, les sept planètes et les sept sons fondamentaux de la musique. Ici, nous avons voulu laisser un monument matériel des sept couleurs primitives décomposées par le prisme, espèce d'échelle servant à graduer les principales nuances, dont le soleil est le peintre.

Pour le peuple qui vient nous consulter, nous avons des variantes. Nous lui enseignons la théorie d'une métempsycose astronomique (2). Nous lui donnons à croire que l'ame, après la mort, est contrainte de franchir sept portes ou sept passages ; ce qui dure plusieurs millions d'années avant de parvenir dans le disque du soleil, ou le ciel empyrée, séjour des ames heureuses. Chaque porte, de structure diverse, et composée d'un métal différent, sert comme d'entrée à la planète qui préside à ce métal. La première porte mène dans Saturne ; la dernière dans Vénus : et c'est ce que nous appelons la grande révolution des corps célestes et terrestres, l'entier achèvement de la nature. L'ame habite successivement toutes les planètes qui circulent autour du soleil, et se purifie à mesure qu'elle approche du grand astre, centre du systême universel des êtres. C'est ce que le peuple appelle la *cité du soleil*, ou la *ville sainte* (3), qui a douze rues et douze portes,

---

(1) L'historien des hommes, par exemple, dans son *histoire d'Assyrie*. tom. I. in-8°. p. 75 et 76.
(2) Deslandes, *hist. critiq. de la phil.* tom. I. in-12.
(3) *Orat.* IV. Juliani imp.

et

et qui est assise sur douze pierres précieuses, en place de fondemens.

J'observai aux mages que l'Ecbatane des Mèdes, sise sur les derniers degrés de la chaîne du Caucase, près le mont Oronte, avait pareillement sept remparts, peints comme ceux-ci.

LE MAGE. Sans doute; puisqu'elle a pour fondateur un de nos plus zélés disciples. Il y a un siècle, la nation mède était encore barbare, ou tout au moins sauvage. Déjocès, fils de Phraortes, sorti de nos écoles, entreprit de la civiliser (1); il rassembla les peuplades éparses de ces contrées, et leur fit construire la ville d'Ecbatane, d'après ses plans calqués sur notre double doctrine, dont il leur enseigna en même temps la partie le plus à leur portée. En sorte qu'il y trouva tout-à-la-fois la sûreté de ses états naissans contre les voisins jaloux, et l'application des principes du magisme, servant de fondemens à ses lois. Depuis, les choses ont bien changé. L'Ecbatane des mages, malgré sa haute antiquité, renferme intact encore aujourd'hui le dépôt de la science; l'Ecbatane des Mèdes n'est plus en ce moment que la gardienne des trésors du roi de Perse.

PYTHAGORE. Votre Déjocès était un ambitieux rusé.

LE MAGE. Qui fit plus de bien aux hommes que Cambyse.

PYTHAGORE. Avant lui, les Mèdes étaient indépendans.

LE MAGE. Et usaient fort mal de leur liberté.

---

(1) Herodote. liv. I.

*Tome III.*

Ils vivaient dans la discorde. Il leur fallait un prince juste et ferme.

PYTHAGORE. Mais non pas un maître.

LE MAGE. L'empire de la justice ne saurait être trop absolu ».

J'entrai dans la ville; elle est fort spacieuse, et pourrait contenir le triple d'habitations. Depuis les succès de Zoroastre et la persécution des sectateurs de l'ancien magisme, elle se peuple presque chaque jour d'une famille nouvelle. Tous ceux qui tiennent à leur première croyance, et qui n'ont pas encore d'assez puissans motifs pour en changer, viennent se réfugier ici, autour des véritables mages. C'est ainsi qu'on commence à désigner ceux d'Ecbatane. Ils habitent le centre de cette ville, encore plus élevé que le reste. Les habitans ont soin d'eux, comme de leurs chefs de famille ; ils cultivent les jardins de leurs prêtres, tissent leurs habits de lin, et mourraient pour les défendre. Les mages n'abusent pas de cet ascendant, parce qu'il est mérité. Le calme et la bonne foi caractérisent cette peuplade heureuse, grâce au peu d'inquiétude qu'elle inspire au gouvernement de la Perse, et au peu d'ombrage qu'elle cause au fougueux Zoroastre.

Son ancien maître (2), Azonace, semble n'avoir jamais eu à lutter contre les passions. C'est un beau vieillard, dont la physionomie tranquille n'a point été altérée par les événemens. Son visage est sans rides. Si son maintien est grave, le sourire erre sur ses lèvres.

« Initié de Thèbes, me dit-il, en me tendant la main, tu nous visites quand on nous aban-

---

(1) Plin. hist. nat. XXX. 1.

donne. Sans doute, tu n'es pas venu jusqu'ici pour voir des prodiges. Nous n'en faisons pas, nous nous contentons de celui-ci (en me montrant le soleil). Si nous connaissions quelque chose de plus merveilleux, de plus beau, nous en serions les admirateurs.

Puisque le soleil n'a point changé, nous ne changerons pas non plus de culte. L'astre (1) qui en est l'objet, ne cesse pas de s'en contenter, puisqu'il nous continue sa lumière et ses bienfaits. Chaque matin, nous le retrouvons à l'orient ; et il nous voit debout, la face tournée vers ses rayons naissans, et une tige de verveine à la main (2).

PYTHAGORE. J'aime cette plante entre vos mains. Dans celles des sages Druides, elle a, dit-on, la vertu de reconcilier les ennemis.

AZONACE. Nous ne considérons ici la verveine que comme un préservatif contre la fièvre des novateurs ardens (3).

PYTHAGORE. On m'a parlé de quelque chose au-delà, au-dessus du soleil.

AZONACE. Qu'on nous le montre ; et en même temps qu'on nous prouve le besoin de pénétrer dans la profondeur des cieux, pour y chercher un être plus grand, plus beau, meilleur que le soleil ! Nous avons assez bien vécu jusqu'à présent, sans le connaître. Qu'il vienne à nous, ne pouvant aller jusqu'à lui ! Nous faisons profession *de ne voir, de n'adorer dans la na-*

---

(1) *Le soleil était le Dieu sensible* de P. Charron, l'auteur du livre *de la sagesse.*
(2) Strabo. XI. XV. *geogr.*
(3) La verveine est détersive, fortifiante et fébrifuge.
Jamei, *dict. de médecine.*

*ture que la nature* (1). Or, le soleil en est le plus brillant phénomène, la plus puissante des planètes, le plus bienfaisant des astres. Qu'on nous dise ce qu'il faut mettre à la place ! Si le peuple ne peut se passer d'une image sensible, qui serve comme de point d'appui à ses idées, à sa croyance; quel levier plus capable de rétablir le monde sur sa base, que le soleil ?

Pourquoi donner un ou plusieurs compagnons, à celui qui est le seul de son espèce, et qui n'a point son semblable ? Le feu qu'on brûle ailleurs sur ses autels, n'est point son égal ; émané de lui, c'est l'effet de la cause.

Qu'on nous montre la main qui attacha le soleil à la voûte des cieux ! il est visible que la lune emprunte sa lumière du soleil ; le soleil, de qui emprunte-t-il la sienne ? Que d'autres plus savans que nous s'en expliquent clairement ! Des yeux accoutumés à la clarté du jour, ne se rendent qu'à celle de l'évidence. Le peuple s'abreuve pour ainsi dire des flots de lumière que le soleil verse sur lui. Pour lui faire lâcher prise, il faut lui offrir quelqu'autre chose qu'il puisse palper ; la réalité seule a droit de l'occuper fortement, exclusivement à tout ce qui ne le frappe pas d'une manière immédiate. Le culte du soleil fera le tour du monde, et durera autant que son objet, parce qu'il ne demande que des yeux. Ce fond intarissable est

---

(1) L'abbé Foucher, *mém. sur les mages*. Il y conclud que les mages ne reconnaissaient point d'être supérieur à la lumière... Zoroastre passait parmi les mages dualistes, comme l'inventeur d'un dogme de deux principes.

Voy. Plutarq. *Isis et Osiris*. Diog. Laërce, *in proemio*.

susceptible d'accessoires sans nombre. Il offre matière à l'imagination, et fournit des motifs aux ambitieux. L'homme pur s'en tiendra au sentiment de l'admiration.

PYTHAGORE. On m'a parlé encore d'une ame double.....

AZONACE. Et sans doute aussi d'un double principe pour l'univers.

PYTHAGORE. Cette théorie explique, dit-on, l'origine du mal et du bien, et démontre la nécessité d'un combat perpétuel entre les bons et les méchans.

AZONACE. Je sais que de nouveaux mages se font suivre avec cette nouvelle doctrine. Nous ne connaissons, et cela nous suffit, que les rapports nécessaires des effets et des causes. Nous disons aux peuples simples qui nous consultent : « Le soleil n'est pas plus un mauvais démon, quand il brûle et dessèche dans la canicule, qu'il n'est un bon génie, quand il échauffe et reproduit dans les jours de printems. Faites comme le soleil. Soyez ardens pendant votre jeunesse, plus sages dans la saison virile. Suivez le cours ordinaire des influences de la nature, sans chercher à la corriger, comme les réformateurs, ou à intervertir l'ordre qu'elle observe, comme les ambitieux. Les deux principes ne sont que l'attrait naturel au plaisir, et la fuite tout aussi naturelle de la douleur. Cette double tension, en sens contraire, constitue l'homme, le soleil, toute la nature. Ce grand appareil qu'on déploie dans Suses, à l'Écbatane des Mèdes, dans Babylone, à Persépolis et peut-être ailleurs encore, se réduit à ce simple exposé. Les peuples qu'on viendra à bout d'attirer, et dont on surprendra l'étonnement, se dégoûteront vîte de nos anciens documens, qui étaient proportionnés à leur intelligence, mais qui ne leur conviennent plus. De nouvelles lois religieuses et politiques vont être élevées sur cet échafaudage, et réussiront, non pas à rendre les hommes plus heureux, mais à déifier l'architecte hardi de cet édifice aérien et sans base. Un tel novateur est bien le produit d'un songe (1).

« Ici, nous nous bornons à étudier les phénomènes qui se passent sous nos yeux (2) ; le reste ne nous regarde pas ».

Le lendemain de mon arrivée, dès l'aube matinale, tous les habitans du lieu, sans exception, avant de reprendre les travaux du jour, vinrent se réunir aux mages, pour rendre au soleil levant leur culte accoutumé.

Le rit observé par eux, n'est point chargé de pratiques superstitieuses (3). Distribués par familles, ils apportent ce qu'ils destinent pour leur nourriture de la journée (4) : c'est du riz et des graines, du lait et du vin de palmier, des fleurs et des fruits, des dattes et des grenades. Ces menues denrées sont recouvertes et parsemées avec des plantes odoriférantes. Chaque famille en forme une petite pyramide devant elle. Les mages, accompagnés de leurs femmes et de leurs enfans, se placent au milieu de ce concours ; tout le monde est debout.

---

(1) Allusion au rêve de *Dogdo*, mère de Zoroastre, enceinte de lui. *vie de Zoroastre*, par Anquetil.
(2) *Magi sunt qui singulis philosophantur.*
    S. Hieronym. cap. II. *Daniel.*
(3) Herodot. I. *clio.*
(4) Porphyre, *abstin. de la chair.* IV.

L'archimage, revêtu d'une robe de la couleur du feu, accompagné de plusieurs autres pontifes, habillés d'azur, commence un hymne de sept strophes ; la septième et dernière est répétée par le peuple, à l'instant de l'apparition du soleil, dans un globe ailé (1), circonscrit par un serpent. Tous les assistans se groupent de façon que chacun d'eux puisse recevoir sur sa tête un des premiers rayons du grand astre. On porte en ce moment la main droite sur la bouche, et on demeure ainsi pendant plusieurs minutes dans un silence religieux ; c'est ce qu'on appelle l'*adoration* du soleil (2). Les prêtres, au nom de toute l'assemblée, procèdent à l'oblation des prémices des fruits amoncelés. Chaque famille en détache une parcelle (3), qu'elle remet aux mains des mages. Ceux-ci les placent dans des corbeilles, et après les avoir soulevés en offrande au soleil levant, ils les remettent à leurs femmes et à leurs enfans pour les apprêter et s'en nourrir. Voilà le culte journalier. Ils célèbrent quelques fêtes particulières, déterminées par des époques astronomiques, telles que les nouvelles lunes, les solstices et les équinoxes, les éclipses, le passage d'une comète. Jamais d'autre cérémonial ! loin de se construire des temples, des sanctuaires, des autels, il n'ont pas même de pyrées. Point d'autres foyers que celui de leurs ménages !

Quand on fut séparé, Azonace me rejoignit pour me dire : « Eh bien ! penses-tu que notre culte réponde à nos principes ? On ne peut rien

---

(1) Durondel, *dissert.* contre Tollius.
(2) Porter la main *ad ora.* Job. XXXI. 26.
(3) Strab. *geogr.* XV.

imaginer, je pense, de plus naturel. Que trouverais-tu à y ajouter, ou à en retrancher ? nos mœurs y sont conformes.

Nous n'affectons pas de nous distinguer du reste des hommes. Les mêmes mets couvrent nos tables. Nous nous asseyons à terre pour manger ; nous y dormons. Nous sommes un peu plus frugals que ce bon peuple qui nous entoure, parce que nous essuyons moins de fatigues. Ce qui nous l'attache, c'est que dans le cours d'une année, nous descendons à peine trois fois dans la plaine. Nous n'allons pas mendier des faveurs à la cour des rois (1), et quand nous entrons dans leurs palais, c'est qu'ils ont besoin de nous. L'extrême simplicité de notre culte, ne favorise pas les arts : ceux qui se font d'autres divinités que le soleil, n'éprouvent pas un médiocre embarras, quand ils veulent les représenter : ils sont forcés de recourir au ciseau du statuaire, qui lui-même après avoir épuisé son imagination, ne produit toujours qu'une figure humaine plus ou moins embellie. Le simulacre de notre Dieu est le Dieu lui-même. Et nous défions les plus grands artistes réunis d'égaler la sublimité de l'objet qui vient se placer chaque matin sur cet autel, c'est-à-dire sur cette montagne, seul trépied digne du grand Être que nous adorons.

Ici, sur cette élévation, nous ne profitons peut-être pas de tous nos avantages. Nous le

---

(1) Les rois faisaient entrer les mages dans leur conseil, et avaient de grands égards pour eux, parce qu'ils avaient beaucoup de pouvoir sur l'esprit du peuple.
*Borremansius*.

savons ; il est des mages, hommes d'état, et qui prennent en main le timon des affaires publiques. Les monarques se font un devoir de les consulter, et pour gagner l'estime du peuple, se disent nos élèves. Tant de gloire ne nous éblouit point. Nous laissons à d'autres plus courageux ces dangereux honneurs.

PYTHAGORE. Zor.....

Azonace ne me permit pas d'achever ce nom. Parlons du soleil, reprit-il. Le so' l survivra à tous les nouveaux cultes et à leurs auteurs. Personne ne s'avisera de réformer sa lumière. La nature et lui sont au-dessus des plus hautes conceptions de l'esprit humain, livré à lui-même. Toutes les grandes vérités ne sont pas découvertes ; il est beau de consacrer sa vie à leur recherche. Toutes les grandes erreurs ne sont pas détruites ; il est beau de se dévouer à leur entière disparution de dessus la terre. Mais ajouter de nouvelles pratiques superstitieuses aux anciennes, au lieu de s'en tenir ou de remonter à la simplicité des premières origines !... Initié de Thèbes, je te laisse le soin de qualifier le mortel qui compose sa gloire avec de tels élémens. Assez d'autres mages s'étaient déjà écartés de la souche commune.

Déjà, depuis assez long-temps, sur les montagnes voisines, il s'est formé une *grégation* d'hommes qui, prenant notre nom et nos habits, attirent à eux la multitude par des moyens que nous avons toujours dédaignés. C'est-là qu'on trouve deux tonneaux inépuisables (1) ; l'un renferme la pluie, l'autre les vents. Le

---

(1) Philostrat. *Apoll. vit.* III.

peuple vient acheter fort cher le droit d'y puiser, et de ramener sur ses campagnes ensemencées la température dont elles ont besoin pour porter fruit. C'est là qu'on voit des hommes naviguer dans l'air, ou marcher sur des nuages; et quand ils ont faim, donner le signal à des tables bien garnies qui se meuvent d'elles-mêmes et vont à eux sur des pieds organiques (1). Là aussi on est servi par des statues ambulantes d'airain.

Ce qu'il y a de plus déplorable c'est que le réformateur ne peut calculer les maux qui suivront le relâchement inévitable de la première ferveur. C'est que cette ferveur première elle-même a toujours quelque chose d'impétueux contre tout ce qui lui résiste. L'assoupissement de la raison sera remplacé par le fanatisme. Et pourquoi ne pas s'occuper, de préférence, des vérités utiles et des sciences exactes? Pourquoi tant parler des Dieux et de leur origine, quand on ne connaît pas même l'histoire des hommes?

PYTHAGORE. Le réformateur d'Urmi se croit beaucoup plus avancé.

AZONACE. Encore, si s'oubliant lui-même, il ne se proposait pour but que celui de hâter l'époque heureuse, mais éloignée, où le génie du mal cédera enfin au génie du bien et permettra aux hommes de toutes les contrées de ne faire qu'une seule république gouvernée par les mêmes lois (2), dans un seul idiome ».

Azonace ne put s'empêcher d'ajouter :

---

(1) Les trépieds mouvans d'Homère ne seraient-ils pas une réminiscence des traditions orientales ?
(2) Plutarch. *de Is. et Os.*

« Ce qui m'étonne dans la conduite de ce novateur, c'est qu'il choisisse pour théâtre de sa gloire un pays (1) où les lois donnent action contre les ingrats (2)....

Pythagore. Il est beau d'en faire.

Azonace. On t'a dit à Persépolis que les palais qui l'embellissent sont l'ouvrage de Cyrus; tandis que le conquérant n'en a été que le restaurateur. Si l'on trompe l'étranger sur des monumens qui sont sous ses yeux, que ne fera-t-on pas croire sur des choses hors de la portée de notre vue ? Persépolis n'est guère moins antique que Babylone, et pourrait devenir plus savante. Quand on a découvert (3) que le plus long jour d'été est double du plus court de l'hiver, pourquoi ne pas poursuivre, et se perdre parmi des chimères théogoniques? Puisque le soleil ne manque pas un seul jour de l'année, de visiter la Perse pour l'éclairer et la rendre féconde, qu'est-il besoin d'assigner à chaque jour de l'année deux génies, l'un bon, l'autre mauvais ? Ne suffisait-il pas de s'en tenir au *neuruz* (nouveau jour) et de commencer ainsi l'année, au signe du bélier, point équinoxial du printemps.

Pythagore. Le vulgaire des hommes a perdu le goût des choses simples.

Azonace. Il fallait l'y ramener. Le soleil est assez puissant pour servir de génie tutélaire à tous les jours de l'année dont il trace le cercle lumineux. Trois cent soixante-cinq génies doubles, (sans compter les cinq surnuméraires)

---

(1) La Perse.
(2) Xenoph. *cyrop*. I.
(3) Zend-avesta. tom. II. p. 400.

qui exigent pour chacun d'eux un culte particulier, de certaines prières, et qui prescrivent le vêtement, la nourriture et les pensées de chaque jour! Tout cet appareil pour contenir une nation n'indique qu'un défaut de moyens, la pénurie des ressources, et l'embarras de gouverner mieux. Un grand réformateur devait, ce semble, commencer sa mission par réduire le nombre des rouages de ce mécanisme religieux et politique dont l'astronomie sert de base. Du moins, nous n'avons point donné ce mauvais exemple dans notre école. Nous nous piquons, au contraire, de conserver dans toute leur nudité les premières traditions. Le nombre de nos partisans en diminuera peut-être; pour le grossir, nous ne multiplierons pas les pratiques du culte. Appuyés sur le soleil lui-même, nous nous croyons assez forts pour résister aux novateurs, à leurs deux principes, à leurs sept cent vingt-cinq génies. Nous ne reconnaîtrons jamais d'autre intelligence que la nature elle-même dont le soleil est l'œil toujours ouvert sur les hommes bons ou méchans; et nous lui laissons le soin de protéger les premiers contre les seconds.

Nous nous gardons bien de lui associer quatre grands génies surveillans des quatre saisons et gardiens des quatre coins du monde (1); ainsi que ces vingt-quatre autres génies subalternes qui président aux heures du jour (2).

PYTHAGORE. Sages d'Ecbatane! puisque vous dédaignez le charlatanisme, vous n'en recueillerez pas les fruits. On vous laissera végéter

---

(1) Bailly, *astronom. anc.* tom. I. *in*-4°.
(2) Hyde, *vet. pers.*

sur cette montagne écartée, comme une plante salubre qui fleurit dans un désert.

Initié de Thèbes! reprit Azonace, après un moment de silence : si tu es venu jusqu'ici dans l'intention de subir les quatre-vingt sortes de rudes épreuves des mystères de Mithra (1). Retourne sur tes pas. Va revoir le grand réformateur des mages. Tu ne trouveras chez nous pas plus de mystères que de prodiges.

Pythagore. Je n'en cherche point : je consacre les plus belles années de ma vie à m'enquérir des sources premières de la vérité, pour y puiser, et ne point retourner les mains vides dans mon pays natal. Au lieu de rebrousser chemin, mon intention est de pénétrer plus avant encore. Hommes sages! je reclame votre assistance pour m'indiquer comment je dois entreprendre le voyage du Gange. Sans doute les gymnosophistes feront accueil à l'étranger déjà honoré de celui des mages.

Azonace me répondit : « Si ta juste impatience te permet de différer de quelques semaines, nous pourrons remplir tes vues au-delà même de tes vœux. Depuis longues années, l'Ecbatane de Perse entretient un commerce de lumières avec les sages de Brachmé. La distance est considérable ; mais l'Inde et la Perse ne sont séparées que par de beaux et fertiles pays (2), où le voyageur trouve en abondance le nécessaire et l'agréable. Tu rencontreras sur ta route quelques déserts ; ils ont peu d'étendue.

---

(1) Nicet. in Greg. Naz. *orat. in sanct. lum.* Nonnus in eumd.
(2) Mignot, *mém. sur les philosophes de l'Inde*, acad. des inscript, et belles lettres de Paris.

Nous te proposons d'accompagner quelques-uns d'entre nous qui partent incessamment pour prévenir les Brachmanes du Gange de la révolution qui trouble en ce moment les eaux jusqu'alors paisibles de l'Euphrate et du Tigre ».

Je ne pouvais désirer occasion plus favorable. J'acceptai avec reconnaissance. Je pressentais tout le fruit que je devais retirer de ce voyage lointain. Mes chers disciples, puisque vous me paraissez disposés à me suivre, je n'hésite pas à continuer mon récit. Des leçons positives ne seraient pas plus profitables.

§. C X.

*Topographie de l'Inde. Moeurs et usages de ses différens peuples.*

Trois mages d'Ecbatane furent choisis et bientôt prêts pour le départ. Un chameau porta nos bagages ; ce quadrupède est d'une monture si douce que les Perses ne le désignent pas autrement que par la dénomination: *navire de terre* (2). Nous prîmes route par les déserts septentrionaux. Déclinant un peu vers le midi, nous évitâmes les sables qui bordent les confins de la Gédrosie et de l'Arachosie, deux grandes provinces limitrophes. L'ambitieuse Sémiramis et le téméraire Cyrus y perdirent leurs armées. Ces landes de terre sont comme des remparts qui assurent la tranquillité des habitans de l'Inde contre l'invasion des princes et des peuples amis des conquêtes. Nous fîmes une halte d'une demi-journée à *Pura*,

---

(1) Brisson, *regn. pers.* Chardin. *voyag.*

capitale de la Gédrosie, et autant à *Chudda*, et à *Rambacia*, deux petites villes qui annoncent le défilé des montagnes *Parsici*. On nous prévint d'éviter celles d'*Apocopa*, marquées par le châtiment des Dieux (1), suivant la tradition du pays.

Mais il y a des dangers plus réels à courir, en voyageant trop près des *Mard-Coura* (2), ou mangeurs d'hommes; peuplade qu'on est surpris de rencontrer parmi ces bons Indiens qui ne respectent pas seulement la vie des êtres animés, mais même la végétation des plantes et des arbrisseaux.

La topographie de toutes ces régions mal peuplées n'est point chargée de beaucoup d'objets.

Nous traversâmes un pays où l'année n'a que dix mois (3), chaque mois est de trente-six jours.

Mais une circonstance uniforme dans toute l'Inde, c'est que les grandes routes sont mesurées par des cippes de pierre (4), de dix stades en dix stades.

Au-delà du Taurus, longue chaîne de montagnes qui s'étendent d'occident en orient, jusqu'aux dernières limites de l'Asie (5), habitent les Cosséens (6), si légers à la course, que les principales mesures itinéraires de l'Inde portent leurs noms (7).

On nous parla d'*Ogyris*, île de peu d'éten-

_____

(1) Ptolem.
(2) Ctesias, *extrait* par Photius, *bib'*.
(3) *Rois grecs de la Bactriane*, par Bayer.
(4) Mégastène, cité par Strabon.
(5) Aujourd'hui *Kashmir*.
(6) *Coss*, ce terme n'a presque point changé.
(7) Cette contrée se nomme *Caspira*.

due (1), stérile, couverte de sel et dépourvue de sources; mais sa position pourrait la rendre importante, en la faisant servir d'entrepôt au commerce de différentes nations, à l'entrée du golphe Persique.

Les peuples maritimes de l'Inde sont presque tous ichtyophages. Le poisson de la mer ne leur fournit pas seulement la nourriture; sa peau, dont ils ont l'art de le dépouiller, leur sert de vêtemens; et les grosses arrêtes soutiennent leurs cabanes. Quelques-unes de ces peuplades naviguent sur des écailles de tortues (2), et franchissent les détroits sur des outres (3).

Non loin de celle des embouchures de l'Indus qui est navigable, nous entrâmes dans *Hyala* (4), bâtie en bois, comme toutes les villes qui se trouvent sises de même. Les Indiens réservent la brique pour leurs constructions sur les lieux hauts. Le gouvernement y est mixte, comme à Lacédémone.

Presqu'au confluent de l'Hydaspe et de l'Acesinès, deux fleuves qui vont alimenter l'Indus, nous reconnûmes les *Sobiens* (5), habillés de peaux et armés de massues. Au-dessous sont deux autres peuplades courageuses et soumises à leurs propres lois. On les nomme *Malli* et *Oxydraques*. Plus bas encore on trouve les *Subragues*, nation républicaine aussi, et

---

(1) Aujourd'hui *Ormus*.
(2) Plin. *hist. nat.* IX. 10.
(3) Ptolem. VII. 1.
(4) Danville.
(5) *Sibae*, ou *Sobii*. Quint-Curt.

forte

forte par ses lois, autant que par ses bras et ses armes.

Parmi elles se distingue la petite nation des Sanganes : inhospitalière et cruelle, on n'a pas pu me dire l'origine de son antipathie pour les étrangers ; peut-être, ceux-ci ont-ils eu les premiers torts.

Nous passâmes tout près d'une autre peuplade méridionale et maritime gouvernée par une femme depuis Hercule. Une fille de ce héros née dans cette région, fit adopter aux habitans ce régime politique, dont ils se louent. Le pays est partagé en bourgades (1). La fille la plus belle de chacun de ces hameaux en est la souveraine ; mais son règne ne dure qu'un an. On l'appelle *la Loi* : elle est fort respectée. Toutes ses fonctions se réduisent à lire au peuple, quand il le requiert, les commandemens civils que le héros des trois mondes rédigea pour cette petite contrée où il fut bien accueilli.

En remontant vers le levant, on rencontre *Choro-Mithrena*, connu par un pyrée au dieu Mithra (2). Nous nous y arrêtâmes un moment pour prendre part à ce culte que le sage même peut avouer. Pendant que la flamme s'élève, le peuple, la face tournée à l'orient, demeure dans un silence profond ; puis, nous le vîmes exécuter une sorte de danse (3), figurant la double révolution combinée, annuelle et diurne, du père de l'année et des jours : diminutif des danses sacrées d'Héliopolis.

---

(1) Polyænus; liv. III. n. 4.
(2) C'est-à-dire, au soleil.
(3) Lucien, *traité de la saltation*.

Je m'approchai de plusieurs grandes figures, moitié humaines moitié animales, devant lesquelles se portaient plusieurs groupes d'Indiens. Ces simulacres sont les planètes personnifiées, et fabriquées de telle sorte qu'elles rendent, à l'instar du Memnon de Thèbes, plusieurs sons (1), quand le soleil vient les frapper de l'un de ses rayons. Ils semblent tenir la parole de ce grand astre, et répondre aux vœux qu'on leur fait. Chacun interprête, selon ses passions, leurs accens inarticulés, et s'en retourne, persuadé qu'il a eu une conférence avec les constellations. Innocent stratagême dont on abuserait sans peine dans toute autre région! J'oublie une particularité qui a son prix. Pendant le sacrifice, à chaque morceau de bois qu'un prêtre subalterne jette dans le foyer de l'autel, il répète cette formule consacrée : *ô seigneur-feu! mange* (2)!

Les habitans de Choro-Mythrena ont une grande solennité du feu. Elle se passe ainsi : « Un vase d'or qui renferme des charbons allumés, est placé sur un char magnifique, attelé de quatre coursiers blancs, et suivi de trois cents soixante-cinq jeunes hommes (3), couverts de robes d'un jaune très-ardent, comme pour imiter la couleur de la flamme. Cette phalange de jeunes pontifes chante des hymnes en marchant.

On nous cita *Artacoana* résidence royale du

---

(1) Les Mages fabriquaient des statues parlantes.
    Celius-Rhodiginus. XXIX. 24.
(2) *Orat.* Maxim. Tyr.
(3) B. Viginere, *traité du feu et du sel.* p. 64. *in*-4° 1618.

peuple de l'Arie, petit empire qui doit son nom et sa fécondité au fleuve Arius, non loin du lac Zéré qui abreuve le Zarangæi. Plus loin encore, on entre dans le pays des *Ariaspes*, peuplade qui mérita la reconnaissance de Cyrus, auquel ils prêtèrent secours. Ces bons offices ne pouvaient être que provoqués par la crainte. On soutient du bras le toit qui menace de nous écraser.

En traversant l'Indus, ou pour parler plus correctement le Sindus (1), je m'étonnai de voir ce fleuve donner son nom à l'une des plus vastes contrées de l'Asie, de préférence au Gange plus considérable. C'est que l'Indus qui coule du septentrion au midi et sert de limites à l'Inde, s'est présenté le premier aux voyageurs. Il en va de même des réputations. Que de mortels fameux, parce qu'ils ont paru les premiers !

Je ne vis jamais de plus grands roseaux que sur ses bords (2). Les naturels du pays se font des canots entre chaque nœud de ce beau végétal. Ces roseaux me rappellent une autre sorte de cannes, dont on exprime du miel (3) aussi doux que celui des abeilles.

L'Indus, dont on place la source au mont Caucase, au rapport d'un habitant de ces contrées heureuses, nourrit un ver (4) semblable à ceux qui se propagent dans le bois ouvragé. Cet insecte, long de six à sept

---

(1) *Antiq. geogr. de l'Inde*, par Danville. in-4°.
(2) Plin. *hist. nat.*
(3) *Quique bibunt tenerâ dulces ab arundine succos.* Lucan. *phars.*
(4) Ælian. I. 5. *hist. anim.*

coudées, entre dans la composition d'une huile inextinguible.

Mes chers disciples! en ma qualité de premier voyageur grec dans les Indes, j'aurais le droit, peut-être, ou du moins l'occasion de vous faire des récits merveilleux (1). Je me contenterai de vous dire que la moindre distance d'une rive de l'Indus à l'autre, est de quarante stades (2). On m'a donné à croire que le fleuve en avait jusqu'à cent de largeur. L'hiver des Indiens est de quatre mois, et cette saison est fort pluvieuse, d'autant plus que les huit autres mois sont très-secs.

On m'a parlé d'une pierre véritablement précieuse (3), s'il est vrai qu'avec une bague, dont elle composerait le chaton, on pourrait attirer à soi une poignée d'autres pierres précieuses et d'anneaux, jetés dans les profondeurs du fleuve.

On m'a beaucoup vanté la force des éléphans de l'Inde; on les dit capables d'abattre les murailles les plus solidement construites. Ce serait en vain que nos Lucaniens (4) s'obstineraient à les appeler toujours des bœufs (5).

On y trouve des singes blancs très-petits

---

(1) Ctesias est moins réservé. Voy. la *bibliothèque de* Photius.

(2) Suivant Censorin, XIII, un stade olympique avait six cents pieds romains; cent coudées égyptiennes, selon Kircher.

(3) C'est la *pantarbe de* Ctesias.

(4) Peuple d'Italie, voisin de la ville de Crotone.

(5) *Elephantes... boves lucas, in Lucanis visos.*

Plin. *hist. nat.* VIII. 6.

de corps ; mais leur queue est longue de quatre coudées.

Les coqs y sont d'une grandeur hors de toute proportion avec les nôtres.

Mais l'on ne tarit point en éloges sur un autre oiseau (1), qui tient du prodige. Son plumage bleu sur le col, a la couleur du cinabre sur la tête. Il est du volume d'un épervier. Ce qui le rend recommandable par-dessus tout, c'est la faculté dont il est doué ; il parle, comme nous, et répète tous les idiomes qu'il entend plusieurs fois : on le nomme *psittacus* (2).

On m'a entretenu d'un très-petit volatile qui jouit d'un grand renom dans les Indes ; on l'appelle *ampsa* (3). Voici ce qui le fait remarquer : offrez lui du lait et de l'eau, mêlés dans un même vase ; il a le merveilleux instinct de boire le lait, pur et sans eau.

Ne serait-ce pas un symbole pour désigner le sage qui, obligé de vivre avec le vulgaire des hommes, sait prendre ce qu'il y a de mieux, et s'abstient du reste !

On m'a dit que la montagne (4), au pied de laquelle est Nisa, produisait des lézards roux, et longs de vingt-cinq pieds (5).

On me parla encore de mines d'or, exploitées dans l'Inde, par des fourmis (6), sans exciter davantage ma curiosité ; j'étais déjà fait à l'élocution orientale.

---

(1) Le perroquet.
(2) Ou *Sittace*. Plin. *hist. nat.* X. 42.
(3) *La porte ouverte* d'Abrah. Roger. p. 321. *in*-4°.
(4) Le mont *Meros*.
(5) Plin. *his. nat.* XIII. 39.
(6) Plin. *hist. nat.* XI. XXXIII. 4.

Une mine d'or exploitée par des hommes, vue à quelque distance, n'est-elle pas l'image vivante d'une fourmillière ?

Je ne me suis pas détourné pour aller visiter une fontaine quadrilatérale, et de seize coudées de surface. Tous les ans elle produit une liqueur d'or, en assez grande quantité pour remplir cent vases d'argile, dans lesquels elle devient compacte. Chacune de ces amphores donne un talent de ce précieux métal, dans toute sa pureté ; mais le fond de cette source en renferme d'un tout autre mérite. C'est une espèce de matière ferrugineuse, avec laquelle on peut fabriquer un glaive d'une vertu bien au-dessus de la lance d'Achille. Dans un temps d'orage, la pointe de cette épée (1), tournée vers le ciel, chasse la foudre, ou la dirige.

Sur les montagnes, dont l'Indus arrose le pied, croissent des roseaux d'une forte végétation (2), et dont la moelle est plus douce encore que le miel du mont Hymette.

Je n'ai pas été tenté de parcourir plusieurs stades, pour reconnaître un roc monstrueux, des flancs duquel découle une rivière, dont les ondes sont du miel liquéfié.

Le fruit du palmier indien, et ce bel arbre lui-même, ont trois fois la grosseur de ceux de la Babylonie.

On a beaucoup piqué ma curiosité, en m'assurant qu'au centre des régions indiennes, on rencontre une race d'hommes qui n'ont pas deux coudées de haut. Leurs cheveux et

---

(1) Franklin, avant d'imaginer son paratonnerre, aurait-il consulté Photius et Ctésias ?
(2) Cannes à sucre.

leur barbe leur tiennent lieu de vêtemens. Pour me faire passer d'une surprise à une autre, on m'invita fort à prolonger mes courses jusques chez les *Sères* (1), peuples de l'extrémité de l'Asie, hauts de treize coudées; leur existence est de deux fois la révolution d'un siècle entier. Ils ont les cheveux blancs dans la jeunesse (2), et noirs au vieil âge.

« Si tu portes tes pas sur les rives du *Gaïte*, tu reconnaîtras, me dit-on, les satyres dont tu as sans doute entendu parler. Ces contrées ont pour habitans des hommes à queue de bête ».

Les plus belles sardoines se trouvent dans nos montagnes brûlantes, et sont comme gardées par de petits serpens, dont le corps, dans tout son développement, ne passe point la paulme de la main. Ce reptile pourpre, à l'exception de la tête blanche comme le plumage d'un cygne, ne mord point; mais la salive qu'il distille, est le plus subtil de tous les poisons.

L'Indus n'est pas le seul fleuve de l'Inde occidentale. Nous avons encore l'*Hyppoborus* (3). Pour le traverser, il ne faut parcourir que deux stades; mais tous les ans, pendant un mois, ses eaux charient de l'ambre. A leur source, fleurit une plante qui offre aux Indiens la matière d'une belle teinture en pourpre. Ils tirent leur écarlate d'un petit insecte, aussi nuisible à l'arbre résineux, qui donne l'ambre, qu'un certain ver aux vignes

---

(1) Sabellicus.
(2) Plin. *hist. nat.* VIII. Ctesias.
(3) *Hyparque*, dans Photius.

de la Grèce. On écrase ce petit animal dans un mortier.

On me parla encore d'une autre peuplade, dans des montagnes reculées, ayant pour singularité la queue d'un chien, et que pour cela on désigne sous le nom de *Cynocéphales*. De tous les prodiges dont on m'entretint dans les Indes, je voulus vérifier celui-ci. Je m'acheminai vers ces lieux hauts, que je trouvai occupés, en effet, par une nombreuse famille d'hommes paisibles, n'ayant pour tout vêtement qu'une peau de chien. Cette espèce propageant beaucoup, on leur fait une guerre fréquente et à outrance. Les animaux qui restent sur le champ de bataille, sont écorchés avec précaution ; et leur dépouille sert d'habits au vainqueur qui, pour marque de sa supériorité, conserve, avec la peau, les oreilles et la queue des vaincus.

Cette petite nation, demi-sauvage, ne mange point de chair, ni de pain ; elle s'abstient même d'eau, assez rare dans le pays. Le lait de leurs bestiaux, grands et petits, suffit à tous les besoins de la vie, et leurs mœurs se ressentent de la simplicité de leurs alimens. Ils sont amis de la justice ; aussi la plupart d'entre eux parviennent à la cent cinquantième année.

Quand on est passé sur la rive orientale de l'Indus, la première ville, digne d'attention, qu'on rencontre, *Tayila* (1), se fait remarquer par son heureux site, et plus encore par sa législation sage. Nous n'y séjournâmes pas assez pour en connaître les détails.

---

(1) Aujourd'hui *Attek*.

Tous les ans, on y couronne un éléphant ; on le proclame le plus sage des animaux, sans en excepter l'homme.

Nous étions trop empressés, pour aller vérifier tous les agrémens dont jouit *Caspira* (1), ville principale, bâtie au milieu d'une enceinte de montagnes : la nature y déploie avec luxe tous les trésors de la végétation.

Nisa (2), ou Dionysiopolis, moins favorisée du ciel, a fait plus de bruit sur la terre ; elle se vante d'avoir Bacchus même pour fondateur. Nous n'y passâmes point. Nous fîmes peu de route dans la province des cinq rivières, dont l'Hydaspe est la plus considérable.

*Sagala* est une petite ville, mais assez forte et par ses murailles et par le courage de ses habitans, pour suspendre la marche d'un conquérant (3).

Nous vîmes, en passant, *Sérinda*, cité plus paisible, et dont l'industrie fait toute la richesse. On y élève quantité de ces insectes qui donnent des fils plus déliés que ceux de la laine et du lin (4). Si les artisans de cette ville persévèrent dans leurs essais, ils pourront en obtenir les plus heureux résultats, et se faire un nom dans les trois mondes. On m'a dit que ces chenilles précieuses furent apportées de plus loin encore, au-delà du Gange.

---

(1) Aujourd'hui *Kashmir*.
(2) Aujourd'hui *Gara*.
(3) C'est ce qui arriva depuis Pythagore, au grand Alexandre.
(4) La première soie apportée en Europe, vint de là. On en fit hommage à l'empereur Justinien ; mais elle était connue bien auparavant en Asie.

§. CXI.

*Suite.*

Enfin, nous arrivâmes sur les bords (1) sacrés du Gange (2), et il me fut permis de me purifier dans ses eaux. J'en pris dans mes mains pour les verser sur ma tête.

Ce beau fleuve originaire de la Scythie, éprouve beaucoup de difficulté pour pénétrer dans l'Inde, théâtre de sa gloire. Deux montagnes, fort rapprochées l'une de l'autre, semblent vouloir lui disputer le passage, et lui laissent à peine assez d'espace pour introduire son onde pure. Mais le Gange s'en dédommage par la suite : en certains endroits, il a plus de dix-huit mille pas de largeur.

Nous le côtoyâmes pendant une assez longue route, et très-souvent nous vîmes saillir de ses eaux plusieurs sortes de poissons. Ils restent sur la terre pour y paître (3); puis s'en retournent, à l'instar des grenouilles.

Ce jeu nous plût davantage que la vue d'un crocodile que nous surprîmes dans des marécages du Gange : il était si grand, qu'un homme debout tiendrait entre ses deux machoires.

On nous parla d'abord d'une ville très-ancienne, bâtie sur la rive occidentale, au confluent du fleuve Erannoboas. *Polibothra* (4) prétend à l'honneur d'avoir servi de berceau au

---

(1) Aujourd'hui le *Bengale*.
(2) Les Grecs l'appelaient *Phison*.
(3) Athénée, VIII. *deipnos*.
(4) Aujourd'hui *Helabas*.

premier homme, ainsi que l'Orchoë (1) des Chaldéens. Le territoire de cette vieille cité est occupé par les *Prasii* (2), l'une des plus puissantes nations de toute cette contrée.

Dans les siècles reculés, les rois de l'Inde se sont fait honneur long-temps de porter le nom de cette ville.

D'autres lieux figurent au second rang, tels qu'*Agara* (3), *Méthora* sur la rivière *Erannoboas*, *Sondrabatis* et *Sambalaca* sur le Gange lui-même.

En remontant le premier des fleuves de la terre, on se trouve arrêté par la rivière *Adumas*, qui lui porte avec ses eaux pour tribut, un gravier étincelant de diamans.

Une autre rivière, moins riche, mais plus précieuse, est celle qui porte le nom même de *Brahma*; elle est redevable de cet insigne honneur aux Brachmanes qu'elle abreuve.

L'Inde (4), qui figure un carré (5) presque parfait, ou un rhombe (6), est, de tous les pays du monde, celui qui s'étend le plus sous le tropique du cancer. On assure que vers son extrêmité méridionale, le style d'un cadran

---

(1) Voy. §. XCVII.
(2) Encore aujourd'hui le Canton de *Praye*.
(3) Aujourd'hui Agra, Matura, Sanbal, Scanderbad.
(4) Aujourd'hui l'*Indostan*.
(5) Diod. sic. liv. II. *bibl.*
(6) Mais je te veux, aincois que desloger d'icy
   Tracer toute l'Indie, et sa figure aussi,
. . . . . . . . . . . . . . . . . . . . . . .
   Qui, à sa forme, elle est en rhombe figurée,
   Biaisant ses costez obliquement quarrée...
Denis, géogr. alexandrin, par Benigne Saumaise. Voilà comme en 1597, on traduisait les poëtes grecs en vers français.

posé horizontalement ne fait point d'ombre à midi, à certaines époques de l'année. L'ourse paraît se coucher, et l'arcturus même en certains endroits, où l'ombre, pendant l'été se tourne vers le pôle austral.

Toutes ces contrées sont remplies des souvenirs qu'y ont laissés plusieurs grands personnages. Une vieille tradition qui n'est pas tout à fait exacte, place à leur tête Osiris et Bacchus, les deux premiers conquérans de l'Inde. Car toute la terre est soumise aux rayons du soleil du printemps et d'automne, représenté par le principal Dieu du Nil, et par celui des vendanges. On leur attribue la fondation de Nysa et de plusieurs autres villes indiennes. Les peuples qui habitent l'espace renfermé entre l'Indus et le Gange, semblables en cela à presque toutes les autres nations, composent les élémens de l'histoire avec les matériaux de l'astronomie.

Les Indiens citent de même Hercule, personnage symbolique du soleil, au signe du lion.

Ils s'obstinent à voir dans Bacchus leur législateur (1). Ils me dirent à ce sujet : « Nous reçûmes de sa main un roi qui eut plus de cent cinquante successeurs, plus ou moins sages. Car l'Inde en appela par trois fois à son indépendance naturelle; dans l'espace de plus de six mille années, elle ne fut libre que pendant trois siècles ».

Mais les Oxidraques (2), qui reclament pour fondateur le même personnage, se ressentent

---

(1) Arrian. Plin. Solin.
(2) Strabo. XV. *geogr.*

davantage de cette origine (1) : il n'y a point d'esclaves chez eux.

Quoiqu'en disent les prêtres de l'Egypte, le grand Sésostris ne porta ses armes que dans l'Ethiopie, chez les Scythes ; et loin d'avoir pénétré jusqu'à la mer orientale, il n'alla pas même jusqu'aux rives de l'Indus. Celles du Gange purent seules, selon d'autres pontifes, arrêter sa course triomphale. Copiste d'Hercule, Sésostris dressa deux colonnes sur des montagnes voisines de la mer, pour l'instruction de la postérité. N'osant se commettre dans l'intérieur de l'Inde, il n'en ravagea que les contrées méridionales.

Les prétentions de Sémiramis sur l'Inde, furent plus réelles, et l'Assyrie se ressentit long-temps de cette malheureuse expédition. Plus des deux tiers d'une armée périrent sur le sol que la reine voulait envahir. On assure qu'elle put à peine en ramener assez de soldats pour l'escorte de sa personne.

Le nom de cette reine (2) est vénéré dans des montagnes éloignées de l'Indus : les *Arachosiens* reconnaissent Sémiramis pour leur législatrice.

Cyrus, plus prudent, s'approcha seulement des frontières, et donna pour terme à son excursion les eaux de l'Indus.

Les annales du pays (3) portent qu'il fut monarchie sous Bacchus, et démocratie ensuite. Ne serait-ce pas nous faire entendre qu'au soleil seul appartient le sceptre ? Les faisceaux

---

(1) On sait que Bacchus était surnommé *pater liber*.
(2) Plin. *hist. nat.* VI. 23.
(3) Diod. sic. II. *bibl.*

magistrals conviennent aux hommes. Il est plus d'une façon d'écrire l'histoire.

Entre l'Indus et le Gange, un grand peuple, nommé les *Pandès* (1), se laisse gouverner par une femme ; ils la prétendent issue d'Hercule. Ce grand homme, en les quittant, leur conseilla, pour éviter les guerres civiles, de ne permettre qu'à celle qu'il avait prise pour femme, et à la postérité de son sexe, de régner sur eux ; et ils s'en trouvèrent bien. Cette nation peut armer cent mille bras et cinq cents éléphans.

Des montagnards, non loin de la mer, se vantent d'être les premiers nés de toute l'Inde, parce qu'ils possèdent un idiome particulier, à leur seul usage (2).

Peu de pays sont moins connus, et méritent davantage de l'être. Nulle part l'hospitalité est mieux observée ; serait-ce parce qu'on y voyage rarement ? La personne d'un étranger est l'objet de tous les égards, de toutes les prévenances. Des officiers publics y sont préposés à ce seul devoir ; des interprètes offrent leur service, dès qu'on a mis le pied sur cette terre favorisée du ciel ; l'idiome du pays s'éloigne peu de la langue persanne et arménienne.

Les jardins dans l'Inde ont un charme qu'on ne trouve point à ceux de la Grèce et de l'Italie. Les lois de la symétrie (3) n'y sont aucunement observées. On y plante les arbres

---

(1) Plin. *hist. nat.* VI. 20.
(2) Plin. *hist. nat.* VI. 23.
(3) Lacroze, *coutumes des Indiens*, p. 124.
Les jardins chinois sont encore de même aujourd'hui.

sans le secours du cordeau. Une piscine construite avec de la brique y dispense l'onde regénératrice par une infinité de canaux qui aboutissent au pied de chaque végétal.

Sans avoir lu le bon Hésiode (1), les peuples de l'Inde sont décens jusqu'au scrupule, même dans leurs moindres actions. Je n'ai surpris aucun d'eux se permettant de satisfaire la nature impérieuse (2), tourné contre un arbre, ou en présence du soleil.

Il est pourtant des Indiennes, en trop grand nombre, principalement dans les lieux éloignés des Gymnosophistes, qui ne se piquent pas d'une plus grande régularité de mœurs qu'à Babylone. La Vénus vagabonde y reçoit chaque jour et à chaque heure du jour, maintes offrandes. On s'y procure une femme (3) pour un éléphant, petite pièce de monnoie, avec laquelle on se pourvoit aussi des plus viles denrées.

Dans un canton, on m'invita à la danse des serpens (4). L'enchanteur (5), ou plutôt le charlatan, couronné de plumes d'autruche, retira d'une corbeille de jonc plusieurs reptiles apprivoisés par lui; à peine eut-il commencé un air monotone sur son chalumeau, que je les vis se dresser, s'agacer les uns les autres par de petits sifflemens, s'enlacer dans les nœuds de leur corps, et se dégager avec agilité;

---

(1) *Oper. et dier.* I. 2.
(2) *Cout. des Ind.* Lacroze, art. XXII.
(3) Rhodigin. *Var. lect.* XVIII. 31. Arrien, *hist. ind.* 17. Montaigne, III. 5. de ses *essais*, cite mal ce trait de mœurs.
(4) Lacroze, *cout. des Ind.* art. XXVII.
(5) Epodos in cantator.

le peuple admire ce spectacle et le paye d'une petite mesure de grains (1).

Le clepsydre égyptien semble avoir été perfectionné, d'après ce qui se pratique aux Indes. Dans une piscine surnage un vaisseau d'airain(2), au fond duquel est une ouverture très-petite, pour ne permettre à l'eau de s'introduire que graduellement. La submersion de la nacelle indique le terme de la journée.

En y traçant quelques lignes, on en ferait un vase horoscope (3).

Dans les Indes, on ne fait point le procès aux morts comme en Egypte : mais c'est un grand honneur pour une famille, quand l'un des Gymnosophistes du Gange vient, sans en être requis, inscrire quelques paroles d'éloges sur la porte de la maison qu'habitait le défunt(4) : honneur d'autant plus éclatant qu'il est fort rare. Un tel usage mériterait de traverser l'Indus pour s'établir parmi nous.

Cette vaste région ne suit pas par tout les mêmes lois; avant d'arriver jusqu'aux Gymnosophistes, nous passâmes chez plusieurs peuplades de mœurs différentes. Ici, on foule aux pieds l'or et l'argent; il est vrai que ces métaux y abondent; on ne sait qu'en faire. Là, on abhorre le métier de la guerre; les soldats y occupent le dernier rang, et sont déclarés infâmes. Tous les honneurs sont pour les bergers. Le pasteur qui a le plus de soin de son troupeau, est exempt de toute imposition.

---

(1) Du riz.
(2) *Coutumes des Indiens*, par Lacroze. p 216.
(3) Cadran solaire.
(4) Cl. Malingre, *gloire et magnificence des anciens*. p. 272.

Le petit pays des Cathéens est monarchique; leur roi doit être l'homme le plus beau d'entr'eux, ainsi que dans l'Ethiopie.

Ils tiennent beaucoup à une ancienne opinion, qui veut que la beauté du corps suppose nécessairement celle de l'ame ; le corps, me dirent-ils, est un vêtement qui dessine les formes de l'esprit et du cœur.

PYTHAGORE. Le masque de la civilisation met un correctif à ce principe. Ils me répliquèrent: Le naturel perce à travers.

Les éléphans sont encore plus communs dans l'Inde que les chameaux. Ils servent de monture et d'attelage. Le jeune homme donne un éléphant à la femme qu'il aime, comme en Grèce et en Italie, on offre en présent un oiseau, une fleur ou des fruits.

Je traversai un pays dont le gouvernement protège les femmes publiques. Je m'écriai : mais les saintes mœurs!... on me répondit tout bas : « C'est que les courtisannes servent ici d'espions aux magistrats ».

Je pressai la marche, ainsi que les trois mages que j'accompagnais. Nous nous trouvâmes sur une belle et large route parsemée, à des distances régulières, de colonnes indicatives des lieux et de la mesure des pas. Ces attentions sont très-précieuses aux voyageurs. L'homme aime beaucoup qu'on s'occupe de lui.

Dans un autre canton, nous fûmes témoins en passant d'une coutume qui nous parut bizarre. Nous vîmes plusieurs Indiens qui mangeaient en se cachant. Notre première pensée fut qu'ils avaient dérobé la portion de riz dont ils se repaissaient. « Rendez-nous plus de justice, me dit un d'eux ; l'usage le veut ainsi. On se met à l'écart, pour soulager ses intestins ; pour les remplir, nous ne croyons pas devoir en agir autrement. L'appétit n'est point une vertu. Pourquoi en tirer vanité, ou s'en faire une jouissance »?

Un matin, nous aperçumes tous les habitans d'une bourgade, une brosse assez rude en main, la promener sur toutes les parties de leur corps exposé nu aux premiers rayons du soleil.

Je marquai quelque surprise ; il me fut dit : « C'est pour ouvrir tous les pores aux influences bénignes du père de la fécondité. Une santé à toute épreuve est le résultat de cette pratique journalière.

Dans un village qui se trouva sur notre route, je vis deux ou trois vieillards isolés, se traînant avec peine, et paraissant fort mal entretenus. Je ne pus m'en taire. O scandale ! m'écriai-je devant le premier habitant d'un âge mûr assis sur le seuil de sa maison. Est-ce ainsi qu'on a soin de la vieillesse dans l'Inde ?

« Etranger, me répondit-on avec beaucoup de retenue : Parce que le vice est vieux, lui doit on l'encens de la vertu ? Nous ne délaissons pas ainsi le vieillard qui a vécu sagement ».

A des intervalles fort éloignés, je retrouvai quelques-unes des mêmes coutumes qui m'avaient déjà frappé. C'est ainsi que dans un excellent territoire plus fertile encore que par tout ailleurs, ce qui est difficile à imaginer, je fus informé qu'on n'arrachait jamais un laboureur à son champ pour l'obliger à porter les armes. La professsion d'agriculteur y est aussi sainte que celle de pontife.

Une loi à peu près semblable a été donnée à l'Egypte par Sésostris : (1) Ce conquérant en aurait-il pris l'idée dans le voyage qu'on lui fait faire aux Indes ?

Dans un petit royaume, il se passait un grand événement à l'heure de notre arrivée. On promenait en triomphe une citoyenne armée d'un poignard tout sanglant.

PYTHAGORE. Quelle victime vient-on d'immoler, et à quel Dieu ?

UN INDIEN. Ecoute, et profite : cette femme vient de mettre à mort nôtre roi.

PYTHAGORE. Quel crime avait il donc commis ?

L'INDIEN. Il s'enivra. (2) La meurtrière est conduite aux autels pour épouser le prince qui va succéder. La loi est formelle.

PYTHAGORE. Et bien sévère.

L'INDIEN. Non. Car un monarque ivre est capable de tout.

Cet usage de l'Inde me rappela une loi de Solon qui, de même, permet de tuer le magistrat surpris dans l'ivresse.

L'INDIEN. Nous avons une autre coutume non moins sage. Par tout où le prince séjourne, il écarte de sa personne tous ses gardes. La loi est sa seule arme. Nous ne lui en permettons d'autres qu'en présence de l'ennemi. Enfin, continua l'habitant de ce pays : il est défendu au roi de dormir, tant que le soleil brille. Nous exigeons de lui qu'il ait la vigilance du premier des astres. Notre monarque ne se couche qu'avec le soleil ; avec le soleil, il doit se lever.

---

(1) Voy. ci-dessus, p. 320. tom. I. de cet ouvrage.
(2) Strabo. XIII. *geogr.*

Avant de porter mes pas plus loin, je dis à l'Indien qui me parlait : qu'elle est donc la liqueur qui enivre dans l'Inde ? Les vignobles y sont très-rares.

L'INDIEN. Nos roseaux ont un suc qui produit les mêmes effets que le vin le plus capiteux (1) ».

Je fus invité à me rendre sur la rive du Gange pour assister à l'inauguration du nouveau monarque. Je le vis arriver, monté sur un éléphant (2) dont je distinguai à peine la blancheur à travers la quantité d'étoffes d'or et d'argent dont il est chargé. Le cortége est composé de plusieurs autres quadrupèdes de la même espèce, tous richement vêtus, et d'une grande quantité de chars tirés les uns par des coursiers, les autres par des bœufs. Les officiers du prince veillent au transport de beaucoup de grands vases fabriqués avec un airain qui a plus d'éclat que l'or le plus pur. Ces grands bassins servent à l'apprêt des viandes, restes des animaux sacrifiés. On portait aussi de grandes coupes à boire, toutes resplendissantes d'émeraudes, de bérils, (3) et d'escarboucles des Indes (4). Tous les assistans étalaient, à l'envi, leurs plus beaux habits de fête. L'on y fit la montre au peuple de plusieurs lions et léopards apprivoisés. Ce qui me frappa le plus parmi les accessoires de cette solennité, ce fut le spectacle d'une centaine de gros

---

(1) Strabo. *geogr.*
(2) Strabo. XV. Marini, *hist. du Tunquin.* Fourmont le jeune, *mém. de l'acad. des inscript.* tom. X.
(3) Plin. *hist. nat.* XXXVII.
(4) *Rubis* qui jette beaucoup de feu.

arbres tout entiers et fort touffus, traînés sur des charriots. Dans leur feuillage recouvert d'un grand réseau, étaient des oiseaux sans nombre, et peints de toute couleur ; on leur donna la liberté, quand le prince vint à passer, pour entrer dans le Gange.

Sur le rivage il quitta ses vêtemens, pour ne plus s'en servir davantage ; et je le vis, plongé dans l'eau jusqu'à la ceinture, recevoir sur ses cheveux une forte aspersion. En sortant de l'onde, on l'enveloppa dans un ample manteau royal. Puis, il prit sa place demi-couché sur un trône d'or (1) porté par cinquante Indiens. Avant de reprendre la route de son palais, on lui mit en main une superbe coupe pleine de l'eau du Gange, qu'il but ; après en avoir fait libation de quelques gouttes au dieu du Ciel et de la terre ; c'est ainsi qu'ils appellent le soleil. L'heure de ce cérémonial religieux est celle du lever de l'astre du jour.

On m'apprit que l'un des objets de luxe à la cour de ce prince est l'entretien des plus beaux paons de toute l'Inde (2), qui en est la patrie originelle. On les a bientôt apprivoisés : en devenant moins sauvages, ils perdent la vivacité des peintures de leur plumage. Ils y engraissent beaucoup, et sont bien plus gros que ceux nourris dans nos temples de Junon à Samos et en Grèce. De rudes châtimens sont réservés au téméraire qui percerait d'une flèche l'un de ces oiseaux.

En cette même contrée, presque tous les Indiens portent toujours sur eux, dans leur cein-

___
(1) Palanquin, chaise ambulante, d'une haute antiquité.
(2) AElian. an. XIII. 18. XVI. 2.

ture, une certaine herbe séchée qu'ils pulvérisent entre leurs doigts (1), et respirent avec délices. Ils prétendent que leur cerveau s'en trouve bien.

On recueille dans les mers indiennes de fort beau corail : les femmes du continent s'en fabriquent des coliers, et aussi des amulettes fort recommandés (2), disent-elles, par le vieux Zoroastre.

Les Indiens aiment encore à se parer de coliers de bérils (3), enfilés avec un crin d'éléphant : ils estiment beaucoup cette pierre fine, quand elle a une forme oblongue. A leur jugement, c'est la seule de toutes les pierreries qui n'ait pas besoin d'être enchassée dans l'or pour avoir tout son éclat.

Le jaspe de l'Inde (4) offre le verd de l'émeraude ; il sert d'amulette favorable à ceux qui ont à haranguer le peuple. Serait-ce parce que cette pierre précieuse captivant l'œil, distrait l'oreille des fautes de l'orateur. Chez une peuplade qui habite un promontoire de la grande presqu'île (5), les malfaicteurs condamnés à mort par la loi, sont envoyés à la pêche des perles (6).

Les sources du Gange sont encore un mystère (7), comme celles du Nil ; seulement le bon peuple de l'Inde pense que son fleuve bien-

---

(1) Strabo. XV. *geogr.* Cela ressemble beaucoup à notre tabac en poudre.
(2) Plin. *hist. nat.* XXXII. 2. Solin. II.
(3) Plin. *hist. nat.* XXXVII. 4.
(4) Plin. *eod. loco.* XXXVII. 8 et 9.
(5) L'Inde.
(6) *Perip. mar. erythr.* Arrian.
(7) Danville, *antiq. géogr. de l'Inde* in-4°.

faicteur est le produit d'une vache ; sans doute parce que ses eaux sont aussi précieuses que le lait. Non, me dit-on, c'est que le fleuve, pour venir arroser ce vaste continent, perce une grande roche taillée des mains de la nature, en forme de vache. Ce qui a mérité à cette grande rivière le titre d'*eaux célestes* (1).

Le Gange, profond de vingt brasses (2), produit des anguilles presqu'aussi longues que des Serpens.

Les Indiens qui habitent le voisinage de ce fleuve, ainsi que de l'Indus et de la mer, construisent leurs domiciles avec les ossemens d'énormes poissons (3), tels que le priste (4) et la baleine.

Mais la tortue de la mer Indienne offre une double ressource aux Orientaux (5). Son écaille est assez grande pour servir de couverture à une cabane, ou de nacelle pour naviger dans les îles voisines.

Le Gange nourrit dans ses eaux sacrées un poisson qui ressemble au dauphin par les extrémités, et qui est long de quinze coudées. Les Indiens l'appellent le *plataniste* (6).

J'ai vu de loin, sur le rivage des mêmes eaux saintes, un autre poisson mordre à la

---

(1) Encore aujourd'hui parmi les Brahmes. *Surga nadi*. Voy. Abrah. Roger. §. XIX. p. 2. *in*-4°.
(2) Ou pas de profondeur, à cinq pieds le pas. Le pas d'étendue est la moitié de l'autre.
Plin. *hist. nat*. VI. 18.
(3) Plin. *hist. nat*. IX. 3.
(4) La scie.
(5) Plin. *hist. nat*. IX. 10.
(6) Plin. *hist. nat*. IX. 15.

trompe, un éléphant qui venait s'abreuver (1), et l'entraîner à lui. Ce poisson, de forme vermiculaire, me parut de quinze coudées.

Par de-là le Gange, on trouve une région dont les habitans n'ont point de noms fixes (2); ils en changent selon les circonstances, et leur conduite digne de l'éloge ou du blâme.

Encore par de-là, habitent des hommes organisés à la manière des abeilles (3); ils ne se nourrissent que de parfums, et ne butinent que sur les fleurs.

Ce récit merveilleux est peut-être pour faire entendre que cette peuplade calque son gouvernement sur le régime intérieur des ruches à miel.

Encore par de-là, se trouve la terre d'or et celle d'argent, régions ainsi nommées des métaux qu'elles renferment abondamment dans leurs entrailles.

Nous nous arrêtâmes à *Palibothra* (4), ville considérable au confluent d'un fleuve dans le Gange (5). Elle possède un temple que la tradition nationale dit avoir été bâti sur l'emplacement habité jadis par la première des familles humaines. Il est orné d'un obélisque chargé d'inscriptions. Palibothra est la capitale d'un peuple qu'on appelle les *Praséens*. Le sol est couvert de palmiers, et renferme une mine de diamans.

---

(1) Pline, *eod. loco.*
(2) *Note* 16 sur le Pline français, *hist. nat.* V. p. 472. *in-4°.*
(3) Astomes, ou peuple sans bouche. Plin. *hist. nat.* VII. 2.
(4) Aujourd'hui *Helabas.*
(5) Strabo. *geogr.* Ptolem.

Une ligne droite (1), tracée de l'Indus au Gange, donnerait dix mille stades (2).

Dans ce vaste intervalle, on distingue la cité d'*Agara* que je ne vis point (3).

Au point où le Gange devient un double fleuve, commence le territoire des Gangarides ; ils peuvent donner la main aux *Praséens*. Un chemin étroit et roide, à travers des montagnes, les sépare ; et cette gorge est toujours bien gardée. Plus loin, sont des peuplades demi-sauvages, aux narines aplaties, on les appelle les *Cirrades* (4). Ils possèdent chez eux une espèce de *cynamome* (5), dont on exprime une essence pour parfumer les cheveux.

§. CXII.

*Pythagore à Brachmé, chez les Gymnosophistes de l'Inde.*

A quelques mille pas du Gange, dirigés entre le septentrion et le levant, est un pays coupé de montagnes et de rivières. Une température égale dans toutes les saisons, distingue cette contrée que la nature semble réserver à l'extrémité de l'Asie, pour servir de retraite aux sages (6). Nous arrivâmes à la ville principale.

---

(1) Eratosthene, cité par Arrien.
(2) Plus de deux cents lieues.
(3) Aujourd'hui *Agra*.
(4) *Cirradae. Serratae*, selon Elien.
(5) Le *malabatrhum*.
(6) Porphyre, *abstin. de la chair* IV.

Brachmé (1) est le chef-lieu des Gymnosophistes de l'Inde. Nous fûmes reçus comme de vieux amis qu'on attendait.

Eh bien! nos frères, nous dit Yarbas, leur prince, quelles nouvelles apportez-vous? Les hommes ne sont point changés?

L'un des trois mages qui accompagnent Pythagore. Ils sont toujours les mêmes.

Yarbas. Cela doit être ainsi : tant que les causes subsistent, les effets se perpétuent. Mages d'Ecbatane, vous paraissez plus émus que vos collégues du dernier voyage.

Un mage. Yarbas! te rappelles-tu un jeune Mède, élève tout à la fois des Chaldéens et des Mages, et qui fut du nombre des députés qui nous précédèrent ici, il y a plusieurs années.

Yarbas. Oui! vous le nommiez Zoroastre (2). Cerveau ardent, imagination vive, conception prompte, caractère entreprenant, hardi; infatigable au travail, rien ne le rebutait. Il dépouilla avec un courage rare tous nos livres rituels à l'usage du peuple. Lui-même il traça nos principaux dogmes sur de longs tissus de lin qu'il emporta (3).

Dès lors il me sembla qu'il roulait dans sa tête un grand dessein ; peut-être en est-il aujourd'hui à l'exécution. Il vous fallait un

---

(1) D'où vient l'expression : les *Brachmanes*, les *Paramanes*. Voy. Bailly et Gebelin.

(2) Le voyage de Zoroastre dans l'Inde, dont les annales des Indous font mention, et celui de Pythagore, prouvent assez que dès long-temps l'Indostan était renommé pour les sciences...
    Article *Bramines*, encyclop. méthod. in-4°.

(3) *Syndones*, vie d'Apoll. par Théophraste.

homme de cette trempe pour redonner à votre ordre un nouveau lustre, aux yeux des nations blasées par une longue suite de pratiques monotones et vieillies. Confucius (1), son compagnon d'étude dans nos écoles, beaucoup plus modéré, convient mieux au peuple qu'il se propose à son tour de réformer sans secousses violentes. Il nous quitte bientôt ; il se contentera d'une estime graduée, d'un succès lent et doux, mais d'autant plus durable.

Ces deux individus, de caractère si divers (2), nous ont donné matière à bien des réflexions sur l'espèce humaine.

LE MAGE. Zorastre ne s'en est pas tenu à ce que vous pensez ; il marche seul et à grands pas vers un nouveau culte qu'il fonde sur les débris du magisme dont il se déclare le réformateur. Le voilà, non plus dans l'Ecbatane de ses instituteurs, mais dans celle des rois de Perse, opérant des prodiges, se donnant pour devin, et appuyant sa verge magique sur les sceptres dont il dispose.

Zoroastre connaît bien le génie de la nation qui l'accueille avec enthousiasme ; il promet aux rois et aux peuples des *montagnes d'or* (3), et ne leur donnera que de la fumée ou des nuages.

Déjà, il nous attire des persécutions. Into-

---

(1) *Mém. sur les philos. de l'Inde*, de Mignot. acad. des inscript. et belles lettres. Herbelot, *bibl. or.* fin. Huet, *hist. du commerce.* p. 373.

(2) ... Confucius, le seul homme de sa nation, digne peut-être d'être envié aux Chinois ; ce philosophe eût pu balancer Zoroastre, son contemporain.
*Costumes civils de tous les peuples. in-4°.* 1788.

(3) Vieux proverbe persan. Voy. *Adagia* Eberhardi Tuppii, Lunensis. p. 243. édit. 1545.

lérant, exclusif, il ordonne au monarque lui-même de châtier par ses armes les nations qui ne pensent pas comme lui. Par ses conseils, les prêtres de Memphis sont battus de verges, et les mages de Suses égorgés ou en fuite. Rien ne peut arrêter ce torrent dévastateur.

YARBAS. Laissez-le se précipiter de lui-même vers sa chûte ; seulement, détournez-vous de son passage.

LE MAGE. Faut-il donc abandonner les vérités premières à la merci d'un charlatan ?

YARBAS. Soyez tranquilles sur le sort de la vérité ; tôt ou tard, elle reparaîtra triomphante; continuez de la servir dans le silence.

Parmi nous aussi, il s'est élevé une espèce de Zoroastre. Budda est parvenu à faire secte. Le peuple l'invoque à présent comme un Dieu. Le quatrième jour de la semaine porte son nom. Sommonacodom, un de ses disciples, a propagé sa gloire et sa réforme chez une nation voisine; paisibles dans Brachmé, nous l'avons regardé agir, sans jalousie, comme sans inquiétude. Notre silence passe pour un consentement aux nouvelles opinions. Nous laissons tout croire sur notre compte, pourvu qu'on ne viole pas notre asile, et qu'on nous y laisse vivre en paix, et sages à notre manière. Cette conduite modérée nous a réussi. La tourbe se presse devant les images de Budda. On nous conserve la même estime, la même considération. Nous sommes restés ce que nous étions il y a mille ans. Et nous n'en désirons pas davantage (1).

---

(1) St-Clément d'Alex. *Strom.* I. p. 305. St-Hieronim. *adversus Jovin.* I.

LE MAGE. Tu ne sais pas que le téméraire attaque même le culte du soleil, et va chercher au fond de l'empirée quelque chose pour l'éclipser. Un nouveau Dieu, de nouvelles puissances célestes et ténébreuses sont proposées par lui aux peuples pour imp'mer la terreur et inspirer l'amour ou l'espérance. Un génie du bien aux prises avec un autre génie du mal fera disparaître de dessus la terre, cette unité de doctrine, cette simplicité de culte, qui, sans faire rougir le sage, suffisait pour guider les nations paisibles, et pour contenir les peuples turbulens.

YARBAS. Cette bourrasque ne m'étonne pas; si vous craignez d'en être atteints, fuyez comme quelques-uns d'entre nous ont fait dans une circonstance à-peu-près semblable. Ils ont été se réfugier dans les déserts (1) de la Bactriane, et jusqu'en Éthiopie; vous, transportez vos saints foyers dans les montagnes de Brachmé. Jusqu'à présent, le Gange semble nous avoir servi de barrière. Aucune puissance n'a encore eu la témérité de le franchir. Ce que n'ont pu Sésostris, Sémiramis, Cyrus, Zoroastre le pourra-t-il ? Nous l'attendons ici. Qu'il revienne pour nous dicter des lois, après être venu y prendre des leçons ! qu'il ose !

PYTHAGORE. Il osera.

Initié de Thèbes, me dit Yarbas, tu es étonné peut-être de notre assurance. Sache sur quelle base elle repose, et prononce entre Zoroastre et les Gymnosophistes de l'Inde.

PYTHAGORE. Yarbas! j'ai vu ceux de Méroë; et le spectacle des rameaux de ce bel arbre

---

(1) Philostr. *vita Apoll.* VII.

m'a fait vivement désirer d'en connaître la souche.

Yarbas. Un excès de modestie est faiblesse. Nous te dirons, avec la franchise qui sied aux amis de la vérité, que nous croyons avoir trouvé ce que le reste des hommes cherchera long-temps encore : je veux dire le véritable régime pour être aussi heureux, et aussi sages que la nature humaine le comporte.

Pythagore. Les grandes initiations n'en apprennent pas tant.

Yarbas. Nous avons peut-être acquis le droit de parler ainsi, puisqu'il est prouvé que nous sommes, non pas les premiers habitans de ce globe, mais les Anciens de la terre, les aînés de tous les peuples qui existent à sa surface, et qui ont tenu registre des événemens de leur existence.

Pour fermer la bouche à ceux qui voudraient contester notre droit d'aînesse, nous n'avons pas recours au pitoyable moyen des *Autochtones*. Nous le laissons croire aux habitans de l'Inde, surtout aux Gangerides, nation indomptée qui nous a pris sous sa sauve-garde. Les Gangerides et leur cinq mille éléphans, dressés au combat et rangés en batailles, ont donné beaucoup de force à la raison des Gymnosophistes. J'en fais l'aveu. Tant de peuples, tant de rois s'arment pour défendre l'erreur et le mensonge ! Que la vérité ait au moins pour elle les Gangerides (1) !

Pythagore. La Sagesse est donc enfin devenue aussi une puissance, ayant une armée à son service....

---

(1) Diod. liv. II. *bibl.*

Yarbas reprit : non ! nous ne sommes pas les premiers nés de la terre. D'autres hommes, d'autres nations ont passé avant nous sur ce globe, et nous y ont légué les connaissances précieuses qu'eux-mêmes tenaient de leurs ancêtres. Si nous sommes les derniers anneaux d'une chaîne qui n'existe plus ; nous prétendons qu'on nous regarde comme les premiers anneaux de la nouvelle chaîne d'êtres de notre espèce qui respirent sous le soleil. Nous n'aspirons point à la gloire des novateurs ; il nous suffit d'être les gardiens fidelles du riche dépôt de la petite somme de vérités suffisantes pour le bonheur, et transmise de main en main par ceux qui nous ont précédés.

En nous arrêtant aux bornes de la mémoire conservatrice des événemens, aucun de nous n'a découvert ce que nous savons sur le système planétaire, politique et moral. C'est le produit lent d'une longue succession de siècles.

PYTHAGORE. J'aime à croire avec vous, que le temps et la vérité ont une commune origine.

YARBAS. S'il est permis de se livrer à des conjectures dans une matière qui échappe à l'histoire et au raisonnement, la vérité nous vient du même côté que le soleil ; elle parcoure avec lui successivement toutes les régions, et change avec lui de direction : s'il est vrai qu'à certaines périodes, l'astre du jour doive se coucher là où il se lève ; il paraît raisonnable de croire que le genre humain et la pensée de l'homme, suivent les destinées du soleil, ont commencé avec lui, dureront autant que lui, et s'éteindront en même temps que lui.

Nos livres (1) comptent deux mille années d'existence, et ils ne contiennent que le précis d'autres livres beaucoup plus anciens. On ne peut guère refuser à l'Inde d'avoir été la législatrice de presque toutes les contrées de la terre.

L'empreinte de nos monnoies suffirait seule pour attester nos origines. Elles représentent le zodiaque, qui, de chez nous, est passé à Thèbes; et comme le peuple est le même par tout, celui de l'Inde porte à la vache le même culte que l'Egypte rend au taureau; les eaux du Gange passent pour sacrées, ainsi que celles du Nil.

PYTHAGORE. Les mondes, les peuples et les familles se donnent la main sans doute. Tout se tient.

YARBAS. D'après cette déclaration convenable à faire devant un initié, voici maintenant les détails du régime que nous observons, et que tu parais vouloir connaître.

PYTHAGORE. C'est mon vœu le plus ardent. Pour le satisfaire, j'ai franchi de grandes distances.

YARBAS. Tu a pu remarquer dans tes longs trajets, que les usages varient presqu'à chaque pas; le fond de ces broderies est uniforme. L'inde (2) reconnaît en général sept castes; et elle nous en assigne la première. C'est un hommage qu'elle rend à la sagesse dont nous sommes les premiers disciples et dépositaires. Un peu d'ambition pouvait nous être permis,

---

(1) *Voyage* de Sonnerat.
(2) Strabo. XV. *geogr*. Diodore. II. *bibl.*

mais

mais nous aurait perdus. Le peuple accorde tout à ceux qui ne lui demandent rien.

Loin d'oublier la communauté des droits, voici l'une de nos institutions qui la consacre.

L'hiérarchie de pouvoirs et de considération nécessaire au maintien de l'ordre social, est suspendue à certains jours de l'année, pour rappeler les hommes à la nature. Ces jours-là toutes les castes professent le même culte, et mangent ensemble sans autre distinction que celle de l'âge et du sexe.

PYTHAGORE. Presque dans tous les lieux, que j'ai déjà visités, j'ai trouvé établi, même à Babylone, cet hommage rendu à la dignité première de l'homme. Il est fâcheux qu'il n'en reste plus que ce simulacre, à peine capable d'en conserver la mémoire, et fait plutôt pour attrister, en rappelant la perte du plus beau de nos droits.

YARBAS. Les hommes n'en sont plus dignes, puisqu'ils ont permis qu'on les en dépouillât.

PYTHAGORE. Mais, n'est-il pas toujours temps de rentrer dans son domaine envahi ? Y-a-t-il prescription contre la première de nos facultés ?

YARBAS. Loin d'être les complices de cette violation, nous nous sommes toujours tenus éloignés des magistratures, sans vouloir jamais prendre aucune part directe au gouvernement et nous en agissons ainsi, autant par justice et par prudence que par dédain. Séparés du reste des hommes, ne les voyant que dans l'éloignement, nous avons appris à les apprécier. Ils nous font pitié ! Quelles sont petites et misérables, ces grandes querelles entre les peuples et les rois ! Nous ressemblons au laboureur qui ensemence son champ, sans daigner s'a-

*Tome III.* M

percevoir que dans le bois voisin des milliers d'insectes, armés les uns contre les autres, s'affament ou se dévorent dans leurs aveugles animosités. Que toutes leurs combinaisons politiques sont mesquines! Les nations ont épuisé toutes les formes de gouvernement, sans trouver encore la bonne.

Si les hommes, tant orgueilleux de leur système social, savaient combien ils paraissent ridicules aux yeux de l'observateur de sang-froid! sottement entassés les uns sur les autres, plus ils se chargent de liens politiques, plus ils se disent indépendans (1). Ils appellent liberté le choix de leurs chaînes. Ils consument leur temps, non pas à bien vivre, mais à savoir comment ils doivent vivre. Gouvernans, gouvernés, ils seraient tous méprisables, s'ils n'étaient tous à plaindre. Ils ne sont pas plus heureux que sages. On n'a pas le courage de railler une troupe d'enfans, qui, dans des jeux cruels, mouillent leurs hochets de larmes et de sang. C'est du point de vue où nous nous sommes placés, qu'il faut porter un jugement sur toutes ces institutions civiles plus bizarres, plus inconséquentes, plus mal-faisantes les unes que les autres.

Ce ne sont pas les lumières qui leur manquent. Il n'en faut pas beaucoup pour vivre avec jus-

---

(1) C'est d'après ces principes que le gymnosophiste Dandumis, contemporain d'Alexandre, ayant ouï conter quels hommes avoient esté *Socrates*, *Pythagoras* et *Diogènes*, dit que ces personnages-là luy sembloient avoir esté bien néz et de bon entendement; mais qu'ils avoient trop révéré les loix en leur vie.

Plutarque, traduit par Amyot, *vie d'Alexandre*. XX. Voy. Strabon. XV. *géogr.*

tice; mais elles sont toutes d'un côté, entre les mains du petit nombre qu'elles rendent tout puissant. Les ténèbres pèsent sur la multitude. La force aveugle lutte sans cesse contre la mauvaise foi plus éclairée. Celle-ci triomphe ordinairement, et a grand soin d'éteindre sous la pourpre des hautes magistratures, les flambeaux que des mains désintéressées voudraient porter au milieu de la masse fétide des erreurs populaires.

PYTHAGORE. Quel parti prendre?

YARBAS. Aucun.

PYTHAGORE. Que faire?

YARBAS. Attendre.... Quelle est déplorable la condition des hommes rassemblés, disent-ils, pour le bonheur général! Avec quelle légéreté ils se font la guerre, ils se donnent des lois! Que penser d'eux quand on les examine, occupés gravement à se détruire, ou à se dégrader. Que de peines ils endurent pour se rendre pires qu'ils ne sont! Du haut de nos montagnes, comme tous ces magistrats monarchiques ou populaires, avec leurs marques distinctives, nous semblent petits! et ceux qui leur obéissent, comme ils sont rampans! faciles à mener sous la verge du préjugé, rétifs seulement au sceptre de la raison ! Combien nous nous applaudissons de n'être rien au milieu de toute cette multitude informe!

PYTHAGORE. Dans beaucoup d'endroits, vous ne seriez point supportés. On a besoin de complices.

YARBAS. Pour avoir le privilége de vivre ainsi neutres entre tous les partis, nous payons tribut à l'imbécillité de l'esprit humain. Nous consentons à passer pour des prêtres; mais nous

nous déchargeons sur nos subalternes des soins minutieux du culte, nous réservant l'honneur importun d'être consultés dans les grands événemens ; ensorte que nous sommes aussi dégagés d'obligations civiles que de vêtemens.

Pythagore. On m'avait prévenu que les Gymnosophistes vivaient habituellement dans une absolue nudité, et qu'ils devaient leur dénomination à cet usage singulier.

Yarbas. C'est-à-dire que pour se venger du mépris que nous professons pour la plupart des institutions politiques, on a voulu nous rendre ridicules à notre tour. Le fait est que nous restons nus et sans habits dans les exercices du corps qui l'exigent. Ce qui a pu servir de prétexte à ce reproche, c'est que, dans certaines maladies, nous ordonnons les bains de soleil, qui consistent à exécuter plusieurs courses rapides, le corps exposé sans voile aux rayons du grand astre. Nous recommandons les bains de glace pour les infirmités contraires.

De faux Gymnosophistes, pour attirer le peuple dans leur retraite, empruntent à l'art de guérir des formules et des pratiques dont ils composent la science de tromper.

Tu n'étais point attendu, et tu nous trouves vêtus d'une robe de lin (1), courte et sans manches (2), laissant à découvert les épaules et les bras, la jambe et le pied, et fermée avec une ceinture d'écorce. En voyage, nous ajoutons un petit corset de lin, un bâton et un an-

---

(1) St-Augustin, *civit. dei.* XIV.
(2) Philostrate. III. ch. 4. *vie d'Apoll.*

neau astronomique (1), pour prendre l'heure au soleil, si nous avons un désert à traverser. C'est tout ce que la nature exige dans nos climats. Il est des contrées plus chaudes, dont les habitans sont habillés beaucoup moins légérement que nous.

PYTHAGORE. Chez les Grecs (2), c'est la mode qui habille ; le faste dessine les vêtemens ; on consulte l'étiquette avant la nature. Outre la tunique, il leur faut encore un manteau pardessus, sans compter la coiffure et les sandales (3).

YARBAS. Nous ne portons qu'une sorte de vêtement, pour la forme et pour la matière ; l'expérience nous dit que nous avons trouvé celui qui nous convient. Il est pourtant des occasions où nous croyons devoir nous écarter de cette loi : quand des nations orgueilleuses, ou des potentats superbes députent vers nous un ambassadeur chargé de menaces ou d'imprécations ; nous quittons nos habits de lin ordinaire, pour nous revêtir d'une robe d'*asbeste* (4) : « Retourne dire à ton maître (répondons-nous à l'envoyé insolent), que la sagesse, dont nous sommes les ministres imperturbables, ressemble à notre tunique incombustible ».

Mais nous offrons cette même robe d'*asbeste* aux partisans de la vérité qui viennent jusqu'à nous, pour échanger leurs connaissances avec

---

(1) Voy. *superstitions orientales*. in-fol. 1785, par une société de gens de lettres. p. 39.
(2) Plutarch. *vita Alexand.*
(3) Strabon. XV. *geogr.*
(4) L'amiante. Stephan. Byz. *de urb. voc.*

les nôtres (1). A ce titre, initié de Thèbes, reçois ce gage commémoratif d'hospitalité ».

Yarbas, en m'adressant ces dernières paroles, me revêtit lui-même de cette tunique d'honneur; d'un blanc un peu plus terne que celui du lin commun, elle est beaucoup plus longue que celles à l'usage des Gymnosophistes : en cela ils ont cru, avec les étrangers, devoir sacrifier aux convenances.

L'art de filer l'asbeste n'est bien connu que sur les bords du Gange. Les habitans de l'Inde en tissent des toiles d'un grand prix.

A ce beau présent, le chef des mages ajouta sept anneaux d'or constellés (2), sur chacun desquels est gravée une des sept planètes de la semaine. L'usage, sur les bords du Gange, est de porter au doigt le chaton de la planète de chaque jour.

Nous nous entretenons peut-être un peu long-temps d'habits (reprit Yarbas); c'est que les nôtres ne servent pas seulement à nous vêtir; nous tenons d'eux notre nom : ce que nous avons mieux aimé que de porter celui de quelque personnage fameux, à l'exemple des Brachmanes, ainsi appelés, de Brachma (3), un des anciens rois de l'Inde, distingué par son amour pour l'étude de l'astronomie. Il fit construire plusieurs observatoires, un zodiaque et des sphères.

Ces bienfaits n'exigeaient que de la reconnaissance. La multitude, extrême en tout, dans sa haine, comme dans son atta-

---

(1) Porphyre. *abstin.* liv. IV. p. 407. edit. Lugd. 1620.
(2) *Vie d'Apollonius*, par Philostrate. II. 13.
(3) St-Clément d'Alex. Suidas. *Brachman.*

chement, fit un dieu de Brachma (1), aidée par une partie d'entre nous, assez faible pour se prêter aux caprices superstitieux du peuple. Nous les en blâmâmes beaucoup ; et de ce moment, sans rompre avec eux, nous restâmes fidelles à l'austère simplicité de nos premiers principes. A cette époque, pour n'être point confondus et enveloppés dans l'animadversion due à la condescendance des Brachmanes, nous avons adopté le nom symbolique de *Gymnosophistes* ; faisant profession constante d'être les *amis purs de la vérité nue*.

PYTHAGORE. Yarbas ! je ne connais pas de plus beaux titres à porter et à remplir.

§. CXIII.

*Suite. Pythagore chez les Gymnosophistes de l'Inde.*

YARBAS. On nous a peut-être peints à tes yeux comme des hommes sauvages, continuant de vivre dans les bois où ils ont été exposés aussitôt leur naissance, par des parens barbares. Saches qu'on ne devient pas animal fauve, parce qu'on s'affranchit des obligations civiles d'une société corrompue. Nous contractons aussi des unions, et nous avons chacun notre ménage et notre famille ; mais nous n'habitons point toute l'année avec nos

---

(1) Les Barbares (c'est-à-dire les Egyptiens, les Perses et les Indiens) ont une grande vénération pour leurs législateurs, leur donnant même le nom de Dieux.
*Strom.* I. Clém. Alex.

épouses (1) ; nous leur donnons quarante journées, et nous cessons de les voir quand elles nous ont rendu pères deux fois ; nous nous croyons quittes alors envers la nature, puisque nous lui restituons autant que nous en avons reçu. La multiplication de l'espèce humaine est moins urgente que sa perfectibilité. Au cinquième voyage, un par année, fait dans la demeure de nos femmes, celui de nous qui n'en obtient aucun signe de fécondité, n'y retourne plus, et renonce à cette tâche. Son organisation s'est suffisamment expliquée ; il ne doit plus exister que pour laisser de bons exemples, préférables à de mauvaises copies.

Pendant notre séjour chez nos femmes (2), nous nous sommes fait une loi de ne les entretenir que de leurs fonctions, de leurs devoirs et des connaissances qui conviennent à leur sexe ; nous gardons le silence le plus absolu sur nos principes et sur les vérités auxquelles nous nous consacrons ; elles en sont dédommagées par tous les plaisirs attachés à l'existence. Nous veillons à ce que leurs jours s'écoulent exempts de soucis ; toutes leurs sollicitudes se bornent à se conserver dignes des embrassemens d'un gymnosophiste. Elles savent que la considération attachée à ce titre, rejaillit sur elles. L'épouse d'un gymnosophiste ne doit point être une femme ordinaire. Cette seule opinion suffit pour la rendre indifférente aux jouissances vulgaires des autres citoyennes (3).

---

(1) Suidas.
(2) *Géographie* de Strabon. XX. p. 490.
(3) L'abbé Guyon, *recueils sur l'Inde*.

Loin de murmurer, elle observe religieusement les anciens usages à l'égard de son mari. Quand il l'admet à sa couche, elle n'y entre que par le pied du lit (1), dont elle soulève modestement la draperie qui le recouvre, pour marquer sa soumission parfaite et son entière dépendance.

PYTHAGORE. Dans nos régions occidentales, le récit de vos mœurs me rendra suspect.

YARBAS. Ce cérémonial tourne au profit de l'hymenée. Un gymnosophiste n'est point un maître impérieux, qui ne voit dans sa compagne qu'une esclave destinée à ses plaisirs; mais il importe que chacun des deux sexes garde son caractère, et remplisse ses devoirs. Nous prenons pour modèle dans nos mariages le grand hymenée du soleil et de la terre.

L'éducation de nos enfans n'est pas confiée exclusivement aux mères : aussitôt qu'ils peuvent se passer d'elles, nous les retirons vers nous, et le silence est la première des règles que nous leur imposons (2). Elle est rigoureuse à cet âge, mais d'elle dépendent toutes les autres. Qui sait écouter et se taire, sait apprendre et retenir.

Par une autre loi, qui n'est pas moins de rigueur, ils ne mangent jamais avant le travail (3). Avant de se mettre à table, ils nous rendent compte de l'emploi de leur temps;

---

(1) De tout temps, chez les Orientaux, on a suivi cette coutume qui subsiste encore aujourd'hui.

Quelques anciennes familles turques observent de nos jours ce cérémonial recommandé par le Coran.

*Mélanges* de Marville. tom. III. 148, 149.
(2) Strabon. *geogr.* XV.
(3) Apul. *florid.* I.

cela vaut bien une libation aux Dieux. Celui qui n'a point de témoignage honorable à produire de sa bonne conduite (1), est renvoyé de la salle du banquet, avec honte.

Leurs jeux sont des leçons. Sur le parquet nous leur faison tracer un planisphère céleste ; ils y roulent un palet, et celui d'entre eux qui a l'adresse d'atteindre au but, qui est le soleil, gagne le prix.

Devenus grands, ils prennent leurs repas en commun avec nos disciples, et sous nos yeux.

PYTHAGORE. Un banquet de famille serait peut-être préférable à cette institution ; du moins, on se rapprocherait davantage de la nature.

YARBAS. Les nations qui nous contemplent en sont trop éloignées.

PYTHAGORE. Il serait beau de la leur rappeler, et de les y ramener insensiblement.

Yarbas laissa tomber ma réplique, et continua en ces termes :

Nous faisons usage de vin plus sobrement encore que de femmes, et nous ne soutenons point notre existence aux dépens de celle des animaux. Chacun de nous a son habitation personnelle, et hors des cités.

Je l'interrompis, pour lui dire : « Tenez ménage chez vous, soyez tout-à-fait pères de famille, et vous voilà entièrement selon la nature, que vous vous faites un devoir de consulter dans maintes autres circonstances, moins importantes peut-être ».

Même silence de la part d'Yarbas. Je ha-

---

(1) Stuckius. I. 31.

zardai de lui représenter encore : « Ne consentez-vous à être pères que pour perpétuer dans les mêmes familles le titre de Gymnosophistes ?

Yarbas me répondit enfin : « Les vertus domestiques, les devoirs naturels ne font aucune impression sur l'esprit du peuple. Il lui faut de la singularité, ou de l'extraordinaire.

PYTHAGORE. Les sages de l'Inde n'aspireraient-ils qu'à plaire à la multitude ?

YARBAS. Il faut commencer par-là, pour parvenir à rendre les hommes meilleurs... Nous faisons des élèves, en petite quantité ; tu en jugeras, d'après les conditions exigées pour entrer dans nos écoles. Le candidat, âgé de dix-huit années, doit nous prouver que depuis trois générations (1), il ne s'est commis aucun délit dans sa famille. Cette clause a plus contribué, à elle seule, au maintien des mœurs dans l'Inde que tout un code de lois.

Une autre condition est de renoncer à tous les biens, (2), en entrant chez les gymnosophistes.

On n'a plus besoin de provisions, à la rentrée au port. Nous n'admettons dans notre association que des ames nues de préjugés.

PYTHAGORE. La désappropriation en effet, est une pierre de touche pour bien des gens.

YARBAS. Nous donnons un exemple qui ne rapporte pas autant de fruits que nous le desirons depuis long-temps. La servitude domestique n'est point connue dans l'intérieur du

---

(1) Philostr. *vita Apoll.* VI. 12.
(2) Porphyr. *abstin.* IV. p. 407.

Brachmé. Nous n'avons ni esclaves, ni valets (1). Nous nous servons réciproquement. Chacun de nous rend les bons offices qu'il reçoit. Et en cela, nous avons fait un grand pas vers la nature, qui n'a point même destiné les animaux à servir l'homme; encore moins, sans doute, les hommes à se diviser en deux castes : celle qui commande, et celle qui obéit.

Pythagore. Les gymnosophistes de Méroë se sont prescrit la même loi (2).

Yarbas C'est une de nos colonies.

Pythagore. Mais ainsi qu'à Brachmé, cette loi ne refranchit pas le seuil de leur retraite. Par tout on convient de la beauté du principe; il n'est mis en pratique nulle part. Pourtant la vérité, disais-tu, fait le tour du monde, avec le soleil.

Yarbas. Mais, comme le soleil, elle ne fait que se montrer et ne se fixe point. Tant que le genre humain sera troupeau, il faudra une hiérarchie de bergers et de moutons.

Pythagore. On m'a parlé des Brachmanes médecins (3).

Yarbas. On aurait pu te les passer sous

---

(1) Diod. sic. II. 25. *bibl.*
Le passage mérite d'être cité :
Les lois des Indes... La plus remarquable est la maxime que leur ont laissée leurs anciens philosophes, de ne traiter personne en esclave, et de se croire tous égaux... Ils ont estimé qu'il est ridicule de faire des lois uniformes pour tous les sujets d'un état, en permettant la différence des biens... Comme ils (les philosophes) sont exempts de outes fonctions publiques, ils ne commandent et n'obéissent personne. Traduct. de Terrasson. tom. I. *in* 12.
(1) Voy. ci-dessus, tom. II. p. 288.
(3) Strabon. XV. p. 490. *geogr.*

silence... Est-il donc si nécessaire d'apprendre aux voyageurs absens de leurs foyers pour y rentrer avec de bons exemples, qu'il existe près du Gange de faux gymnosophistes qui s'introduisent dans les maisons crédules pour y féconder les ménages stériles, au nom de Brachma.

PYTHAGORE. Ces abus de confiance se commettent par tout où il y a de la superstition et des fourbes.

YARBAS. Ces hommes n'ont pu enlever aux vrais Gymnosophistes le degré d'estime qui nous est dû.

Il faut des événemens peu communs pour nous tirer de nos asiles. Il faut que le salut de l'état soit en péril, pour qu'on nous voie à la cour des rois. Et nous y consacrons notre présence par de grandes vérités. Nous leur répétons cette maxime de notre fondateur: la multitude ressemble aux épis d'un champ; (1) le magistrat est le vent qui les incline comme il veut: rois de l'Inde, n'abusez-pas de vos droits; contrebalancez-les par vos devoirs.

PYTHAGORE. Peut-être, vaudrait-il mieux encore les laisser venir à vous.

YARBAS. Ils n'y viendraient pas.

PYTHAGORE. Ils se prosternent (2), dit-on, du plus loin qu'ils vous aperçoivent.

YARBAS. Oui! mais ils nous évitent le plus qu'ils peuvent. Il est des animaux féroces qui craignent la lumière du jour.

Chaque année, sans sortir du territoire de Brachmé, nous distribuons, à tous les peuples

---

(1) Laloubere, *royaume de Siam*. tom. II. *in*-12.
(2) St-Hieronym. *adv. Jovian.* II. 14.

qui nous environnent, des calendriers, espèce de code astronomique et moral que tous les citoyens s'empressent de consulter. Nous annonçons les éclipses, les comètes, les variations de l'air; nous avertissons de se mettre sur ses gardes à l'approche d'une sécheresse ou d'une disette. De sages avis, plus certains encore, accompagnent ces divinations.

Nous rendons un plus grand service à nos contemporains. Notre contenance imperturbable est une leçon qui influe puissamment sur l'opinion générale. Que de crimes ont avortés, à la seule idée du voisinage des gymnosophistes! « Que penseront les sages du Gange »? se dit le monarque, ou le ministre, ou le général d'armée, ou tel autre Indien tenté de commettre une mauvaise action? S'ils ne le disent pas, le peuple est là qui murmure à mi-voix ces paroles : « les gymnosophistes le sauront; ou bien, il faut aller leur en faire part ».

Cette confiance presqu'universelle dont nous jouissons est le fruit des règles sévères que nous nous imposons à nous mêmes. Par exemple, celui d'entre nous convaincu d'erreurs dans ses pronostics astronomiques ou dans les éphémérides de l'agriculture (1), pendant trois années consécutives, est condamné au silence pour le reste de ses jours (2).

Nous exerçons en même temps la profession de guérir : mais comme le peuple est sobre, les maladies sont peu compliquées, et nous dispensent de connaître le mécanisme intérieur

---

(1) *Kitab al phalàhat.*
(2) Diod. sic. *bibl.*

du corps humain, dont nous nous sommes interdit la dissection.

D'ailleurs, le peuple croit que chaque minute de la vie humaine est décrite d'avance sur le grand livre du ciel et se passe comme il y est ordonné. Nous l'entretenons dans cette bonne foi, d'où résulte la docilité des uns et la paix de tous.

PYTHAGORE. On m'a déjà parlé d'une tradition religieuse semblable. Brahma écrit lui-même (1), de son doigt divin, sur le front des hommes, à mesure qu'ils naissent, tout ce qui doit arriver jusqu'à leur trépas.

YARBAS. A-t-on ajouté que les gymnosophistes seuls sont réputés en état de lire l'écriture de Brahma?

Pour soutenir notre réputation, nous nous sommes appliqués spécialement à l'étude de la physionomie. Nous en avons fait une science particulière, qui n'est pas aussi conjecturale qu'on pourrait le juger. Les hommes d'état, avant tout, devraient être physionomistes.

Notre désintéressement met le dernier sceau à la haute opinion qu'on a de nous. On sait que nous ne possédons rien, que nous renonçons à tout aux dignités comme à la fortune; nous nous contentons de ce qu'on nous apporte à Brachmé. Cette cité est une marché qui ne ressemble pas aux autres (2). Toutes les choses nécessaires pour exister s'y trouvent à notre seul usage. Nous allons y prendre selon nos besoins, le riz, le lait, les figues, le raisin, l'huile pour nous oindre; nous n'avons pas

---

(1) *Essais sur l'Inde*, de Laflotte. p. 168. *in*-12.
(2) Strabon. XV. 492. *geogr.*

même la peine de demander. Nous nous promenons par les rues de la ville, et nous emportons ce qui nous semble à notre convenance. Les ordres sont donnés de ne nous rien refuser; nous n'en abusons point; c'est ce qui fait que nous sommes approvisionnés avec un zèle et une ponctualité bien honorables, pour nous, ainsi que pour les nations de l'Inde qui s'empressent de fournir à l'entretien de nos tables frugales.

PYTHAGORE. J'ai entendu plus d'une fois les murmures du peuple d'Egypte dirigés contre ses prêtres qui exigeaient la troisième partie des revenus de l'état. Des pontifes opulens portent scandale.

YARBAS. C'est sur ce même emplacement qui pourvoit à notre existence que nous venons la terminer devant le peuple. Quand l'un de nous croit avoir assez vécu, ou se sent proche du terme fatal marqué par la nature, nous le transportons à Brachmé, en annonçant qu'un gymnosophiste doit expirer tel jour, à telle heure. Une foule immense se rend à l'invitation. Et notre collègue profite de cette circonstance pour exhorter les assistans à quelque grande vertu, ou pour les préparer à quelque vérité forte. Tu pourras dans peu jouir de ce spectacle.

PYTHAGORE. Si peu attachés à la vie, si au-dessus des événemens, sages de l'Inde, que vos principes doivent être purs et sublimes!

YARBAS. Nous en avons de deux sortes.

De deux sortes ? m'écriai-je.

Il le faut bien, me répliqua Yarbas. Les uns sont positifs, ou vulgaires; ceux-ci se trouvent dans les livres rituels que tu peux consulter;

on les communique même au peuple. Je ne t'en dirai rien davantage. Ils ne sont pas faits pour les initiés ; si tu pousses la curiosité jusque-là, interroge nos Brachmanes.

Nous avons des principes traditionnels, que nous pouvons bien appeler les nôtres ; car ils sont les seuls que nous professons dans le sanctuaire de la conscience. Ils n'existent que dans la mémoire d'un petit nombre d'entre ceux qui fréquentent nos écoles. Nous n'écrirons la vérité que quand tous les hommes seront dignes de la lire. Dans nos calendriers et autres ouvrages de ce genre, nous débitons au peuple des fictions sur l'immortalité de l'ame (1), et sur les tribunaux des enfers. Quant aux Dieux, car il en faut à la multitude ; la multitude est un monstre qui se repaît d'autres monstres ; nous nous sommes rapprochés d'elle, ou plutôt nous l'avons rapprochée de nous. Du moins, nous avons imaginé un emblême matériel, autour duquel nous nous rallions tous.

Outre les simulacres d'homme à douze bras, pour représenter le soleil ; au fond des temples, nous avons placé nous-mêmes, une figure colossale (2); elle a douze coudées, autant qu'il y a de signes dans le zodiaque. Cette statue représente à la fois un homme et une femme, qui se tiennent ensemble, et sont tellement en adhérence l'un à l'autre, que les deux ne font qu'un ; si bien que la moitié de la tête, un bras, une main, un côté du corps appartiennent à chacun d'eux. Chacun d'eux aussi porte son sexe,

---

(1) Strabon. XV. p. 490. *geogr.*
(2) Porphyr. *de styge.* p. 283.

ostensiblement et parfaitement distinct l'un de l'autre. Nous avons parsemé ce corps double de montagnes et de mers, de fleuves et de poissons, d'animaux et de plantes. Sur la poitrine de l'homme, nous avons peint le soleil ; la lune, sur le sein de la femme. Le visage est l'orient ; le côté droit est le septentrion ; le gauche, est le midi (1). Le peuple appelle cela le dieu *Lingam* (2), et lui est fort dévotieux.

Pour nous, c'est le principe actif et le principe passif de la génération de tous les êtres (3) ; c'est le caractéristique de la nature, qui possède et renferme en elle la cause et les effets ; qui n'a besoin que d'elle-même pour être, et être toujours. C'est l'image de l'éternité (4), de la toute-puissance et de l'universalité de la nature ; c'est le monde ; c'est, en un mot, l'*univers*, le grand *Tout* (5). Nous

---

(1) Macrobe. Plutarque. Eusebe. *praepar. ev.* III. 10.
(2) Le phallus des Egyptiens, des Grecs et des Romains.
(3) Les Brahmes croient le monde éternel et sans principe ; un pur esprit ne leur paraît pas possible.
Anquetil. *note du disc. prél. Zend-avesta.* p. 139.

(4) Suidas. Voy. la note, p. 203, *in*-12, des *essais sur l'Inde*, par M. Delaflotte. 1707. Voy. *Hist. critique et philosophique* de Deslandes. tom. I. p. 100. *in*-12. Voici le passage ; il est digne d'être rapporté.
A l'égard des sentimens de ces Gymnosophistes, ils n'ont point changé depuis l'âge le plus reculé. Plusieurs d'entre eux faisaient profession ouverte d'athéisme, et malgré cela, ils vivaient avec beaucoup de sagesse et de retenue ; ils remplissaient exactement tous les devoirs de la société. Cette secte d'athées subsiste encore... etc.

(5) Le collége des Gymnosophistes était dans le temple de *Pan*. Lamothe Levayer, *de la lecture des livres.* 458. *in*-8º. Le *dieu Pan*, ou le *dieu Tout*.

avons voulu sous ces voiles, inspirer aux hommes une haute idée d'eux-mêmes, afin qu'ils en viennent à se respecter davantage. Quel est le mortel qui, après s'être recueilli un moment devant ce simulacre, ne se dise enfin : l'homme est donc un petit monde, un abrégé du grand ; il fait donc partie essentielle du grand Tout ?

PYTHAGORE. La leçon est un peu forcée, un peu grossière.

YARBAS. Elle n'en est que mieux accommodée à l'esprit obtus de ceux auxquels nous la donnons.

PYTHAGORE. Mais que répondriez-vous à des voyageurs moins obtus, qui insisteraient sur une connaissance plus exacte des Dieux adorés dans l'Inde ?

YARBAS. Nous lui dirions :
« Nos livres saints commençaient par un chapitre sur l'essence et la nature de Dieu ; mais Brachma, lui-même, a déchiré ces premiers feuillets.

PYTHAGORE. Je comprends ; mais si l'on insiste ?

YARBAS. Quand le peuple nous presse de lui montrer Dieu, nous traçons un cercle (1) ; et il s'en retourne satisfait, en prononçant la lettre qui approche le plus du cercle. Il croit fermement être heureux dans une autre vie, s'il répète, en quittant celle-ci, la lettre sacrée qui lui retrace Dieu, et à nous le grand cercle de la nature.

PYTHAGORE. Ici donc, comme ailleurs, les mots mènent les hommes.

---

(1) *Voyages* de Dellon.

YARBAS. Quelquefois nous marions la métaphore à l'hiéroglyphe ; par exemple, nous disons : » Brahma s'est endormi, et pendant son sommeil agité le monde a été fait (1) ; le monde est le produit d'un mauvais rêve ».

PYTHAGORE. Cette fiction en vaut bien une autre.

YARBAS. L'habitant de l'Inde, trop docile aux impressions du climat, se livrait à la débauche sans retenue ; et sa santé lui rendait indispensables de fréquentes ablutions. Pour lui inspirer des mœurs plus pures, nous en avons fait un précepte de religion, en lui disant : outre les grands dieux de la nature, il est quantité de génies (2) attachés par elle, et sous ses ordres, au service et à la conservation de chaque élément. Il s'en trouve dans l'air, dans les entrailles de la terre, dans le feu. Les eaux du Gange ont aussi leur génie, qu'on offense, qu'on irrite quand on se plonge au milieu de ce fleuve sacré avec une ame souillée. Il faut être pur pour avoir le droit de toucher à un élément pur . . . etc. Il en est résulté quantité de pratiques superstitieuses, puériles, gênantes. Notre but est rempli. L'idée qu'on souille le Gange, en s'y baignant, souillé de quelque vice, est fortement empreinte dans l'ame timorée des bons Indiens ; et nous avons, par ce stratagême innocent, pourvu à l'entretien de l'organisation physique et morale de l'homme.

PYTHAGORE. Zoroastre a tiré un grand parti

---

(1) Voy. le *Bagavadam*. I.
(2) Tertull. *adv. Mercin*. I. cap. 13.

de cette idée dans son plan de réforme religieuse.

## §. CXIV.

### Suite.

YARBAS. Nous professons, comme je te l'ai déjà dit, l'égalité de fait (1); nous avons cru devoir en faire un précepte politique, et en cette occasion, nous n'usons d'aucun détour. Nous disons aux Indiens de ne traiter personne en esclave. Nous avons écrit nous-mêmes sur le trône de la plupart des monarques de l'Inde, sur les siéges élevés des magistrats, et principalement sur la base du Lingam, cette loi première : « Malheur aux mortels qui ne se croient pas tous égaux (2) ». Nous estimons que rien ne dispose mieux les hommes les uns envers les autres, que de les accoutumer à ne se regarder ni inférieurs, ni supérieurs. Et n'est-il pas absurde qu'il n'y ait qu'une seule loi pour tout un peuple, et en même-temps, qu'on y admette des distinctions, qu'on y souffre des inégalités de rang et de fortune.

PYTHAGORE. Etes-vous écoutés !

YARBAS. Les basses castes, dans le cercle étroit où l'hiérarchie politique et religieuse les retient, vivent conformément au précepte, et malgré les exemples révoltans et contagieux des autres castes. Voilà les seuls succès que nous avons pu obtenir.

---

(1) « Egalité de fait, dernier but de l'ordre social ». Condorcet, *tableau de l'esprit humain*, ouv. posthum. p. 329.

(2) Diod. sic. liv. II. *bibl*. Voy. le passage cité ci-dessus.

PYTHAGORE. C'est déjà beaucoup.

YARBAS. Pour préserver l'Inde du scandale de laisser de bonnes terres en friche, nous avons placé toute l'étendue du sol qu'arrose l'Indus, le Gange et les ruisseaux qui leur payent tribut, sous la sauve-garde immédiate du culte. Nous avons prononcé notre malédiction sur tout guerrier qui oserait, d'une main sacrilége, porter le fer sur la personne d'un laboureur ensemençant (1), et le feu sur le champ ensemencé. Nous avons dit : « Qu'un arbre soit sacré, même sur le territoire ennemi. Peuples rivaux, quoique tous frères ! si bon vous semble, massacrez-vous pour vous entendre; mais ne souillez pas de votre sang impur le sillon sacré, dépositaire des trésors soutiens de l'existence ». O honte pour l'ame humaine ! ce que nous n'aurions jamais obtenu au nom seul de la raison, nous est accordé à l'aide d'une fable religieuse.

PYTHAGORE. Parmi tous ces Dieux, jetés au peuple, pour servir de pâture à son imagination, n'en distinguez-vous pas un digne du sage ? Si l'on vous demandait : qu'est-ce que la Divinité !

YARBAS. C'est une araignée (2), tirant de son sein (3) le fil dont elle forme la toile

---

(1) Diod. sic. II. *loco citato.*
(2) *Mém. de l'acad. des ins.* tom. XXVI. 234 et 235.
(3) Plusieurs passages du *Vedam* ne permettent pas de douter que le panthéisme soit le principal dogme de la philosophie et de la religion des Indiens. L'*Univers est vichnou* (Dieu). *Tout n'est que vichnou. Vichnou et l'univers ne sont essentiellement qu'un.*

D'autres passages des *Shasters* démontrent le matérialisme des Indiens.

qui l'enveloppe ; placée au centre de son ouvrage, elle en dirige toutes les parties, et leur imprime le mouvement nécessaire. L'araignée et sa toile paraissent deux objets distincts ; dans la réalité, elles ne sont qu'une seule et même chose (1). Dieu a les deux sexes. Dieu, ou la nature (2), est et sera ce qui a toujours été (3).

PYTHAGORE. Cette définition sert de base à la science secrète des prêtres d'Egypte.

YARBAS. Un sujet aussi fécond, est susceptible des plus sublimes développemens ; mais nous en restons là, pour nous livrer tout entiers à la pratique des devoirs, de préférence à la recherche des opinions : et c'est en cela que les Gymnosophistes diffèrent des Brachmanes et des Samanéens ; les premiers établis au midi de l'Inde ; les seconds entre le septentrion et le couchant. Nous ne leur envions pas la gloire de connaître les orbes célestes et leur influence ; comme aussi d'avoir fouillé dans les entrailles de la terre, pour en rapporter des métaux : car leur maître Brachman, ou Brachma (4), embrassait dans l'immensité de son génie les lieux les plus élevés, ainsi que les plus profonds. Nous ne sommes même pas jaloux de leur grand livre du *siècle des siècles*, contenant l'explication de leurs

---

(1) Lacroze. *Christ. des Indes*. p. 462.
(2) Tout ce qui a été, c'est lui ; tout ce qui est, c'est lui ; tout ce qui sera, c'est encore lui.
*Prière des Brahmes*, traduit du Samscrit
(3) *Ekhummesha*. Ce seul mot exprime encore tout cela aujourd'hui chez les Gentoux. Voy. Holwell. 2°. partie.
(4) Voy. les *historiens arabes*, et les *mém. de l'acad. des belles lettres*. tom. XXVI. in-4°.

tables astronomiques. Nous ne pouvons pas dire comme eux le véritable dégré de l'élévation du soleil ; et nous n'oserions jamais affirmer, comme ils font, que le soleil demeure trois mille années dans chaque signe du zodiaque, et que la révolution entière est de trente-six mille ans. Ces grands résultats supposent nécessairement d'exactes observations et de longues études.

Nous ne prenons pas sur nous d'affirmer, à leur exemple, que la terre, après que le soleil aura parcouru tous les signes méridionaux, sera tellement changée, que ce qui est habité aujourd'hui deviendra désert alors ; que le midi sera le septentrion ; que le septentrion passera au midi. Nous ne disputons point contre ceux d'entre eux qui prétendent que le monde se renouvelle à chaque soixante et dix millième année.

Mais nous nous flattons de ne pas leur ressembler, quand ils renoncent aux femmes (1), et abandonnent leurs enfans, pour être tout à la sagesse. Elle n'exige, tout au plus, que le sacrifice des richesses qu'on possède. Nos mœurs n'ont point la rigidité des leurs ; cependant, pourquoi ne renoncent-ils pas, comme nous, à l'usage de se faire servir ? Faut-il donc des valets, quand on se contente de légumes et de fruits ?

Nous sommes fâchés de les voir rendre une sorte d'hommage à une pyramide, qu'ils disent renfermer les ossemens d'un Dieu : des astronomes ne devraient rendre de culte qu'à des obélisques frappés des rayons du soleil.

---

(1) St-Clément d'Alex. *strom.* III. Porphyr. *abstin.*

Sans renoncer aux femmes, nous n'en admettons aucune à l'étude de nos principes ; nos frères, les Brachmanes et les Samanéens, fuient tous le commerce avec le second sexe, mais ils souffrent qu'il participe à leur genre de vie, si austère et si au-dessus de la fragile organisation d'une femme.

PYTHAGORE. Se laissent-ils voir par les étrangers ?

YARBAS. Parmi eux, la secte des Hylobiens est la plus accessible. Ceux-ci sont voisins de notre territoire.

PYTHAGORE. Ils recevront ma visite.

YARBAS. Ce n'est pas ainsi qu'en agissait leur fondateur. Toute sa vie, Budda fit un mystère de sa doctrine au peuple et aux femmes, même à ses disciples ; ce ne fut qu'à sa mort que ces derniers seulement surent sa pensée.

PYTHAGORE. C'est bien tard.

YARBAS. « Imitez votre maître, leur dit-il, j'ai gardé pour moi seul la vérité tant que j'ai vécu. Il y avait du danger, et pour elle et pour moi. En ce moment, je puis enfin parler ; je n'ai pas droit d'emporter la vérité dans ma tombe ; je vous la confie, avant de vous quitter. En deux mots, la voici ; il n'y a rien de réel au monde que la vertu. Tout le reste, même les Dieux que j'ai prêchés à la multitude, ne sont rien. J'ai toujours professé ces principes, en les déguisant sous les couleurs fausses de l'allégorie. Le trépas lève tous les voiles ; il délie ma langue et ma pensée... En vérité, je vous le dis, des trois cent trente millions de Divinités, tant supérieures qu'inférieures, je n'en reconnais qu'une seule de réelle, la Vertu ».

Nous aimons à rendre hommage à Budda ; il méritait d'être lui-même honoré comme un Dieu, pour avoir dit que nos ames sont des parcelles de l'ame générale, comme nos corps sont des parties de l'univers (1).

PYTHAGORE. N'est-ce point Budda, dont la mère fut toujours vierge (2) ?

YARBAS. Il laissa courir sur sa personne ce conte absurde, et ne le démentit qu'à ses derniers momens. Cette fable indécente lui valut une grande considération.

PYTHAGORE. Yarbas, quand donc pourra-t-on rendre un culte à la vérité, ailleurs que sur les tombeaux ?

YARBAS. La vérité, sans doute est utile, nécessaire aux hommes ; mais peut-être l'est-elle moins aux habitans de l'Inde qu'à tout autre peuple. Un heureux instinct, préférable peut-être à la raison la plus éclairée, les guide paisiblement par une pente douce. Il est telle peuplade dans l'Inde, qui pourrait se passer de lois ; pourvu qu'on ne la troublât point dans ses habitudes innocentes. L'Indus et le Gange renferment, dans l'espace qui les sépare, des nations qui sont plutôt de nombreuses familles, nées pour le calme, et n'ayant d'industrie que celle indispensable pour user des bienfaits de la nature ; exemptes d'ambition, ennemies de la guerre, elles ont horreur du sang, et consentent à passer pour

---

(1) Brucker. *hist. philosophiae. in-*4°.
(2) Cœlius Rhodiginus. IV. 1. Hieronym. *adv. Jovian.* II. 14. Clém. Alex. *Strom.* I.

n'avoir point d'énergie, plutôt que de se faire un nom par des meurtres. Le premier conquérant qui se présentera sera leur maître ; que leur importe ! ils ne changeront pas de caractère pour cela ; ils continueront à cultiver leurs terres, et à payer leur tribut, s'apercevant à peine s'ils ont changé de sceptres. De telles mœurs désarment nécessairement le vainqueur le plus féroce : et c'est ainsi que nos Indiens survivront à leurs conquérans, et traverseront les siècles, sans trop se ressentir des vicissitudes politiques.

Yarbas mit un terme à notre entretien, en me disant : « Aime toujours, par tout et pardessus tout la vérité : en elle, résident la sagesse et le bonheur. Principalement, aime et pratique la vertu pour elle seule (1).

Si tu veux descendre aux accessoires, adresse-toi à quelques-uns de nos Brachmanes ».

Sur mes instances vives et réitérées, ceux-ci me déroulèrent le volume des *Paroles secrètes* dont ils sont dépositaires, et qu'ils renferment dans une roue astronomique recouverte d'un voile. Le chapitre sur Dieu n'est pas long. Il consiste en un triangle (2), tracé dans un cercle. Le traité de la création n'offre à la lecture et à l'étude que l'image des doubles parties sexuelles. On s'en sert encore pour définir Dieu.

Le simulacre des organes générateurs de l'homme et de la femme se trouve reproduit

---

(1) Textuellement, *renonce aux fruits des oeuvres.* *Bhaguat geeta. disc. prélim.* §. XLII. c'est-à-dire, agis bien sans intérêt.

(2) *Hist. du christian. dans les Indes.* VI.

dans le sanctuaire impénétrable du temple des Gymnosophistes : une lampe à sept lumières brûle sans cesse devant ce symbole de la nature divinisée.

Je lus, ou plutôt on me traduisit en langage vulgaire, que ce Dieu (l'organe générateur) est le père (1) et la mère (2) des hommes et de toutes choses.

Pour donner au peuple une idée sensible de l'incommensurable nature, je lus qu'il faut compter sept mondes principaux supérieurs, sept mondes principaux inférieurs. Chacun de ces mondes n'offre pas moins de cinquante *quadrillions* d'heures de chemin à parcourir. Ils sont habités chacun diversement.

Le second de ces mondes est celui des hommes.

Le quatrième est consacré aux Dieux : on en compte dix millions multipliés par trente-trois. Le silence le plus profond est l'acte d'adoration qu'ils préfèrent à tous les autres cultes (3).

On passe de l'un à l'autre de ces mondes séparés par des mers d'eau, d'air, de lait, de miel, et d'un liquide plus doux encore, exprimé des roseaux (4).

Pour faire comprendre au peuple ce que c'est que l'éternité, je lus :

« Plusieurs mille clins d'œil (5) font une heure.

---

(1) *Generandi vim activam.*
(2) *Principium generationis passivum.*
(3) Holwell. p. 122. seconde partie.
(4) Le sucre.
(5) Chez les Brachmanes, *les clins d'oeil* étaient les premiers élémens du calcul de la durée du temps.

Trente jours forment un mois : et douze mois composent l'année.

Le premier et le plus ancien de tous les mondes a duré cent quarante millions d'années.

Le monde où nous vivons est âgé de trente-neuf mille ans. Lorsque la somme des durées de tous les mondes aura parachevé vingt-huit révolutions, le total de toutes ces sommes sera un clin d'œil de l'être universel, père et mère de toutes choses.

Ainsi passeront les temps anciens et les temps à venir. Celui qui coule amena avec lui les sermens et les mensonges. C'est un mélange de biens et de maux. Il y a bientôt trois mille années ordinaires qu'il dure.

Tout ceci est tiré, à l'aide de la mémoire, du grand livre de la loi ancienne, perdu depuis une époque immémoriale ; et ce grand livre renfermait précisément ce que l'homme est le plus curieux de savoir.

Mais pour y suppléer, l'Inde a les livres sammanéens, où sont contenues plus de soixante sciences ; l'astronomie en est une, et l'une des mieux traitées.

Les interprètes ou les gardiens de ces livres, sont les plus austères d'entre les Gymnosophistes. Ils ne disent, ils ne font, ils ne possèdent rien de superflu. Boire dans le creux de leurs mains, est un de leurs préceptes domestiques.

Le plus remarquable et le moins volumineux des livres sammanéens, est celui qui traite de la félicité de la vie. On y prouve, on y démontre que l'homme peut vivre heureux, sans le secours des religions ; qu'il se borne à la pratique des vertus ! C'est presqu'un outrage que de saluer du titre de *prêtres* les Gymnosophistes indiens de cette secte.

Les partisans de cette doctrine professent en effet plus que de l'indifférence pour le culte divin; mais en même temps, ils se font remarquer par une grande régularité de mœurs.

Il est un autre livre sammanéen, dont on interdit la lecture, même aux premières castes; c'est la production d'un Sage, laboureur par état. Après avoir médité sur les merveilles de la nature, en cultivant l'héritage de ses pères et de ses enfans, il conçut l'idée d'un volume enseignant la non-existence des Dieux, et le moyen très-facile de s'en passer. Il estime que l'universalité des choses étant composée d'êtres sinon tous semblables, du moins tous égaux, ce serait rompre cette loi générale de l'égalité, que d'admettre des êtres divins supérieurs au reste. Il n'y a point de différence entre ce qui existe et ce qui existe, entre un éléphant et le ciron qui se loge dans sa trompe, entre Darius et son cheval; ce sont des êtres aussi parfaits l'un que l'autre, chacun dans son espèce.

La doctrine de ce sage, que le timide Confucius traite de barbare, fait tacitement loi pour un grand nombre d'Indiens. Ce législateur rustique tint école pendant quarante-neuf années, sous différens noms, et sous plusieurs voiles; mais il se ménagea assez de temps, avant de mourir, pour s'expliquer une fois en sa vie avec toute franchise. Ce ne fut qu'alors qu'il permit à ses disciples de choix, de fixer ses dernières paroles sur des feuilles de palmiers.

On y lit en toutes lettres :

« La matière première est le principe et la fin de tous les êtres. Tout est en elle ; hors d'elle, il n'y a plus rien ».

On lui demanda un jour : « Pourquoi n'admets-tu pas un Dieu ? »

Il répondit : « La matière occupe toutes les places ; je ne saurais où le mettre ».

A ces différens traits, je reconnus sans peine un imitateur de Budda. Ce sage a fait tout à la fois école et culte ; par une bizarrerie qui n'étonne pas, pour peu qu'on ait étudié l'ame humaine, celui qui ne croyait point aux Dieux pendant sa vie, le devint après son trépas.

Je lus dans ces mêmes livres une prière astronomique, à l'usage de la multitude. Un Indien, de la caste du soleil, en est l'auteur.

« ... Dieu, qui es la haute racine de toutes choses, et qui résides au-dessus des nuées (1), nous t'adorons ! A tes quatre côtés, nous honorons tes huit fils bien-aimés qui en produisent seize autres (2). Nous honorons tes cinquante-deux filles qui sont sœurs (3) ; nous honorons aussi les puissances célestes qui président au tonnerre, et les astres conducteurs qui surveillent la vie et les besoins de l'homme. Dieux très-hauts ! que votre lumière nous accompagne en tous lieux, pendant les heures du jour et pendant celles de la nuit ! Réglez nos travaux sous tous les climats ; et que cette invocation soit pour nous, comme l'eau du printemps pour les campagnes ! »

---

(1) Le soleil.
(2) La rhombe des vents.
(3) Les semaines de l'année.

Cette invocation est accompagnée de danses analogues, exécutées, non par des vierges, mais par des filles vouées au public (1). Elles figurent la marche plus ou moins rapide des planètes fixes et des étoiles errantes, comme à Héliopolis, mais avec bien moins de précision et de solennité.

Ainsi que l'Egypte, l'Inde célèbre tous les ans la fête du soleil et du Gange (2). Celles de ces solennités qui ont lieu pendant la nuit, sont remarquables en ce que les danseuses exécutent les mouvemens les plus prompts, sans répandre l'huile de plusieurs petites lampes placées sur leur tête. Cette *danse des lampes*, fort ancienne aux Indes, est déjà connue dans l'Ionie (3); mais l'esprit de la fête n'y est point passé.

Il est une sorte de sages près du Gange (4), qui n'écrivent jamais, et ne lisent point; ces hommes doutent de tout, excepté de ce qu'ils voient et de ce qu'ils palpent eux-mêmes. Ils dédaignent la renommée, comme chose trop peu certaine et sujette aux événemens. Etrangers aux révolutions politiques, ils ne s'occupent que d'eux et de leur famille, et se maintiennent neutres pour tout le reste. Ils vivent à l'écart, dans le sein des forêts (5), et ne travaillent que pour exister. On les rencontre assez souvent plongés dans la méditation le long des fleuves (6).

---

(1) Les bayadères de l'Inde, surtout celles de Surate, leur ont succédé.
(2) Abrah. Roger. p. 226.
(3) Voy. le rhéteur Alciphron, *lettres grecques*.
(4) *La porte ouverte* de Roger. IV. p. 1.
(5) Herodot. III.
(6) *Idem*. VI.

Les *Paroles secrètes* renvoient souvent à l'école de ces sages qui ont beaucoup d'affinité avec les Hylobiens.

On me montra dans ces volumes sacrés un hiéroglyphe qui se rapproche, pour le sens, du serpent d'Égypte, mordant sa queue : c'est un enfant assis qui joue, en introduisant dans sa bouche le gros orteil de son pied gauche (1). Image sur les bords du Gange, comme sur ceux du Nil, de l'éternité de l'Univers.

Aux Indes aussi, comme en Égypte, je lus que Dieu est l'ame de tout (2), le Tout lui-même (3) ; il est la grande octave, ou l'ame des huit mondes : opinion qui rappelle le savant systême des Caldéens (4).

Ces mêmes livres secrets parlent d'une divinité mère, d'une femme qui accoucha et des Dieux (5), et des hommes et de toutes les autres choses. Ils la nomment *puissance suprême, parachatti* : C'est encore la nature.

Les épouses enceintes l'invoquent tous les matins et tous les soirs. On leur fait prononcer son nom avec le plus de force possible, au moment de l'accouchement. Parachatti, leur dit-on, a l'ouïe dure. Une plus prompte délivrance est pour l'ordinaire le résultat heureux de ces violentes exclamations.

Le volume des peintures de la parole secrète offre encore un tableau qui me parut digne d'être médité. Représentez-vous, mes chers

---

(1) Abrah. Roger. *la porte ouverte.* p. 141.
(2) *Idem.* note à la page 142.
(3) *Idem.* p. 147.
(4) *Idem.* p. 148.
(5) *Lettres édifiantes.* IX<sup>e</sup>. recueil. p. 8.

disciples, dix vases d'argile et remplis d'eau (1), réfléchissant le soleil qui luit au-dessus (2); en sorte que cet astre est multiplié autant de fois qu'il y a de vases (3).

On m'en donna plusieurs explications qui rentrent l'une dans l'autre :

« La nature se modèle dans ses ouvrages; ou bien l'homme et les autres œuvres sont formés à l'image de la nature: ou bien encore : le tout et ses parties se ressemblent ; ils ne diffèrent que du plus au moins ».

Voici une autre page de ce livre de la parole secrète : « Mortels! ne vous ebutez point dans vos grandes entreprises. Rappelez-vous donc que, seulement pour faire l'homme (4), Brachma s'y prit à trois fois : deux fois le limon de la terre lui échappa des mains.

Mortel, sois sage (5)! Le sage, à lui seul, a autant de force que dix mille éléphans.

Il est parlé dans ce volume d'une ancienne fête de l'agneau ou solaire, à l'approche du premier des astres au signe du bélier. Les Brachmanes étouffent le jeune quadrupède, en s'écriant par forme d'invocation: *Soleil! Soleil! sois le sauveur du monde et de l'année.* Puis, on dépèce la victime en douze parts ; autant qu'il y a de mois.

On y recommande la célébration d'une autre solennité, bien plus importante et profitable. Tous les ans, le soir d'un jour marqué, les

---

(1) Expression numérale indéfinie.
(2) *Lettres édifiantes.* IX<sup>e</sup>. recueil. 1711. *in-12.*
(3) *Symb. des Brahmes.* Sonnerat, *voy. aux Indes.*
(4) *Lettres édif.* IX<sup>e</sup>. recueil.
(5) *Bagavadam.* V.

peuples de l'Inde sont invités à se rendre par famille sur les rives du Gange, ou sur les bords de toute autre rivière, si l'on se trouve trop éloigné du fleuve saint. Là, le chef de chaque famille déclare tout haut les fautes commises pendant l'année par ses enfans ; il prie le soleil et ses compatriotes de les leur pardonner, promettant bien de les éviter à l'avenir. En prononçant cet aveu, il plonge une conque dans le fleuve, la remplit d'eau qu'il verse sur sa tête et sur celle de toute sa famille. Les assistans terminent la fête, en se pressant dans les bras les uns des autres.

Je finirai l'analyse du volume des paroles secrètes écrites, en rapportant l'opinion des Brachmanes sur les ames : ils prétendent qu'elles ne sont autre chose que les germes ou les semences des êtres.

Cette assertion hardie me semble avoir de la profondeur, et me plaît par sa belle simplicité. Ils disent aussi : « L'ame est Dieu (1). »

Je m'étais promis d'aller à la découverte d'un Hylobien. Les gymnosophistes de cette secte vivent errans à quelques mille pas de Brachmé, dans des lieux déserts (2). Après plusieurs jours de fatigue vaine, j'en rencontrai un.

PYTHAGORE. Sage ! je viens à toi de bien loin, pour apprendre à me conduire parmi les hommes (3).

---

(1) *Symbole des Brahmes*, dans le *voyage* de Sonnerat aux Indes. III. 14.

(2) Herodot. III. 100.

(3) On distinguait deux sectes principales de Gymnosophistes : les Brachmanes et les Hylobiens ; ceux-ci fuyaient le commerce des hommes.
Strabo. *geogr.* XV.

L'Hylobien. Je t'apprendrais plutôt à t'en passer.

Pythagore. Avant de les fuir, tu les as connus.

L'Hylobien. Beaucoup trop pour leur honneur.

Pythagore. Tu as pris une résolution bien extrême, ce me semble.

L'Hylobien. Toute simple, au contraire. Un véritable Brachmane (1) hylobien est un homme qui sait se suffire et vivre avec lui seul. Faut-il tant d'efforts pour cela ? Te sentirais-tu d'humeur à passer ainsi sur la terre le moment de ton existence ?

Pythagore. Pas encore.

L'Hylobien. Tu estimes donc assez les hommes pour ne pas craindre de vivre parmi eux impunément ? Eh bien, restes-y. J'ai fait mon devoir en t'avertissant du danger. Adieu.

Pythagore. Permets....

L'Hylobien. Que me veux-tu de plus ?

Pythagore. Te rapprocher de nos semblables pour les rendre meilleurs.

L'Hylobien. Dis plutôt, pour me rendre pire.

Pythagore. La nature ne nous enjoint pas, quand elle nous place sur ce globe, d'y demeurer isolés.

L'Hylobien. Elle n'a pas dit aux hommes plus qu'aux éléphans : « Vous vivrez en foule, pour vous corrompre plus vite par le contact ».

---

(1) *Brachmane*, ou *Brame*, vient du mot *brum*, qui, dans la langue savante des Indes, signifie un homme éclairé, prudent, qui sait se conduire lui-même.
Deslandes, *hist. crit. de la philosophie*. tom. I. p. 96.

PYTHAGORE. Quel bien faites-vous sur la terre ?

L'HYLOBIEN. Si le bon exemple est un bien, nous nous flattons d'être utiles. En nous prenant pour modèles, les hommes auraient, si non plus de lumières, du moins plus de bonheur.

PYTHAGORE. Quelquefois ne vous repentez-vous pas du parti que vous avez embrassé ?

L'HYLOBIEN. Puisque nous y tenons.

PYTHAGORE. La crainte de passer pour inconstans....

L'HYLOBIEN. Que nous importe ce qu'on peut dire de nous ! Les échos de la société civile ne nous affectent pas plus que ceux de nos solitudes.

PYTHAGORE. Ce doit être une profession bien pénible, que celle de haïr les hommes.

L'HYLOBIEN. Je ne les hais point; je les fuis.

PYTHAGORE. Le Gange n'est un fleuve bienfaisant que par la réunion de tous ses flots en un seul courant; il en est de même de l'espèce humaine.

L'HYLOBIEN. Pas tout-à-fait ; assurément les eaux de l'Euphrate sont plus innocentes que les habitans de Babylone.

PYTHAGORE. Dans le monde, on suppose aux Brachmanes hylobiens plus d'amour pour la singularité que pour la sagesse.

L'HYLOBIEN. A la bonne heure ! la vérité est qu'il n'y a dans notre genre de vie ni sagesse, ni singularité, mais seulement de la prudence.

PYTHAGORE. Et depuis quand les Hylobiens forment-ils bande à part ?

L'HYLOBIEN. Nous l'ignorons, ne tenant

point registre du nombre de nos jours. Nous n'avons et ne consultons aucun calendrier, pas plus que d'autres livres; ingénieuses superfluités! Le soleil est notre seul maître de chronologie; enfin nous nous faisons une loi de n'avoir rien de commun avec les usages de la société civile à laquelle nous avons renoncé.

PYTHAGORE. Quoi! vous ne laissez sur la terre aucune trace de votre existence?

L'HYLOBIEN. Pas plus que la nacelle qui sillonne l'Euphrate. Les hommes les plus affamés de réputation, avec tous leurs efforts pour en obtenir une, et la rendre durable, ne sont guère plus avancés que nous. Qu'est-ce que plusieurs siècles de renommée, quand on pense au temps sans bornes?

PYTHAGORE. Êtes-vous beaucoup?

L'HYLOBIEN. Peu; si nous étions beaucoup, nous cesserions bientôt d'être ce que nous sommes. Beaucoup d'hommes, même de sages, entassés dans la même enceinte, nécessairement deviennent peuple tôt ou tard; dès lors ils ont besoin de lois et de rois, ou de magistrats. Le beau spectacle que celui d'un troupeau d'hommes sous la verge d'un ou de plusieurs de leurs semblables! C'est ce que nous avons prétendu éviter, en nous isolant. Toujours le sage, ou celui qui veut le devenir, préférera la solitude à la multitude.

Tu ne te soucie donc point d'être *Sannyasée* (1)?

PYTHAGORE. Je voudrais pouvoir faire marcher de front, et sur la même ligne, la pensée et le mouvement, la méditation au sein des

---

(1) En langue samscrite, veut dire *solitaire*.

déserts, et l'observation au milieu des peuples. Je pense qu'il n'est pas impossible d'être seul parmi la foule.

L'Hylobien. Vis dans le bruit; moi, je préfère voir s'écouler paisiblement les six saisons de chacune des années de ma vie (2). Je persiste à demeurer ici, loin des hommes, et impassible, comme la froide montagne *Héemalay* (2). Adieu ! sois sage et bon, autant qu'on peut l'être parmi les insensés et les méchans !

## §. CXV.

*Bûcher d'un Gymnosophiste. Pythagore et Confucius.*

L'événement dont Yarbas m'avait prévenu, se préparait dans *Brachmé* (3), et déjà le jour en approchait. La surveille, nous vîmes accourir un grand train de chars, de chevaux et d'hommes venant de la Perse. Ils étaient chargés de présens pour les Gymnosophistes. Je reconnus bientôt Sisimethrès, porteur d'une missive du roi Darius à Yarbas, et accompagné de Zoroastre lui-même. Je ne m'attendais pas à ce dernier incident. Zoroastre avait près de lui Ostane, le premier de ses disciples, et Sylax géographe (4) carien, chargé de recon-

---

(1) Les Brachmanes et le peuple indien aussi divisaient l'année en six parties de deux mois chacune.

(2) Monts couverts de neige, servant de limite à l'Inde et à la Tartarie.

(3) Aujourd'hui *Canje-Varam*, selon les conjectures savantes de Darville. *géogr. de l'Inde.*

(4) Herodot. IV.

naître le pays, pour faciliter une invasion projetée par le fils d'Hystapes.

Cette brillante ambassade sollicitait une prompte audience. Elle lui fut accordée pour le soir du sur-lendemain, dans la place publique du chef-lieu des gymnosophistes, sur la rive du Gange. Un bûcher prêt à être allumé s'élevait au milieu. Autour, on pratiqua des gradins circulaires, sans aucun emplacement distingué. On s'assembla, sans tumulte, au son d'une cloche (1). Le concours des assistans était prodigieux. Jamais la petite ville de Brachmé n'avait donné asile à tant de monde à la fois. Outre l'ambassadeur de Darius et sa suite, Zoroastre avec des Chaldéens et des Mages, une foule de Samaméens et de Brachmanes, invités par les gymnosophistes, s'étaient empressée de s'y rendre aussi. Plusieurs milliers d'Indiens attirés par le double spectacle qu'on avait annoncé, accoururent de toutes les régions les moins éloignées du Gange. Tous les gymnosophistes se réunirent, de leur côté, assistés de trois mille Gangerides; peuplades, au-delà du fleuve dont elles portent le nom avec orgueil; ils avaient voulu composer une garde aux sages de Brachmé, et étaient venu montées sur leurs éléphans qui restèrent aux portes de la ville.

Yarbas donna au plus jeune de son école la lettre que Sisimethrès lui avait remise de la part du roi persan. Le jeune disciple s'approcha d'un flambeau, le seul qui éclairait cette vaste scène, et qui ne devait servir qu'à mettre le feu au bûcher. On fit un grand silence,

---

(1) Porphyr.

pour ne rien perdre de la lecture de cette missive inattendue. J'étais derrière Yarbas avec mes trois compagnons de voyage.

*Darius, fils d'Histapes, roi des Perses, Au sage Yarbas, et à tous les Gymnosophistes.*

« Elu par la nation persane pour occuper le trône du grand Cyrus, après la mort précipitée de Cambyse, son successeur, je ne puis commencer mon règne sous de plus heureux auspices qu'en rendant un tribut d'hommage aux gymnosophistes du Gange. Le choix d'un grand peuple honore sans doute ; le suffrage d'un petit nombre d'hommes éclairés est encore plus honorable. Je vous députe Sysimethrès l'homme le plus recommandable parmi les grands de ma cour, pour obtenir que plusieurs d'entre vous veuillent quitter pendant quelques mois vos retraites paisibles, et venir ajouter vos instructions à celles que Darius a déjà réclamées et obtenues de l'archimage Zoroastre. Un roi ne saurait s'entourer de trop de lumières. Il serait venu lui-même, si le soin de ses nombreux états, lui eût permis de s'en absenter. L'archimage Zoroastre s'est joint à la députation pour la rendre plus solennelle encore. Elève des gymnosophistes, il a saisi avec empressement cette occasion pour revoir ses maîtres, leur renouveller sa reconnaissance et leur proposer en son nom et au nom de Darius, un rapprochement entre deux doctrines dont la raison est la base commune. Et pourquoi la Perse et l'Inde ne se communiqueraient-elles pas réciproquement leurs lumières et leurs productions? Le successeur de

Cyrus et de Cambyse, l'héritier de la gloire et des forces de ces deux conquérans de l'Euphrate et du Nil, verrait avec peine les gymnosophistes se refuser à cette invitation, et en dissuader les peuples de l'Indus et du Gange. Darius ne leur dissimule même pas qu'il pourra bien se résoudre à venir pour leur réitérer cette juste demande, et même en cas de refus, pour l'appuyer au besoin, par ses armes toutes puissantes ».

Un moment de silence suivit cette lecture; bientôt il fut interrompu par le bruit sourd qui parut venir du côté des Gangerides, indignés des menaces qui terminaient la missive de Darius.

Yarbas prit la parole : « Toi, le plus recommandable des grands de la cour du roi des Perses, retourne dire à ton maître l'accueil fait à sa lettre par un peuple que Sésostris et Cyrus n'ont pu dompter. Le chef des gymnosophistes du Gange devrait, peut-être, borner là sa réponse; il veut bien pourtant ajouter quelques paroles. Sysimethrès, ton maître nous fait part de son avénement au trône de la Perse : Que nous importe ? Il reclame nos lumières : N'a-t-il pas celles des mages ? Il menace le Gange du joug imposé à l'Euphrate et au Nil : De quel droit ? Pourquoi vient-il à nous ? Nous n'allons point chez les rois; et nous n'en reconnaissons pas (1). L'égalité nous met dans l'indépendance. Notre seule loi est de ne point violer celle de la nature. Qu'y-a-t-il de commun entre le monarque de la Perse et les gymnosophistes de

---

(1) L'abbé Guyon, *recueil sur l'Inde*.

l'Inde ? Nous laissons les oiseaux voler tranquillement dans les airs, les animaux se promener dans les campagnes, les poissons nager dans le sein des eaux : Vient-on jusqu'ici pour troubler la paix des hommes ? Nous ne craignons ni le froid, ni le chaud, ni les torrens de pluie, ni les tempêtes, ni les princes mal intentionnés. Nous ne provoquons point les étrangers ; nous ne savons même pas manier les armes. La seule pensée d'un homicide nous fait frémir. Nous n'avons à combattre que la fortune ennemie ; mais ses coups portent à faux sur nous, attentifs que nous sommes à ne rien faire contre les destinées. Par quelles sortes de ravages les ancêtres de Darius ou ses prédécesseurs n'ont-ils pas désolé la terre ? dévorés d'avarice et d'ambition, que de sang répandu par leurs mains ou par leurs ordres ! Ils ont violé les tombeaux. On les a vu courir avec impétuosité vers l'endroit où le soleil se lève, comme pour l'arrêter de la main. Pas plus que soleil, nous ne craignons les invasions.

Contens de ce qui croît dans nos contrées, nous n'allons point chercher les productions d'un climat nouveau. Rien ne nous touche autant que ce qui nous est propre. Que Darius nous imite !

Zoroastre voulut parler.....

YARBAS. Quant à toi, te proposes-tu d'être le Cyrus, le Cambyse des législateurs ? Voudrais-tu conquérir et soumettre à ta loi l'Inde en-deçà et au-delà du Gange ? Tu n'y réussiras pas mieux. Nous ne te permettrons pas même d'ouvrir la bouche, puisque tu fais cause commune avec Darius, dans sa lettre.

Avant de vous congédier, recevez une dernière leçon dans la personne de l'un de nous. Des hommes, dans la balance desquels la vie et la mort sont de poids égal, ne se laissent pas facilement gagner, ou intimider ».

Zoroastre voulut encore parler: Yarbas lui ferma de nouveau la bouche, en disant : « Ancien disciple des gymnosophistes, faut-il donc te rappeler au devoir du silence ? Ecoute, observe et profite.

On amena une jeune Indienne qui venait de perdre son mari (1); parée de ses plus beaux habits et de guirlandes, accompagnée des parens de son époux et des siens qui portaient plusieurs torches résineuses allumées, elle s'avança vers Yarbas : « Chef révéré des gymnosophistes ! dit-elle, reçois ma déclaration de la ferme volonté où je suis de partager vivante le bucher qui va consumer et réduire en cendre les restes inanimés de celui qui partagea ma couche (2). Reçois en offrande ces deux enfans qui nous survivent; adopte-les; qu'ils retrouvent leur père en toi ! »

A peine eut-elle achevé son discours, un gymnosophiste, nommé *Hostanès* (3), vêtu d'une longue robe d'asbeste et portant à la main un flambeau allumé (4), s'avance à son tour vers Yarbas et dit : « Une loi du pays, injurieuse peut-être aux femmes (5), leur fait un devoir de cesser de vivre en même-temps que

---

(1) Quint-Curt, VIII.
(2) Properce, *élég*. III. 11.
(3) Barigny, *acad. des insci. hist*. tom. XIII. *in* - 12. p. 240.
(4) Ou *amiante*, lin incombustible.
(5) Casaub. *ad* Strab. XV. *geogr*.

leurs époux; une autre loi plus sacrée, puisqu'elle est plus raisonnable, lui sert de correctif : elle autorise un gymnosophiste (1) à racheter par son trépas volontaire celui de la veuve (2). L'infortunée courageuse ici présente est jeune, belle, fut toujours fidelle, et a deux enfans. Moi, j'ai vécu. Je suis seul sur la terre. L'âge m'y rend inutile. Bientôt j'y serai incommode. C'est à moi de mourrir.... à moins que Zoroastre, mon élève, ajouta Hostanès après un léger repos et avec un sourire malin, à moins que Zoroastre ne me dispute le mérite du sacrifice (3). Ce dévouement vaudrait bien tous les prodiges qu'il a déjà faits et tous ceux qu'il doit faire encore à la cour des monarques de Perse. Mais non ! Qu'il se conserve, pour confirmer à Darius la réponse de sa missive royale ! Des hommes qui ne redoutent pas la mort craignent encore moins les vivans. Adieu ».

En prononçant ces dernières paroles, il se

---

(1) Zarmanochegas repèta le même spectacle dans Athènes. On lui composa cette épitaphe :

*Cy gît Zarmanochegas*
*Indien,*
*Lequel,*
*Suivant la coutume*
*De père en fils, des Indiens,*
*De soy-même s'est immortalisé.*

Strabo. XV. *geogr.*

(2) Quand le mari meurt, la femme doit aussi mourir.
La porte ouverte d'Abrah. Roger. p. 121. *in*-4°.

(3) *Genus celebratas illic et propè in religionem versae, sapientiae deditum, voluntariâ semper morte vitam accenso prius rogo finit.*

Plin. *hist. nat.* VI. 19.

coupa les cheveux et la barbe, que lui avait demandés un ami, qui l'assistait à ses derniers momens; puis prenant dans le creux de ses deux mains réunies, de l'eau du Gange, il en fit une libation sur son bûcher. Ensuite, il embrassa étroitement Yarbas, ainsi que la veuve et ses deux enfans, qui l'appelaient leur second père, puisqu'il leur conservait une mère. Je le vis mettre le feu aux quatre angles du bûcher, et après en avoir excité la flamme avec un éventail de plumes, il y monta, et avant de s'y coucher, tendit, ironiquement, la main à Zoroastre, en lui disant : « Viens ici, prés de moi; il y a place pour deux mortels, qui tiennent plus à l'estime qu'à la vie...; du moins, emporte de ma cendre, que ce vêtement d'asbeste tiendra séparée de celles du bucher; fais-en part au roi de Perse; elle vous guérira, peut-être, de la maladie des conquêtes et des reformes ».

Il put à peine achever; la flamme, non pas la douleur (1), l'empêcha d'en dire plus. Il se coucha, s'étendit sur le bois incendié, et se laissa brûler ainsi, sans faire aucun mouvement, et gardant toujours la même attitude (2).

Sysimethrès, Zoroastre et leur suite, n'attendirent pas l'extinction du bûcher; ils profitèrent de l'ivresse universelle des assistans, pour sortir de l'enceinte, et se mettre aussitôt

---

(1) Quint-Curt. XIII. 9. Strabo. XV. *geogr.* Montaigne, *essais.* II. 29.

(2) Zenon disait ; « J'aime mieux voir un sage de l'Inde, quand il se brûle lui-même, que d'entendre des leçons philosophiques sur la constance ».

Clément Alex. *Ptolem.* II.

en route. Yarbas ne parut pas remarquer leur retraite à petit bruit, qui ressemblait à une fuite honteuse. Le chef de la nation gangeride ne les avait point perdus de vue un seul instant; il donna le signal à ses compagnons d'armes; ils montèrent leurs éléphans et allèrent se poster sur la route de l'ambassade, comme pour lui faire honneur; c'était pour dire à Sysimethrès : « Ton roi ne sait donc pas que la vue de nos seuls éléphans fit rebrousser chemin à ses ancêtres ; dis lui, qu'avant d'aller troubler la paix de nos Gymnosophistes, il nous trouvera sur son passage ».

Zoroastre parut moins intimidé de ces menaces que l'ambassadeur. Nous apprîmes qu'il obtint un succès brillant, avant de rentrer en Perse. Cent mille Indiens embrassèrent sa loi nouvelle (1).

Je séjournai quelque temps encore à Brachmé, après cette solennité singulière, et qui, renouvellée à différentes époques, imprime dans l'esprit du peuple une grande vénération pour les sages du Gange. Jadis on immolait tous les ans (2), un homme sur ses rives, en l'honneur du fleuve. Ils y substituèrent ce sacrifice volontaire.

Je leur rendis mes actions de grâce (3), ainsi qu'à mes trois compagnons de route, les mages d'Ecbatane.

C'est avec beaucoup de peine que je pus

---

(1) *Zend-avesta* d'Anquetil. tom. II. *in-*4°.
(2) *La porte ouverte* d'Abrah. Roger. p. 251. *in-*4°.
(3) Les Bramines ont conservé jusqu'à la mémoire de la visite qui leur a été rendue par Pythagore.
Paw, *recher. sur les Egypt.* p. 1. s. I.

obtenir quelques momens d'entretien avec Confucius, la veille de son départ pour retourner dans sa patrie. Il m'eût marqué moins de réserve, si je me fusse déterminé à en faire le voyage avec lui ; mais sa raison froide manqua de moyens pour me persuader. Il ne put me refuser ce peu de détails sur la situation présente de son pays.

C'est une vaste région, sous un climat plus propre peut-être à la sagesse que tout autre. Nous sommes très-anciens sur la terre, et nous ne comptons que trois législateurs de marque, Fohi, Yao, et Yu ; mais la cour des rois est une peste publique, qui corrompt les mœurs, à mesure qu'elles se régénèrent ; c'est toujours à recommencer.

Sans me perdre dans la nue, je crois avoir trouvé sous ma main un principe, simple comme la nature, et aussi fécond. A l'aide de ce principe, j'espère rendre un jour à ma patrie le véritable lustre qu'elle a perdu, et dont on ne sent bien l'absence, qu'après s'en être éloigné.

Je médite donc de donner pour base aux lois politiques l'autorité paternelle et le respect filial, et par la suite, substituer le culte des ancêtres à celui des divinités populaires (1).

Pythagore. Tu auras de la peine à faire revenir le peuple sur ses pas.

---

(1) On attribue au philosophe Confucius quatre livres qui sont d'une grande autorité parmi les Chinois. Dans les trois premiers, l'on ne trouve que l'athéisme ; car c'est le ciel qui y tient lieu de la plus haute divinité, et on n'y promet d'autre bonheur que dans cette vie.

*Dict. hist. litt. et crit.* par l'abbé Baral. 1758. in 8°. 6 vol.

Confucius. Je placerai son Dieu si haut, qu'il n'y pourra atteindre. Je diviniserai le ciel même (1) : mais en même-temps je rappellerai les Chinois aux sentimens les plus naturels du cœur. Placée entre ces deux objets, la multitude aura recours plus souvent à celui qui se trouvera plus près d'elle ; et il est possible qu'elle n'ait un jour d'autre culte que la piété reconnaissante envers les chefs de famille. C'est là le but où je vise.

Pythagore. Je t'en félicite, sans oser t'assurer du succès.

Confucius. Cette idée, que je crois grande, me concentre tout entier en moi ; je ne veux point lâcher prise ; je vais me renfermer pour la mûrir. Adieu.

§. CXVI.

*Voyage à la Taprobane. Topographie de cette île: Mœurs des insulaires.*

En côtoyant le Gange, je dirigeai ma route vers son embouchure, ayant pour guides quelques centaines de braves Gangerides, qui se retiraient chez eux, dans le voisinage de la mer des Indes (2). Ils me firent monter, par honneur, sur un superbe éléphant blanc, dans

---

(1) Les ouvrages mêmes de Confucius confirment le sentiment de ceux qui croient qu'il ne connaissait point de Dieu, puisque le suprême être, selon lui, est le ciel, le ciel matériel.

Laloubere prouve que Confucius n'avait point d'idée de la Divinité. *Voyage de Siam*. tom. I.

(2) Aujourd'hui le royaume du Bengale, dans le Mogol.

*Tome III.* P

la force de l'âge ; il n'avait qu'un siècle (1). Ils appellent *barro* ce puissant quadrupède (2), comme pour dire que c'est une tour ambulante.

Comme le Nil, le Gange se divise en plusieurs canaux, avant de se perdre dans les grandes eaux du golphe qui porte son nom. On m'assura de nouveau que le Gange et l'Indus étaient distans l'un de l'autre de cent mille pas d'homme, multipliés par trente (3).

Plusieurs de cette peuplade aguerrie, qui s'est dévouée volontairement au service des Gymnosophistes, témoins de l'accueil que j'en avois reçu, voulurent s'embarquer avec moi, et me servir de conducteurs jusqu'à la *Taprobane* (4), que je desirais connaître, d'après sa renommée ; ils ne me laissèrent manquer de rien ; l'ami de nos amis, me dirent-ils, sera toujours le nôtre. Tu ne parais pas être de ces hommes qui, parce qu'ils sont un peu plus savans que le peuple, le méprisent ou le trompent. Tu ressembles à nos pères adoptifs de Brachmé. Voilà comme il nous faut des prêtres et des magistrats. Chez eux, l'exemple est toujours à côté de la leçon ! ils sont nos yeux, nous sommes leurs bras : ils donnent tout leur temps à notre instruction ; tout notre sang est pour leur défense. Pourquoi n'en est-il pas de même par tout ?

---

(1) On porte la durée de l'existence de ce quadrupède jusqu'à trois cents et même cinq cents ans. Les historiens naturalistes s'accordent à leur donner au moins deux cents années de vie. Strabo. XV. *geogr*. Diod sic. II. *bibl*.
(2) Hadr. Relandi *dissert*. pars I. 1706. *in*-8°.
(3) V. les *tabl. théodosiennes*, et Plin. liv. VI *h. nat*.
(4) Aujourd'hui *Ceylan*. *Sumatra*, selon d'autres.

Ils m'obligèrent à passer quelques jours parmi eux, et ce ne fut pas un temps perdu pour moi. Peu de nations me parurent plus estimables que les Gangerides (1); ils ont, en temps de paix, les mœurs aussi douces, qu'elles deviennent âpres et fières quand ils sont sous les armes. Les habitans de l'Ethiopie ont le teint brûlé par le soleil; ceux de cette extrémité de l'Inde sont tout-à-fait noirs, à cause de l'ardeur plus grande encore des rayons du grand astre.

Ils professent plusieurs états ; les uns font le commerce, les autres cultivent. La caste qui jouit de plus de considération, après les Gymnosophistes, est celle des Gangerides, dompteurs d'éléphans. Ce quadrupède est toute la force et toute la richesse de l'Inde. On n'y connaît presque pas d'autre bétail ; il sert à l'agriculture, aux voyages, principalement au combat. Il est le gardien des limites du pays. L'importance qu'on attache aux éléphans, si utiles, rejaillit sur la personne de l'indien qui les chasse, les dompte, les élève et les dresse, et même leur fait labourer ses champs (2). Ils me servirent de monture jusqu'à la mer.

Avant de nous quitter, les Gangerides me proposèrent de visiter ensemble la Chersonèse d'or (3), presqu'île au-delà du Gange, où les Indiens font leur plus riche négoce. Je leur dis : « Laissons faire ce voyage aux traficans de profession ».

---

(1) Plin. *hist. nat.* liv. VI.
(2) Plin. *hist. nat.* VI. 19.
(3) Ptolémée. VII. 2.

La côte de l'Inde présente au navigateur peu d'objets remarquables. Quelques montagnes dont la base descend jusqu'à la mer, des promontoires, des fleuves, où l'on pêche avec abondance le coquillage qui donne la perle; des bourgades, qui n'ont un nom que pour les habitans, et dans le pays.

La plupart de ces peuples maritimes ensevelissent leurs morts dans les flots de la mer (1). Cet usage excita ma surprise : on me répondit : d'où provient ton étonnement ? rien de plus naturel ! les poissons servent de pâture à l'homme ; pourquoi l'homme, à son tour, n'en servirait-il pas aux poissons ?

Je ne répliquai rien à ce raisonnement.

Le rivage, quand on approche du promontoire *Comaria* (2), dans le golphe de Colchide, est connu sous la dénomination de *Colimbesis pinici*.

La seule chose digne d'observation dans ce voyage, est la forme des bâtimens sur lesquels on navigue. Pointus devant et derrière, ils n'ont point de poupe ; tout autre navire ne pourrait manœuvrer : ceux-ci sont fort légers, étant construits avec du papyrus (3), comme les nacelles du Nil. On ne tient la mer dans ces parages que trois ou quatre mois de l'année, et on se dirige à l'aide de certains oiseaux, qu'on lâche de distance en distance ; on suit leur vol, quand on veut toucher terre. Aussitôt que le soleil est entré dans sa maison du cancer, toute navigation cesse

---

(1) Strab. *geog.*
(2) Le cap *Comorin*, *sinus Colchious*, aujourd. *Kilkar*.
(3) Plin. *hist. nat.* VI. 22.

et reste pendant cent jours dans une inaction complète.

Nous touchâmes à l'île *Colis*, avant d'aborder la Taprobane, qu'on m'avait annoncée comme l'entrée d'un autre monde (1), habité par des *antichthones*, des peuples en opposition de mœurs et de pays à ceux de notre hémisphère (2). Ce n'est qu'une grande île, couchée dans la mer en-deçà de l'Inde, et tournée vers la terre d'Afrique.

Colis (3), entre la Taprobane et la terre indienne, est l'île du soleil, à cause d'un temple à ce premier des Dieux de l'astronomie. On rencontre près d'elle un banc de sable, dit *le pont du Père* (4), ou *du premier des hommes* ; il peut servir à passer du continent dans la grande île. Le continent indien, vis-à-vis la Taprobane, est habité par la nation des *Calinges* (5) ; l'extrémité de leur vaste territoire est remarquable par le promontoire des palmiers. Dans tous ces parages on ne peut atteindre le fond de la mer (6).

Notre barque mouilla dans une superbe rade, voisine d'*Uranogrammum*, cité royale des insulaires, qui nous ayant aperçus, accoururent pour nous aider à venir à bord. Ils étaient tous de haute taille (7), extrêmement souples de corps ; leurs membres sont musculeux, et toute leur force semble être dans

---

(1) Plin. *hist. nat.* VI. 22. Danville, *geographie anc.*
(2) Antipodes.
(3) *Koël*, en indien.
(4) Les voyageurs modernes disent : *le pont d'Adam*.
(5) Ælian, *hist. anc.*
(6) Plin. *hist. nat.* VI.
(7) Diod. sic. liv. II. *bibl.*

le poignet. Sur leur peau bazanée et lisse, ils ne conservent de poils qu'à la tête et au menton. Leur langue, disent-ils eux-mêmes, fendue dans toute sa longueur, jusqu'à la racine, a la faculté d'articuler les syllabes de toutes sortes d'idiomes, et de rendre tous les sons, même le chant et le cri des animaux. Ce n'est sans doute qu'un symbole, une manière d'exprimer la volubilité de leurs paroles.

Il respirent un air pur et tempéré. La Taprobane n'éprouve ni les rigueurs de l'été, ni celles de l'hiver. Elle ne connaît que deux saisons, le printemps et l'automne. Les jours, pendant toute l'année, sont égaux aux nuits, et le soleil à midi, n'y donne presque jamais d'ombre.

Ce peuple insulaire, est divisé en tribus de trois cent soixante personnes chacune. Chacun vit dans sa tribu. L'entretien de l'existence ne leur coûte pas beaucoup de travaux ; la bonté du sol répond à la clémence du ciel, et produit au-delà du nécessaire, sans un surcroit de peine.

Une espèce particulière de roseaux sert de base à leur nourriture. Plongé dans de l'eau tiède, il y acquiert le volume d'un œuf de pigeon ; broyé dans les mains, on le cuit ensuite ; il en résulte une pâte qui a beaucoup de saveur.

Je reconnus dans cette île le végétal qui produit le *cinnamome* (1). Cette précieuse écorce de bois (2), est la seconde d'un arbre grand comme nos oliviers, et qui donne un

---

(1) La cannelle.
(2) Notes de Camus sur l'*hist. des anim.* d'Aristote.

fruit de la forme de nos petites olives. Sa feuille me rappela celle de l'arbre d'Apollon (1).

Les végétaux aux pommes d'or (2) y sont très-multipliés, et leur fruit est d'un suc exquis.

Je me promenais sur la rive d'un petit fleuve; un caillou orbiculaire (3), de la grandeur d'une obole d'Athènes, lisse, d'une teinte brune et reluisante, frappa mon œil observateur; sa forme et sa pureté méritèrent mon attention. Je le posai sur ma langue, et le trouvai sans saveur; il ne fit pas plus d'impression sur mon odorat. Après une légère friction avec la main, je vis cette pierre (4) attirer à elle tous les petits corps environnans, un fétu, de la poussière; je voulus réitérer l'expérience; ce même caillou me parut réunir en même-temps une propriété contraire; je le vis repousser les mêmes atômes. Mes chers disciples, tout est prodige et mystère dans la nature. J'emportai cette pierre, et je la laisserai dans mon école, pour être étudiée moins infructueusement par mes successeurs.

Les Taprobains s'adonnent avec zèle aux arts et aux sciences, principalement à l'astronomie, dont ils ont fait l'application à leur écriture; ils ont imaginé autant de sortes de caractères qu'il y a de planètes; disant que le ciel est un livre, le plus beau que l'œil mortel puisse étudier. Chacun de ces sept caractères

---

(1) Le laurier.
(2) Les orangers.
(3) *Hist. acad. des sciences de Paris.* 1719. *in*-4°. p. 7 et 8.
(4) C'était un petit aiman naturel.

a quatre positions différentes, de même qu'il y a quatre points cardinaux dans la sphère ; ce qui donne vingt-huit noms de lettres, autant que la lune exige de jours pour sa révolution ; ils conduisent leurs lignes d'écriture, non de gauche à droite, comme les Grecs, mais de haut en bas, en forme de colonne, pour marquer, disent-ils, l'influence des signes célestes sur la terre qu'ils habitent.

J'observai l'état du ciel dans cette île ; on n'y voit point l'ourse, ni plusieurs autres des constellations qui luisent aux yeux des habitans de la Grèce et de l'Italie.

Cent cinquante années est la mesure de la vie dans la Taprobane, et cette longue durée est ordinairement exempte de maladies et de caducité. Les vieillards y sont droits, et marchent d'un pas ferme, sans avoir besoin d'appui.

Santé robuste et beauté du corps, sont l'apanage de ces heureux insulaires.

Je les en félicitais, ils me répondirent : « Il nous en coûte quelque sacrifice ; nous immolons nos enfans mal conformés en naissant, ou qui le deviendraient.

Mais c'est une barbarie, m'écriai-je.

Un Taprobain. Non ! ne vaut-il pas mieux rentrer dans le néant, que de vivre pour souffrir ; ils maudiraient les auteurs et le jour de leur naissance. Une propagation sans choix ne fait point honneur à l'espèce humaine, et n'est point une prospérité.

Jaloux de n'exposer en la présence du soleil que des êtres dignes de ses rayons, nous prévenons aussi l'instant de la décrépitude. Un soir, nous nous couchons sur un lit d'herbage qui a la vertu d'endormir pour toujours ; c'est le baume de la vie, quand elle cesse d'être un bienfait de la nature.

La privation de nos enfans nés malheureusement nous est d'autant moins sensible, qu'un père ne peut reconnaître le sien dans cette île où les femmes n'appartiennent à personne exclusivement. Ce sont des fleurs dont chacun de nous peut respirer le parfum à son tour; et l'éducation est basée sur ce mode des unions. Les enfans, fruits de la volonté commune, sont élevés en commun, et n'ont d'autre famille que la patrie, d'autre toit natal que le gymnase public (1).

Pour prévenir toute prédilection, les mères elles-mêmes méconnaissent leur progéniture, parce que nous avons soin de leur faire allaiter plusieurs nourrissons à la fois.

Voici l'épreuve que subissent nos enfans nouveaux-nés : nous les plaçons sur les ailes d'un aigle apprivoisé, qui les enlève au plus haut des airs. S'ils montrent quelqu'effroi, nous les rejetons loin de nous, comme incapables de soutenir les événemens de la vie. Tout le peuple assemblé préside à l'expérience ; il adopte ou condamne sans appel.

Pythagore. Vous vous exposez à des méprises ; vous faites avorter dans leurs germes de grandes vertus, de grands talens.

L'Insulaire. Cela est possible ; mais aussi,

---

(1) Encore aujourd'hui, les voyageurs retrouvent à Ceylan des traces des anciennes mœurs de Taprobane. Voy. le capit. Jean Ribeyro ; il est plus d'une fois en parfaite concordance avec Diodore de Sicile. Le voyage de ce Portugais est de 1685.

nous allons au-devant de bien de crimes et de bien des maux.

Notre Taprobane est une sorte de république, reconnaissant pour magistrat suprême celui d'entre nous qui approche le plus de sa cent cinquantième année, et qui n'a point d'enfans. Nous ne gardons pas long-temps le même chef, puisqu'un usage aussi sacré que la loi, nous commande de quitter la vie à ce terme. Par ce moyen, nous obtenons cette unité, si précieuse à l'économie politique, en évitant les inconvéniens graves attachés au règne d'un seul sur tous.

Aussi, ne connaissons-nous ni les malheurs de l'anarchie, ni ceux de la brigue, ni ceux de l'hérédité; nous n'avons rien non plus à redouter de la part d'un monarque de cent trente ou cent quarante ans. Le calme est la seule passion à cet âge. D'ailleurs, la Taprobane est moins une île que le rapprochement de plusieurs; ce qui ne serait pas avantageux au despotisme. La tyrannie a toujours obtenu plus de succès sur le continent.

Pythagore. Mais un roi vieux n'en est que plus accessible aux flatteurs, aux mauvais conseillers.

Le Taprobane. Mais notre monarque n'a point de grâces à distribuer, et ne peut faire un pas ni un geste sans avoir la loi à la main ».

L'olivier et la vigne se plaisent beaucoup à la Taprobane. Les habitans ont en outre la ressource de la chasse et de la pêche. Ils trouvent délicieuse la chair d'une espèce de serpent, d'un volume qui effraye les étrangers, non prévenus que ce reptile n'est point mal-faisant.

S'il se faisait craindre davantage, il ne serait point la victime de la voracité de l'homme.

Mes chers disciples! ne promulguons pas cette vérité, dont les méchans n'abusent déjà que trop. Mais répétons-là tout bas à l'oreille des magistrats sages.

L'écorce du roseau qui nourrit les insulaires, leur fournit un vêtement, garni d'un duvet doux et lustré, susceptible de teinture. Et l'île possède un coquillage presqu'aussi précieux que la pourpre de tyr.

Les Taprobains sont sobres. Ils mangent à des tables communes, soumises à des règles dont la santé a lieu de s'applaudir.

Il en est de même du reste. Tout le monde ici a sa tâche, désignée par la loi : le vieillard seul est dispensé des charges publiques, à l'exception de la première.

La Taprobane ne reconnaît d'autres divinités que les corps célestes; pourtant on y rend un culte à l'air; et cet hommage est d'autant plus épuré, qu'il n'est pas facile de peindre aux yeux l'objet de ce culte. Il est une espèce de secte, composée d'hommes voluptueux par tempérament, et qui ont pris en conséquence pour divinité Vénus (1), désignée par eux-mêmes sous le nom de *Colias*.

Ils sont nombreux, et commencent à donner pour ainsi dire, le ton à tous les autres insulaires. C'est au point que plusieurs voyageurs appellent déjà toute la Taprobane (2) du titre de cette association efféminée, *lieu de délices*.

---

(1) *Dionysii periegesis.* vers 592.
(2) Voy. le *comment.* d'Eustache sur Denys le périégète.

Cependant les plus grandes solennités sont pour le soleil. Toute l'île lui est spécialement consacrée, et lui donne les attributs d'Hercule. L'astre des nuits qui emprunte sa lumière à celui du jour, ne partage pas avec lui l'encens des insulaires qui se disent comme en Arcadie, plus anciens qu'elle. C'est pourquoi ils affectent de se faire surnommer *Palæogones* (1). Rien n'égale leur fierté, quand ils se promènent sur leurs éléphans d'une espèce plus haute et plus belliqueuse que celle du continent. Ils sont tous noirs (2). On les estime plus que l'or et les perles dont cette île abonde. On l'appelle *la Mère des Eléphans*.

Le principal motif de l'orgueil des Taprobains, c'est qu'il n'y a pas un seul esclave, ni un seul indigent sur toute l'étendue de leur territoire (3). Peu de contrées pourraient en dire autant.

La Taprobane est coupée par un fleuve (4) originaire des hautes montagnes qui occupent le centre de l'île.

Du pied de ces monts nommés *Maléa* (5), jusqu'à la mer, s'étendent des pacages fréquentés par les éléphans.

La Taprobane est distante de la côte de sept jours de navigation; quelquefois on ne met que quatre journées, quand on est bien secondé des vents. Mais on reste sur la mer jusqu'à vingt jours, si, pour faire le trajet, le bâti-

---

(1) *Race antique*. Plin. liv. XI. 22. *hist. nat.*
(2) Dionysius, *de situ orbis*.
(3) Plin. *hist. nat.* VI. 22.
(4) Megasthène, *cité* par Pline.
(5) Ptolem.

ment de transport dont on se sert est de construction égyptienne, c'est-à-dire de papyrus et de joncs du Nil. Dans cette traite maritime, le pilote ne consulte pas le ciel ; car le pôle septentrional n'y est point visible. On se munit d'oiseaux de passage, à qui on donne de temps en temps l'essor ; on suit la direction de leur vol, à mesure qu'ils gagnent le rivage. Ce court trajet de mer n'est tenable que pendant le tiers de l'année, me dirent encore une fois les insulaires un peu prolixes. Les cent jours qui suivent le solstice d'été, ou plutôt d'hiver interdisent toute communication avec le continent. Presque dans toutes les saisons, la mer est grosse (1), et a beaucoup de flux et de reflux. De monstrueuses baleines fréquentent les parages de la Taprobane. Entre elle et l'Inde ou le promontoire Coliacum, on trouve l'île du soleil ; ainsi appelée parce qu'elle est tout-à-fait abandonnée au dieu du Jour et de la chaleur. Aucun mortel n'a le droit d'y séjourner. Il n'en est pas de même de Dagana, espèce de petite cité vouée à la lune, sur le rivage occidental de l'île. Vers la même région, s'élèvent deux îlots appelés l'île d'or et l'île d'argent. Le port du soleil est vis-à-vis.

L'intérieur de la Taprobane est couvert d'une infinité de bourgades composées d'habitations qui ne s'élèvent que d'un étage au-dessus du sol (2). Ce qu'on serait tenté de prendre pour des villes sont deux ou trois palais immenses en bâtimens et en population ; on y trouve dans chacun un temple à Hercule. C'est là aussi

---

(1) Diod. sic. *bibl.* II.
(2) Eratosthènes, cité par Pline, *hist. nat.* VI. 22.

la place des tribunaux. Le monarque, assisté de trente magistrats, y rend la justice. La vie d'un homme est quelque chose à la Taprobane. La pluralité des suffrages ne suffit pas pour condamner au dernier supplice. Le peuple nomme soixante-dix autres juges pour revoir la sentence fatale ; si le prévenu est absous par eux, le nom d'infâmes demeure attaché pour le reste de leurs jours à la personne des trente premiers magistrats. Il arrive de-là qu'il se commet peu de meurtres juridiques.

Le prince a pour marques distinctives le costume de Bacchus; et les quadrupèdes féroces consacrés à cette divinité, sont ses bourreaux, quand il s'est rendu coupable d'un crime capital. Personne ne porte la main sur lui. On évite sa présence, on se tait devant lui. Une chasse aux panthères et aux tigres est ordonnée ; le roi devient la première victime de ces animaux provoqués contre lui.

Il faut de grands forfaits pour amener le peuple taprobain à cette sévérité. Il est aussi doux, aussi modéré que son climat. Il ne s'irrite pas facilement; et peu de chose le satisfait. Beaucoup d'insulaires préférant le repos à l'opulence, se contentent pour maison de l'écaille d'une tortue de la grande espèce.

Darius, au lieu d'inquiéter les gymnosophistes, devrait ne sortir de ses palais ébauchés à Persépolis que pour venir prendre une leçon à la Taprobane.

En guise de toit, on se sert encore de la feuille dentelée d'une espèce de palmier qui s'élève fort haut pendant trente années. Toute une famille surprise par l'orage soutient cette feuille au-dessus de la tête et revient ainsi à la maison, sans se ressentir des torrents d'eau. Huit à dix personnes peuvent s'y abriter. Ce beau végétal donne un fruit que les jeunes filles de l'île s'empressent de recueillir ; elles le teignent en rouge, et s'en font des colliers et des bracelets.

J'assistai aux funérailles des insulaires ; ils portent les cadavres sur le rivage de la mer, quand elle s'est retirée ; creusent un fossé, et laissent le sable à côté. La mer en revenant ramène le sable sur le corps et achève ainsi de l'ensevelir. Elle enlève chaque année une parcelle du sol, vers le septentrion.

Les insulaires, pour rendre hommage au soleil leur principale Divinité, se qualifient quelquefois de lions de la Taprobane, sans doute par allusion au signe du zodiaque qui porte le nom de ce quadrupède ardent, emblême fort ancien de l'ardeur du soleil à cette époque de l'année.

On a réservé une partie de l'île, âpre et sauvage, pour servir de retraite à ceux que la loi condamne au bannissement. C'est un pays inégal connu sous le nom *Montagne des Montagnes*. Il faut bien des courses, avant d'y rencontrer une fontaine, ou un ruisseau.

Chaque Taprobain est possesseur d'un champ ; et ce n'est qu'à cette condition qu'il marche au combat pour repousser l'ennemi. Chacun des insulaires, en temps de paix, est tenu, chaque année, de donner une certaine partie de son temps à la chose publique, selon ses forces et ses talens, dans la profession qu'il exerce. C'est en quoi consiste l'imposition.

Comme dans la Perse, le prince, ses ministres et ses officiers ont un certain nombre de bourgades chargées de leur entretien ; les grands de la nation sont, en quelque sorte, dans la dépendance des petits. Néanmoins, je me suis aperçu que là, ainsi qu'ailleurs, le plus riche fait la loi à celui qui l'est moins. Là, comme ailleurs, la considération est proportionnée aux biens que l'on possède.

On me parla d'un palais (que je n'allai pas voir) situé vers le centre de l'île, dans lequel le roi peut, chaque jour de l'année, changer d'appartemens ; cette espèce de temple astronomique dédié au soleil, est bâti de la plus belle pierre du pays et soutenu par quatre fois trois cents soixante-six colonnes de marbre ; c'est ainsi qu'on me désigna ce monument. L'eau y abonde. Il y a quantité d'étangs, de réservoirs et d'aqueducs aux environs.

Non loin de la mer se trouve un autre palais élevé au milieu d'un lac ; une chaussée étroite et longue mène à la principale entrée. On y relègue certains criminels, au lieu de les envoyer au supplice.

Les Taprobains connaissent mieux encore les plantes qui croissent sous leurs pas que les astres qui brillent sur leur tête. Ils prétendent posséder dans leur île une certaine herbe qui a la propriété merveilleuse de glacer le sang du crocodile et de le faire tomber en léthargie. Mais ils ne savent point d'antidote contre la piqûre, toujours mortelle, d'une vipère, aussi mince qu'une corde de lyre. On fait trop souvent sa rencontre dans les forêts de l'île, peuplées de lézards innocens, et longs de trois palmes.

On guérit ceux dont les intestins sont ravagés
par

par Eole (1), en les faisant coucher à terre sur le dos. Un enfant presse leur ventre en dansant dessus, comme on foule la vendange.

Pendant cette opération, une jeune vierge exécute une autre danse autour de l'autel des Dieux du pays. La guérison alors est infaillible, me dirent plusieurs insulaires. Nous l'avons éprouvé. Tu peux nous en croire.

Les Taprobains sont fort religieux : ainsi que dans l'Inde, sur les bords du Gange, ils croient à la métempsycose. Le vêtement de leurs prêtres est de la couleur du saffran.

Ils reclament l'honneur d'avoir vu naître Phoë. « C'est ici, me dirent-ils avec confiance, que ce sage sortit des flancs d'une vache (2); il y a plusieurs siècles, pour aller semer sa doctrine sainte sur toutes les terres indiennes, et bien par-delà le Gange ».

Ainsi que sur le vaste continent voisin, dans la Taprobane, on redoute la vue subite d'une corneille ; malheureusement, cet oiseau y est fort commun (3).

Les Taprobaines ont de belles proportions. Leurs yeux sont de la couleur de ceux de Minerve. Elles mettent beaucoup de décence dans leurs ajustemens, et paraissent esclaves des devoirs de la propreté. Elles ont un soin particulier de leur tête. Elles savent qu'une femme commence à plaire par cette partie principale du corps.

Les deux sexes cultivent la poësie et la musique. Les hymnes à leurs Dieux et leurs chants

---

(1) Colique venteuse.
(2) *Coutumes des Indiens*, par Lacroze. p. 85.
(3) *Idem*. p. 129.

domestiques sont remplis de leurs propres louanges. L'insulaire de la Taprobane se croit le premier peuple du monde. Cette vanité nationale entre les mains d'un législateur habile, pourrait produire de bons fruits. Ils sont laborieux dans leurs champs et braves au combat. Excellens archers, ils portent en outre des lances hautes de dix-huit palmes, et de larges épées, longues de deux palmes et demi, et un peu recourbées. Ils en arment la trompe de leurs éléphans.

L'homme est venu à bout de rendre les animaux aussi mal-faisans que lui.

Je visitai leurs tribunaux civils. Un Taprobain était accusé du vol de quelques monnaies de plomb (1). Il arrive avec ses enfans, les range devant le juge, place trois pierres sur la tête de chacun, en disant : « Si j'ai commis le crime dont on me charge, que le soleil qui me voit et m'entend, n'accorde pas plus de jours à mes enfans, qu'il n'y a de pierres sur leur tête ». Le magistrat, sur ce serment, déchargea le prévenu de toute accusation.

Parmi les pierres précieuses qui se trouvent en quantité dans la Taprobane, on distingue le rubis, le saphir et la topaze. Les perles y sont plus grosses qu'ailleurs, et l'ambre est l'une des richesses du pays. La merveille de cette région, s'il faut s'en rapporter aux habitans, est une montagne (2) qui partage l'île. Elle est à deux journées de chemin de la mer, et les matelots l'aperçoivent à une égale distance, avant de toucher au rivage. Dix heures

---

(1) Raderus. Baudelot, *utilité des voyages.* p. 548.
(2) Le pic d'Adam.

d'une marche pénible me suffirent à peine pour y monter. Aux deux tiers du chemin, on rencontre pour se reposer une plaine riante, ombragée d'arbres et rafraîchie par le passage de trois ruisseaux qui tombent du sommet de la montagne, et vont arroser l'île en sens contraire.

Le plus difficile me restait à faire; la crête de ce lieu haut est si escarpée qu'on ne pourrait y atteindre, si l'on n'avait pas l'aide d'une chaîne de fer. Je parvins enfin à la cime, plate-forme circulaire du diamètre de deux cents pas d'homme. Le milieu est occupé par un lac dont on ne peut estimer la profondeur. Sur le bord oriental de ce lac, on me fit remarquer une grande table de pierre lisse; j'y distinguai l'empreinte exacte d'un pied humain, dans les proportions de deux palmes de longueur. Figure-toi, me dirent les insulaires, combien devait être grand l'homme qui nous laissa la mesure de son pied.

Et quel est cet homme? demandai-je.

UN INSULAIRE. C'est l'aîné de tous les fils du soleil. C'est lui qui commença la population de l'univers; la Taprobane fut le point du globe, habité le premier. De cette élévation, l'espèce humaine se répandit d'abord dans les Indes, entre les deux grands fleuves (1); et de-là, de proche en proche, jusqu'aux extrémités de la terre.

PYTHAGORE. Vous en avez pour garant?...

L'INSULAIRE. Une tradition constante et cette empreinte.

PYTHAGORE. Les enfans ont donc bien dé-

---

(1) L'Indus et le Gange.

généré de leur père ; il y a une grande distance entre la stature de votre ancêtre primitif, et vous, sa nombreuse postérité.

Sans doute, me dit un vieillard presque nu, qui sortit brusquement du milieu d'un bois voisin, d'où il pouvait nous entendre : sans doute ! l'homme serait-il exempt de la loi commune, qui condamne à une dégradation plus ou moins lente, tous les êtres animés, et ceux mêmes qui ne le paraissent pas ?

Regarde autour de toi, m'ajouta-t-il ; ces milliers d'îles (1) que tu vois, et qui semblent servir de satellites à la grande Taprobane, n'en faisaient qu'une avec la nôtre. Le temps et le soleil abaissent d'un côté, élèvent de l'autre, séparent à l'orient de vastes sols, pour en réunir d'autres à l'occident. Rien ne s'altère, rien ne se détruit ; mais tout change. Laisse-nous croire que les mortels ont été plus grands qu'ils ne sont. Ne viens pas ici pour rétrécir nos idées. Un peuple qui s'honore à ses propres yeux, qui conçoit de lui-même de hautes espérances en se nourrissant de beaux souvenirs, est estimable ; ses illusions sublimes et fécondes, vallent bien la triste et stérile vérité.

Je répondis modestement au vieillard, gardien de ces lieux : « J'avais d'abord cru que le spectacle imposant qui se déploye ici sous les yeux du voyageur, pouvait dispenser de recourir à d'autres moyens moins naturels ».

Le vieillard me quitta aussi brusquement qu'il m'avait apostrophé, et disparut. J'appris que c'était un prêtre du soleil, retiré sur cette élévation, et entretenu par les offrandes

_____
(1) Les Maldives.

des curieux; ou, à leur défaut, par les habitans d'une bourgade établie au pied de la montagne.

Avant de quitter la Taprobane, je voulus visiter quelques-unes des îles sans nombre qui l'avoisinent, et qui relèvent de la grande dont le prince s'intitule : *Roi de douze mille nations.* En effet, elles ne doivent en être que des démembremens. Il serait intéressant et utile de les parcourir toutes. Chacune doit avoir ses mœurs à part, quoiqu'unies par un seul lien fédératif. Le peu que je vis me confirma dans l'opinion que les hommes ne gagnent point à vivre beaucoup ensemble. Il y a encore de l'innocence et des vertus dans la plupart de ces petites îles.

Je me suis surpris, à ce sujet, faisant le souhait d'un enfant : pourquoi toute la terre n'est-elle pas un archipel, un composé de petites portions de terre isolées, produisant chacune assez seulement pour nourrir quelques familles paisibles ? Je me rappelai l'île où mon premier maître, le sage Hermodamas, me fit préluder de plus longs voyages. Cette pensée me ramena tout naturellement à mon projet de retour dans Samos, dont j'ignorais les destinées; je répugnais à croire ce que j'en avais ouï dire, me réservant à voir les choses par moi-même. Mes Gangerides me recommandèrent à des marchands d'Arabie, qui me prirent sur leur bord. Nous voguâmes à la faveur du Vulturne (1), que nous eûmes constamment en poupe. Nous traversâmes la mer Erithrée, pour entrer dans le golfe Arabique. Après cinq mois d'une navigation lente,

---

(1) Plin. *hist. nat.* VI. 23.

timide, mais heureuse, et pendant laquelle je m'occupai uniquement de la rédaction de toutes les connaissances, acquises pendant plusieurs années, chez tant de nations différentes, je touchai la terre jadis fortunée, que le Nil ne me sembla plus fertiliser qu'à regret.

### §. CXVII.

#### *Voyage en Crète. Topographie de l'île.*

Je me rembarquai aussitôt *à Peluse* (1), sans vouloir y séjourner davantage. Je n'y fis que peu d'observations en passant : les ibis (2), blanches par tout ailleurs, ne sont noires qu'ici. Dans les environs de cette ville, je remarquai des maisons construites toutes entières de blocs de sel (3), cimentés avec l'eau dont on les arrose.

Hélas ! l'Egypte en est réduite à ne pouvoir plus se vanter que de sa boisson pelusienne (4).

O Egypte! rase ta tête (5).

Le peuple de Peluse m'a paru insensible aux événemens politiques, pourvu qu'on ne lui enlève pas ses Dieux. L'invasion par Cambyse, lui fait quelque peine ; il en eût ressenti bien davantage, si le conquérant eût exigé l'abolition du culte à la divinité que les Pelusiens invoquent dans une digestion laborieuse (6).

---

(1) Aujourd'hui Damiette.
(2) Plin. *hist. nat.* X. 30.
(3) *Idem.* XXXI. 7.
(4) La bierre.
(5) Expression orientale, pour peindre la tristesse.
(6) Taceam de *crepitu ventris inflati*, quæ pelusiaca religio est. S. Hieronimus.

Ils rendent à la grenade aux mille graines (1) les mêmes honneurs divins que les nomes du Delta consacrent au *phallus*, symbole plus énergique, mais plus grossier que l'autre de l'acte générateur.

Le territoire de Peluse offre des champs de lin aussi beaux que ceux du nome de Tentyris (2).

A peine en mer, nous entendîmes le cri sinistre des plongeons (3). Un coup de vent nous poussa sur les côtes de la *Crète* (4), et suspendit mon premier dessein. On n'est pas bien empressé de revoir sa patrie, quand on ne la sait point heureuse, ni digne de l'être. Nous mouillâmes à un port que forme naturellement l'embouchure de Lethœus. Ce petit fleuve nous conduisit à Gortyna, l'une des principales cités de l'île.

Elle ne porta pas toujours le même nom ; elle eut d'abord celui de ses premiers habitans que l'histoire lui donne, *Telchinia* (5). On l'appela ensuite l'Ile Fortunée, à cause de sa douce température. La dénomination de Crétois, qui sans doute éprouvera encore des changemens, ( les mots doivent suivre la destinée des choses ) désigne l'habileté des insulaires tireurs d'arc.

La ville où nous mîmes pied à terre est voisine d'un groupe de montagnes déjà fort hautes ; ce ne sont pas les plus élevées. J'étais encore en mer, que je pris pour des nuages, leurs

---

(1) *Verecunde rem in-honestam commemorat.*
     Servius, *in eclog. Virg.* II.
(2) Plin. *hist. nat.* XIX. 1.
(3) Oiseaux de mer, qu'on n'entend qu'à l'approche d'un orage. Callim. *hymn.* VI. Virg. *georg.* II.
(4) Aujourd. *Candie.*
(5) Stephanus, *de urb.*

sommets blanchis (1) par des neiges pendant presque toute l'année. Le promontoire du lion, et celui de la tête du bélier, en sont des dépendances. Crète ne fut dans sa première origine, qu'un seul et vaste mont, connu long-temps sous le titre *Montagne Blanche* (2).

Les Crétois qui habitent les flancs de ces hauts lieux, ont plus d'embonpoint (3) que le reste des insulaires; serait-ce une suite des brouillards épais qui s'y forment?

Cette quantité de montagnes n'a pas peu contribué sans doute à faire regarder l'île de Crète comme le berceau des Dieux. Ils ne doivent point naître de la même manière que les hommes. On les a rapprochés de l'olympe le plus qu'on a pu. Le père de tous prit naissance sur le mont Dictum, malgré les prétentions hautaines de la petite ville d'*Arcades* (4). Le mont Ida fut consacré par sa première éducation; des abeilles y furent ses nourrices.

Tous ces petits détails religieux produisent leur effet sur les imaginations vulgaires. Les prêtres connaissent parfaitement l'esprit du peuple.

Un prodige, que je n'allai pas vérifier, a lieu tous les ans dans une caverne de la cime du Dictum. Le jour anniversaire de Jupiter naissant, il en sort des flammes; les pontifes du grand Dieu prennent soin de faire remarquer au milieu de ces flammes, une cer-

---

(1) Théophraste. Plin. *hist. nat.*
(2) Callimaque. *hymnes.*
(3) Hésiode. *théogonie.*
(4) Callim. *hymn.* I.

taine quantité de sang (1) en fermentation, tel qu'on en vit, disent-ils, arx couches de Rhée. Les Curètes du mont Ida y conservent les langes de l'immortel nouveau né (2).

Apollon a aussi sa montagne dans l'île de Crète. On la nomme *Styracium*.

*Gortyna*, où je pris terre, est dans une vallée profonde, à six heures de marche de Cnosse. Elle tient le milieu entre cette dernière ville et le mont Ida ; et dans son voisinage se trouve le Labyrinthe à mi-route de la capitale.

On me conduisit, aux flambeaux, dans de sombres et longues excavations. J'y marchai environ deux mille pas de voyageur. Ce n'est qu'une vaste carrière d'où l'on a tiré, d'où l'on tire encore les matériaux pour bâtir des maisons ; mais l'on dirait d'un labyrinthe obscur, et j'y fus trompé d'abord ; je me crus dans celui même de Dédale. La partie la plus reculée sert de prison perpétuelle aux malfaicteurs qui n'ont point été jugés assez coupables pour perdre la vie dans les supplices.

Les pierres que donne ce souterrain sont un peu moins dures, mais aussi blanches que le marbre, et susceptibles d'un poli parfait.

En sortant, je vis un grand concours de spectateurs qui s'étaient rassemblés à l'entrée pendant mon ténébreux voyage, pour assister à la danse de la belle Ariane au labyrinthe, inventée par Dédale. De jeunes hommes et de jeunes filles se tiennent par la main, les jeunes filles vêtues de robes de lin transpa-

---

(1) La liquéfaction du sang de St-Janvier, à Venise, ne serait-elle pas renouvelée des Grecs ?
(2) Anton. Liberal. *metam.*

rentes, avec des couronnes sur la tête. Les jeunes gens portaient des tuniques de laine d'un beau tissu, légérement passée à l'huile. A leur côté est suspendue une épée d'or à un baudrier d'argent. Tantôt d'un pied savant et délicat, ces danseurs forment un cercle, expriment le même mouvement qu'un potier de terre donne à sa roue (1), lorsqu'étant assis, il essaye de la main si elle tourne avec facilité. Tantôt ils se partagent en plusieurs files, se mêlant les uns avec les autres. Au centre de la forme circulaire qu'ils figurent, deux coriphées exécutent en chantant les sauts les plus merveilleux.

Non loin de-là, aux portes de la ville, est un autel de Vénus (2), sur lequel les Gortyniens sont dans l'usage de venir ratifier tous les traités qu'ils passent avec les peuples voisins. Ce qui me rappelle que dans presque toute la Grèce, Vénus est mise aux rangs des Dieux pénates (3), et occupe une place à l'entrée des maisons (4) et des jardins (5).

Une ville est à la veille de perdre ses mœurs, quand les femmes n'y sont point sédentaires devant leurs foyers.

Un Crétois qui avait cessé d'être jeune, m'ayant surpris fort attentif aux danses, vint à moi pour me dire en souriant : « Nos Crétoises sont séduisantes, n'est-ce pas, honorable étran-

---

(1) Homère. *Iliade.* XVIII. liv. *description du bouclier d'Achille.*
(2) Larcher, *mém. sur Vénus.* p. 148.
(3) AElian. *nat. anim.* X. 34.
(4) Euripid. *Hippolyt.*
(5) Larcher, *mém. sur Vénus.* p. 241.

ger ? Il est du devoir de l'hospitalité de te prevenir sur un petit désagrément qu'on éprouve, quand on les voit ailleurs qu'au labyrinthe. Dans l'ardeur qui les anime, les morsures (1) qu'elles font quelquefois à leurs amans, sont autant de plaies incurables. Profite de mon avertissement, voyageur ».

Je voulais répondre ; mon Crétois était déjà loin.

Les productions du territoire de Gortyna consistent en gras pâturages sur lesquels je ne rencontrai point les chevaux du soleil qu'Homère (2) a chantés. J'y vis quelque chose de plus réels, de superbes troupeaux à cornes, servant de type à la ville (3). Mais les bergers crétois ne sont pas d'aussi bons poëtes que ceux de la Sicile.

Je demandai au guide que je pris, à voir la ville de Phestos. Il me répondit : « Cnossus mériterait la préférence ; que verras-tu à Phestos ? Les citoyens sont de mauvais plaisans (4), qui ont toujours l'épigramme à la bouche. Qu'ils y prennent garde ! Fatigués de leurs sarcasmes, nous pourrions bien payer leurs bons mots par une guerre dont ils ne se relèveraient pas. Fiers d'avoir pour fondateurs un petit fils d'Hercule et Minos (5), ils n'ont pas hérité des vertus de ces demi-Dieux. Vénus et Latone les dé-

---

(1) Des morsures, ou onglades des femmes de cette île, font blessures mortelles à ceux qui en sont offensez.

Benigne Saumaise, annotateur et poëte traducteur de Denys le géographe, en 1597.

(2) *Iliade.*

(3) Un taureau caractérise les médailles de Gortyne.

(4). Athénée. VI. *deipnos.*

(5) Stephanus. *de urb.*

fendraient mal contre nous (1), quand bien même toutes les filles de Phestos changeraient de sexe.

Pythagore. Que veux-tu dire ?

Le guide. C'est que les Phytiens célèbrent une fête, nommé *Ecdisia*, en mémoire de la nymphe Galathée, que Latone métamorphosa en jeune homme. Mais peut-être voudrais-tu assister aux mystères nocturnes de leur divinité *ténébreuse* (2).

Pythagore. Explique-moi ce mot.

Le guide. C'est ainsi qu'à Phestos, ils appellent leur Vénus ; et ils ont raison.

Pythagore. Je viens saluer le célèbre Epiménide ; il est, m'a-t-on dit, de retour dans sa patrie.

Le guide. Le fils d'Agiasarque ? Ce poëte dormeur qui chaque jour s'égaye dans des vers mordans contre ses compatriotes. Qu'a-t-il à nous reprocher ? avons-nous troublé son sommeil ? Il a bien sucé le lait de sa terre natale. Tu ne l'y rencontreras pas. Il mène une vie errante et tout-à-fait bizarre. Il change de lieux tous les jours, pour trouver de nouveaux alimens à sa verve caustique. La muse d'Epiménide est aussi dure que le fer (3) de Celmis (4). Peut-être est-il en ce moment dans le fond d'un antre, y forgeant à loisir quelque satyre nouvelle. Si tu parcoures les principaux endroits de l'île, il ne peut t'échapper.

Pythagore. On parle beaucoup de ses facultés divinatrices.

---

(1) Anton. Liberalis.
(2) Larcher, *mém. sur Vénus*. 148.
(3) Expression proverbiale usitée d'abord en Crète.
(4) L'un des Curètes, ou forgerons du mont Ida.

Le guide. Rare talent ! il ne l'exerce que sur le passé (1) : les oracles du moins ont le mérite de pénétrer dans l'avenir.

Pythagore. Epiménide ne court point le risque de se tromper et de tromper les autres. Il y a de la sagesse et de la vertu dans une telle conduite.

Le guide. Oui ! mais en est-on plus avancé ? il n'apprend rien ».

Je me laissai guider sans répliquer davantage. Nous parcourûmes assez rapidement les villes principales, que le divin Homère élève au nombre de cent. La plupart sont déjà bien déchues. De petites guerres intestines ruinent les cités qu'épargnent les tremblemens de terre (2).

Deux objets attirent l'étranger à l'antique *Amnissus*, bâtie sur un ruisseau de ce nom, près la mer : d'abord, la caverne de Lucine ; là, cette Divinité prit naissance. Sa position astronomique donna lieu sans doute à la tradition. Elle regarde le lever de la lune.

L'autre sujet de curiosité est un emplacement révéré dans le pays, pour avoir servi de chantier à Minos qui construisit tant de vaisseaux. On aime à conserver les traces des grands hommes ; serait-ce pour s'exempter de les prendre pour modèles ?

A l'entrée du golfe Amphimalus dans la mer de Crète, on raconte que les Muses et les Syrènes réunies sur le rivage, se disputèrent le prix du chant ; des pêcheurs témoins de cette lutte, adjugèrent l'avantage aux sœurs

---

(1) Epiménides devinait à reculons, dit Montaigne, *essais.* Voy. Aristot. *reth.* III. 17.

(2) Plin. *hist. nat.*

d'Apollon; les filles d'Amphitrite désespérées se précipitèrent dans les flots, après s'être arraché toutes les plumes de leurs ailes (1). Les muses reconnaissantes donnèrent à leurs juges le conseil de fonder une ville qui fut long-temps célèbre sous le nom d'*Apteron* par la bonne harmonie de ses habitans. Je conclus de tout ceci qu'un poëte fut leur historien.

La petite cité de Tharra (2) s'énorgueillit moins d'avoir Apollon pour Dieu tutélaire, que d'être la mère patrie d'une colonie de Crétois établis près du Caucase, cette montagne antique qui fonda elle-même tant de colonies.

Les citoyens de Tripodus soutiennent mal la gloire de leur patrie qu'ils disent être celle de Plutus lui-même, le dieu des richesses. Ils ont peu d'aisance : c'est que la guerre ne rend pas opulent; et ces petites villes sont presque toujours en dissension les unes contre les autres (3).

Je ne trouvai Epiménide dans aucune d'elles, ni même à Cnossus (4), grande cité digne du premier rang qu'elle occupe en Crête, et des éloges qu'Homère lui décerne dans ses poëmes immortels. Le Cératus baigne ses murs, qui renferment le tombeau de Vesta, la première fondatrice; Minos en fut le second. Confédérée avec Gortyna (5), elle tient le sceptre de toute l'île.

Le chantier de ses navires et son port sont

---

(1) Pausan. *voyag.* Plin. *hist. nat.* Voy. les *poësies* d'Ausone.
(2) Stephanus, *de urbib.*
(3) *Frat. am.* Plut. tom. II. *Republ.* d'Arist. II. 19.
(4) Aujourd. *Eginosa*, selon Baudrand.
(5) Lactance. Diodor. *bibl.* Strabo. *geog.*

à Héraclée (1), où se trouve un autel à *Vénus la Fleurie* (2).

On élève à Cnosse des chiens grands et forts (3), très-estimés pour la garde des temples, des maisons et des troupeaux. On les nourrit avec de la farine grossière, pétrie dans du lait aigre (4).

Si mon guide eût sçu le nom de ma patrie, il m'aurait sans doute conduit droit à Cydonie (5), ville à peine bâtie par des réfugiés de Samos, tout près de la bourgade des Hykéens dont ils reçurent l'accueil le plus hospitalier. Le territoire de cette ville s'appelle *Omphalion*, parce que, m'dirent les antiquaires du pays, ce champ fut honoré de la chute du *nombril* de Jupiter nouveau né (6).

On ne me permit point d'y porter mes pas aussitôt que je me présentai. Il me fallut attendre la fin d'une grande solennité annuelle. On y célébrait des saturnales. Pendant cette fête, les portes de la ville ne s'ouvrent à aucun étranger, homme libre. Les esclaves sont maîtres absolus de l'intérieur, et portent l'indépendance éphémère dont ils sont gratifiés, jusqu'à pouvoir battre de verges l'enfant de la maison où ils servent (7). On les nomme *clarotes* parce que primitivement prisonniers de guerre, ils sont redevables de leur servitude à la loi du hazard; on les fait tirer au sort.

---

(1) Ville d'Hercule.
(2) Hesychius.
(3) Ce que nous appelons *mâtins*.
(4) Virg. *georg*. III.
(5) Herodot. *hist*.
(6) Callimach. *hym. jov*. Diod. sic. *bibl*. V.
(7) Athénée, VI. *deipnos*.

Je m'arrêtai tout un jour à Cydonie, pour connaître enfin l'état de Samos. Depuis cinq ans, mes compatriotes s'en étaient bannis en faisant le vœu de ne plus s'occuper d'une terre qui ne mérite plus le souvenir des hommes vertueux. Ils se refusèrent à m'en apprendre davantage. Puisque tu dois dans peu rentrer dans tes foyers, tu n'en saurasque trop, me dirent-ils; et comme nous sans doute, tu t'en exileras; les témoins du crime sont aussi coupables que ses complices. Qu'il te suffise de savoir le propos atroce que Polycrate a sans cesse à la bouche, et dont les Dieux le puniront un jour: *amusons l'enfance avec des osselets, et le peuple avec des sermens* (1).

PYTHAGORE. Le silence ou la fuite des bons citoyens doit nécessairement enhardir les despotes et les rendre insolens. Que ne restiez-vous dans votre patrie, pour la défendre contre un tyran ?

UN SAMIEN. Nous n'étions pas en force.

PYTHAGORE. Quoi ! Toute une île contre un seul homme ! Polycrate a raison; il vous connaît mieux que vous ne le connaissez; malheureuse Samos » !

Pour me distraire, mon guide m'entraîna vers les montagnes, couvertes d'arbres qui portent les coins (2), et me fit visiter Elyre (3), petite ville sise à mi-côte, dans un vallon où naquit le plus ancien des lyriques, qui précéda Homère de deux âges d'homme. Les habitans honorent

---

(1) Plutarque, *propos de table*. IX. 16.
(2) *Mala cydonia*.
(3) Pausanias, *voyage* en Grèce.

la mémoire du poëte *Thaletas* (1), et répètent ses hymnes dans toutes leurs solennités.

Les citoyens d'Eleutherne (2), autre ville de l'intérieur, se sont voués à une autre muse. Les chansons molles et lascives y ont seules la vogue (3). Quelques-uns d'entre eux s'accompagnent du luth.

On me parla de la ville de Lyctos (4), placée sur une éminence. De temps en temps, on y voue des vierges à Jupiter.

Dieux ! m'écriai-je ! des victimes humaines ! On se hâta de me dire : « Ne te recries point. Ce monticule fut jadis consacré par les plaisirs de Jupiter. Il y calma la frayeur d'une nymphe fuyant le territoire de Lycastos, jadis infesté de loups. En commémoration, de jeunes Crétoises se rendent ici à certain jour et y répètent la scène de la nymphe effrayée. Il s'y trouve des prêtres de Jupiter pour les rassurer. Depuis l'expédition perfide des habitans de Cnosse, qui vinrent enlever, par surprise, toutes les femmes de Lyctos, on ne permet plus à celles-ci de sortir seules des murailles de la ville presque toujours en guerre à cause de cette fatale époque. C'est une colonie lacédémonienne.

*Naxus*, né du sang de Minos, fonda une petite ville de son nom, sur un sol d'où l'on retire les meilleures pierres propres à aiguiser les faux. Il vient des moissonneurs même de la Sicile pour s'en procurer. *Naxus* fait aussi un commerce considérable d'éponges (5).

---

(1) Suidas.
(2) Plin. *hist. nat.*
(3) Athenée. *deipnos.*
(4) Ou Littos.
(5) Théophraste.

*Rhaucos* ville intérieure de Crète doit son existence à un événement bien propre à tempérer l'orgueil de l'espèce humaine. Les premiers habitans furent chassés de leur terre natale par plusieurs essaims d'abeilles qui s'emparèrent du pays (1). Il fallut leur céder la place.

J'allai à Lebeneum voir le temple d'Esculape, bâti sur le modèle de celui de Cyrène en Afrique.

Lebeneum est de la dépendance et comme un annexe de Gortyna. Je rentrai dans cette dernière ville dont Homère célèbre les murailles. Elle est petite, mais fière d'avoir eu pour auteur un fils de Rhadamante. Mais c'est le fils ignoré d'un homme célèbre. Il y a quatre ou cinq temples : un à Cadmus, pour le dédommager de l'enlèvement de sa sœur Europe ; un à Diane ; un autre à son frère, avec un trépied. Mercure y est grandement honoré sous le titre de dispensateur des richesses. L'herbe ne croît point au pied de ses autels. Il n'en est pas de même du temple de Jupiter l'hécatombien. Les Crétois sont bien excusables ; le moindre sacrifice qu'on lui puisse offrir est de cent bœufs à la fois. L'agriculture aura-t-elle encore long-temps à gémir des plaies qui lui sont faites journellement par la superstition ? Le laboureur ne devrait pas tant aimer les prêtres, premiers auteurs du meurtre d'animaux plus paisibles et plus utiles qu'eux sur la terre.

J'ignorais que j'avais abordé en Crète précisément par le même fleuve que le ravisseur

---

(1) Ælian. *hist. anim.*

de la jeune Europe. Comme moi, l'amoureux Jupiter remonta les eaux du Lethæus, et ne put se résoudre à différer jusqu'à son arrivée sur le mont Ida, ce qu'il se proposait avec la beauté devenue sa proie. A quelques pas hors de la ville, est une fontaine (1), ombragée d'un platane: c'est ici, me raconta mon guide savant dans les antiquités du pays, c'est sur les bords de cette source fraîche que le plus puissant des immortels accorda ses faveurs à la plus belle des femmes de la Trinacrie; et remarques cet arbre; depuis ce temps, son feuillage, toujours aussi verd, ne se renouvelle jamais. Des roseaux qui croissent sur cette fontaine et le long du Lethæus fournissent à Gortyna une branche de commerce considérable. C'est dans cette ville qu'on vient se procurer les flèches réputées les meilleures, ainsi que des arcs de cornes de bouc assouplies au feu. La corde est un nerf de bœuf.

On m'y montra la statue d'une Divinité chère aux Crétois sous le nom de *Britomartis* (2). Elle est de bois et l'œuvre du ciseau de Dédale.

L'aventure de cette vierge sage est touchante. Elle s'occupait paisiblement sur la rive à tisser des retz de chasse et des filets de pêche: Minos la vit, et comme il est d'usage chez les rois, voulut tout aussitôt en jouir. La jeune fille aima mieux se précipiter dans les flots de la mer que de tomber dans les bras d'un ravisseur brutal. Les Crétoises ne me parurent pas bien pénétrées de ce trait de vertu; quoique

---

(1) Plin. *hist. nat.*
(2) Diod. sic. *bibl.*

les mères de famille prennent soin de le leur rappeler souvent.

Je rencontrai, assez près de cette fontaine, un groupe de deux amans trop occcupés d'eux-mêmes pour penser à d'autres. La jeune pastourelle semblait douter de la sincérité des tendres sentimens du jeune pâtre. Celui-ci pour détruire un soupçon aussi injurieux, cueille une feuille d'arbre (1), la place sur sa main gauche à demi fermée, et frappant dessus, fit éclater un bruit que répéta l'écho voisin. Tu l'as entendu, dit-il alors à sa bien aimée. Cette feuille eût gardé le silence, si j'avais pu être coupable envers toi. Va ! je te serai toujours fidelle, *comme le chien d'Ulysse* (2).

Trois baisers furent le prix de sa justification.

Tous ces objets ne me faisaient point perdre de vue le sage Epimenide : espérant le trouver dans le labyrinthe (3), j'y dirigeai une seconde fois mes pas ; c'est une faible copie de la centième partie du monument que j'avais vu en Egypte, avec cette différence que ce dernier dut peut-être sa construction à la peur ; celui de Crète à la vengeance. Les rois du Nil espéraient y trouver une retraite inaccessible au peuple insurgé. Ceux de Crète ne voulurent qu'une prison, pour y entasser leurs ennemis et les obliger à se dévorer les uns les autres. Un monstre d'airain, moitié homme, moitié taureau, n'en laissait sortir personne. Le génie inventif de Dédale se fraya une

---

(1) Theocrit. *Eidyll.* III. 29.
(2) Proverbe grec, né de l'*Odyssée*.
(3) Gedoyn. *mém. de l'acad. des inscript.* tom. XIII. *in*-12. p. 281.

route par les airs, et se montra supérieur au génie malfaisant du despote. Depuis que l'île de Crète est devenue démocratique, sans en être plus heureuse, cet édifice barbare ne sert plus qu'à repaître la curiosité des voyageurs.

Les Cnossiens venaient de frapper une monnaie d'argent, sur laquelle était représentée la figure d'un homme avec une tête de taureau, et à côté, le plan du labyrinthe (1). Je me procurai plusieurs de ces nouvelles espèces, d'une belle empreinte. Ces petits monumens portatifs, serviront un jour de témoins à l'histoire.

§. CXVIII.

*Tombeau de Lycurgue. Epiménide et Pythagore.*

Non loin du labyrinthe, me dit mon guide, nous avons un monument digne de ta curiosité, le tombeau de Lycurgue.

PYTHAGORE. Dis, un monument digne de mon culte ; conduis-moi tout de suite vers cet objet sacré.

LE GUIDE. Il est sur le grand chemin de la petite *Pergame* (2), l'une des trois villes bâties par Agamemnon, au retour du siége de Troye, quand la tempête le jeta sur nos côtes ; les deux autres cités sont *Tégée* et *Mycène*.

PYTHAGORE. Allons à Pergame.

---

(1) *Mém. de l'acad. des inscript. et belles lettres.* tom. XXIV. *in*-4°.
(2) Pockocke. *voyag.*

Les habitans sentent tout le prix du dépôt que renferme leur territoire. Le monument n'a rien de considérable ; mais le nom qu'il porte, sans autre ornement, l'élève plus haut que la plus haute des pyramides d'Egypte. Je passai tout un jour et une nuit entière sur le tombeau de Lycurgue, ou plutôt près de son cénotaphe (1) ; car le grand homme, en cessant de vivre, à l'âge de quatre-vingt-cinq ans (2), exigea de ses hôtes la promesse de jeter ses cendres à la mer, pour empêcher les Spartiates d'éluder leur serment ; au départ de Lycurgue, ils s'étaient engagés à ne rien innover dans sa législation, avant son retour parmi eux. Les Pergamiens ne tinrent pas tout-à-fait parole à Lycurgue expirant. Comme ses dernières volontés ne regardaient que Sparte ; ils crurent pouvoir conserver quelque peu de l'illustre poussière, et ils se disposent à s'en maintenir les possesseurs contre toute réclamation de la part des Lacédémoniens. Ceux-ci ont déjà témoigné le désir ardent de partager avec Pergame ce qui lui reste de leur législateur. Ce grand débat n'est pas encore vidé ; les deux peuples feraient beaucoup mieux de se bien pénétrer de l'esprit de Lycurgue, et de ses lois.

Je leur en donnai l'exemple ; je consacrai presque trois journées, les mieux employées peut-être de toutes celles qui composent mon existence, à méditer sur la législation hardie de ce génie profond (3), qui, le premier, et

---
(1) Timæus, Aristoxenus, Aristocrates, cités par Plutarque, *vie de Lycurgue*.
(2) Lucien.
(3) Pancton. *métrologie. in-4°.*

le seul jusqu'à présent, osa concevoir le rapprochement et la réunion de la société civile avec la nature. Il fit plus encore ; l'égalité parfaite entre les hommes, dans son plan, cessa d'être une fiction de la loi. L'indigence complète, et l'excessive opulence pesaient en même-temps sur le sol des Spartiates ; la fraude et l'insolence, le luxe et l'envie tourmentaient ce peuple, devenu étranger au bon ordre et à la concorde intérieure. La grande ame de Lycurgue s'émeut vivement sur les maux de sa patrie ; et déjà le remède est trouvé : toutes les terres, redevenues communes (1), seront partagées de nouveau ; et pour ainsi dire, balancées au poids de la sainte équité. On procède à leurs divisions ; les parts sont faites ; chaque chef de famille a la propriété de vingt arpens, portion plus que suffisante aux besoins de dix personnes, et que trois d'entre elles peuvent cultiver de leurs seuls bras. Tout citoyen, de l'un et de l'autre sexe, se trouva possesseur de deux arpens de terre.

L'abondance, ou plutôt l'excès de la population pouvait rompre ce calcul, et nécessiter, pour conserver l'équilibre, des répartitions, renouvellées à certaines époques, à l'exemple des Dalmates (2), qui procèdent tous les huit ans à une restitution générale (3).

---

(1) *Inter Graecos bonorum, si non communionem saltem possessionem aequalem introduxit Lycurgus..... singulis mensibus de suis bonis singuli aequaliter conferebant. Ex notis* L. Holstenii in Porphy. *vita Pythag.*

(2) Strabo. *geog.*

(3) ... Cette fréquente distribution de terres, proportionnée au besoin de chaque famille, entretenait l'esprit d'égalité... etc. Puffendorf. tom. V. ch. I. *note* 60.

Lycurgue prévoit ce grave inconvénient, source inépuisable de fâcheux débats, et subversif de l'émulation, mère de la perfectibilité. Cet obstacle, loin de l'arrêter, le porte à des mesures sévères, mais qu'une heureuse expérience a confirmées. Les magistrats surveilleront les naissances, et ne permettront de vivre qu'aux enfans doués par la nature d'une organisation forte (1). L'union conjugale, mieux assortie, préférera de donner moins de fruits, mais des fruits plus beaux. L'espèce humaine perfectionnée, ne se montrera jalouse que de réparer ses pertes, sans prétendre à un accroissement, trop souvent fatal. Chaque famille, imitatrice de la nature, ne se verra jamais appauvrie par une trop riche fécondité; et le même arbre, tous les ans, sans quitter son champ, ne donnera de rejetons qu'autant qu'il en aura perdus. Ainsi, l'égalité régnera sans secousse et sans lacune. O Lycurgue! pourquoi n'es-tu donc encore que le législateur de Sparte!

On me proposa ensuite d'aller voir le tombeau de Dictys (2), qu'Idoménée, prince des Crétois, mena au siége d'Ilium, pour en écrire l'histoire; ce qu'il fit: l'ouvrage est renfermé dans son monument; on le communique aux étrangers. Homère le lut; mais tout plein de Lycurgue, j'y pris à peine garde.

La formule des inscriptions funéraires, en Crète, a de la philosophie.

---

(1) *Aristote lui-même approuve cette loi de Lycurgue. Politiq.* d'Arist, liv. VIII.
(2) J. Perizonii. *diss. de Dictye. in* 4°.

*Tel... a passé cinquante ans sur la terre, et n'en a vécu que dix ou vingt...*

C'est la suite d'un usage commun aux Thraces. Chez ces deux peuples, chaque soir, on jette dans un carquois, suspendu au chevet du lit, un caillou blanc ou noir, selon que la journée a été heureuse ou triste ; au trépas, on dénombre ces petites pierres, avant d'écrire l'épitaphe.

Enfin, on m'apprit qu'Epiménide, depuis plusieurs mois, habitait une grotte du mont Ida ; je m'y acheminai aussitôt. On me conduisit d'abord au tombeau de Jupiter. Ce n'est pas là où devait se trouver un sage. Je consentis à m'y arrêter un moment.

Une vieille colonne s'offrit d'abord à ma vue ; on y lit ce peu de mots, en très-vieux caractères grecs (1) :

« Ce n'est pas Jupiter qui tonne ; car il n'existe plus depuis long-temps.

Je pénétrai sous une voûte obscure et froide, éclairée d'une lampe ; à cette faible lueur, je distinguai à peine un autel dans la forme d'un tombeau. Au bas est écrit.

« ... *Jupiter gît ici* ».

Voyant que plusieurs mains profanes n'avaient pas craint d'accompagner cette inscription de différens commentaires religieux (2), je gravai à mon tour ces lignes :

« La nourrice de Jupiter eut l'indiscrétion d'écrire sur son berceau que cet immortel n'avait pas toujours vécu ; la métempsycose

---

(1) Lucien.
(2) St. Cyrille.

de l'indiscrette en diamant (1), servira de leçon à Pythagore : je m'abstiendrai donc de graver sur la tombe de Jupiter (2) : *Ci gît-un Dieu* ».

En me retirant, je vis qu'on se pressait de lire cette nouvelle inscription ; on la trouva fort étrange, sans oser en dire davantage : mon caractère d'initié mettait un frein aux paroles.

Cependant, un ministre des autels du dieu défunt me prit à part, pour me dire :

Honorable étranger, ton érudition est en défaut : le temps seul a effacé trois mots (4), qui donnaient un tout autre sens à l'épitaphe que tu as pris la peine de commenter ; saches qu'on y lisait dans l'origine :

*Minos, fils de Jupiter, gît ici.*

Je l'éprouvai plus d'une fois ; les prêtres ne sont jamais en défaut, ou pris au dépourvu; ils savent se tirer des pas les plus difficiles : ils ont toujours en réserve certaines restrictions qui les mettent à couvert ; il n'y a que le mépris du sage, auquel ils ne peuvent échapper.

Pendant que j'étais là, une Crétoise, fort âgée, vint déposer sur le cénothaphe une large forme de lait durci : c'est un ancien usage ; on croit honorer beaucoup les morts, en faisant à leurs mânes de telles offrandes, dont les vivans font leur profit.

L'homme que tu cherches, me dit-on, ne peut qu'être dans l'antre même où Minos se retira pour méditer ses lois.

Nous nous élevâmes par une vallée rapide,

---

(3) Plin. *hist. nat.* Ovid. *métam.*
(2) Porphyr. *vit. Pythag.*

plantée d'oliviers et de platanes, qu'embrassent des ceps de vigne. Plus haut, nous rencontrâmes un bois de superbes chênes, consacrés à la divinité du lieu ; ils forment une large ceinture au mont Ida. En le tournant, je remarquai le changement des végétaux, selon l'exposition du flanc de la montagne. Le côté du septentrion est planté d'arbres vigoureux et de hautes futaies ; pressés l'un contre l'autre, ils offrent l'aspect d'une forêt épaisse. A l'occident, la pente est si rude, qu'on ne trouve ni bocages, ni vergers ; à peine y voit-on quelques tiges pour aider le voyageur à se hisser plus haut. Au bas de la montagne, de ce même côté, est un hameau, où l'on me prévint que j'aurais sept mille pas à faire pour atteindre le sommet. Le mont sur cette face, presqu'à nu, laisse pour ainsi dire, entrevoir son noyau de marbre gris (1).

En passant au midi, après avoir traversé un autre bois de pins sauvages et de cyprès, on rencontre des touffes d'arbrisseaux, dont la nature seule prend soin, tels que l'arbousier, l'adrachne, l'éleprine, l'alaterne et le cistus avec sa gomme, le thymèle et l'oxycèdre. Des troupeaux de chèvres fréquentent ces lieux.

La région orientale du mont Ida est la plus riante et la plus tempérée ; ce sont d'abord de belles plaines, qui vont en s'élevant d'une manière insensible, et qu'arrosent de jolis ruisseaux. Le sol d'en bas est susceptible de la meilleure culture ; aussi a-t-il dans son voi-

---

(1) R. Pockocke. *voyages.*

sinage quantité d'habitations. Au-dessus, la vigne réussit parfaitement; et encore au-dessus sont des pâturages que je traversai pour parvenir enfin à la grotte vénérée de Minos. Plusieurs essaims d'abeilles semblent en garder les avenues, et en défendre l'approche.

Mon guide me quitta brusquement en cet endroit, me disant : « Etranger, je vois de loin l'objet de ton désir ; je te laisse avec lui ».

Je regardai autour de moi, ét n'aperçus qu'un troupeau sous la garde d'un vieillard portant sa chevelure blanche dans toute sa longueur, contre l'usage des autres insulaires. J'allai à lui : « Mortel respectable, lui dis-je, indique-moi la route qui conduit à la grotte de Minos ». Il me répondit : « Si tu peux attendre un moment, je t'offre de t'y mener moi-même ; le gardien de ce bétail doit être de retour dans peu d'instans ; je dois lui remettre le dépôt qu'il m'a confié ».

Le jeune pâtre arriva, et dit : « Pardon, Epimenide ; j'ai beaucoup tardé. Reçois mes actions de grâces ; tu es le plus obligeant des hommes, et moi le plus heureux ; je le tiens, l'aigle du mont Ida, qui a enlevé et déchiré entre ses griffes le plus chéri de mes agneaux ; il vient de payer de sa vie le tort qu'il m'a fait ; ses ailes et sa peau m'en dédommageront. Demain j'irai les vendre aux faiseurs d'arcs et aux pelletiers de Gortyne. J'ai été bien secondé par mes compagnons de la vallée de Minos... ».

Après avoir laissé le temps à ce jeune homme de déployer sa joie :

« Quoi ! m'écriai-Ije, le célèbre Epimenide, gardant un troupeau de moutons, sur le mont Ida, près de la grotte de Minos !

ÉPIMÉNIDE. Voyageur ! aimerais-tu mieux me rencontrer à la tête d'un troupeau d'hommes.

PYTHAGORE. Tu y serais plus à ta place.

ÉPIMÉNIDE. Et moins à mon aise ; je reviens à ma première profession (1), que j'eus tort de dédaigner ; mais en ce temps j'étais jeune, sans expérience. Je ne connaissais pas l'espèce à laquelle j'appartiens. Je voulus voyager, et ce que j'appris dans mes courses ne m'inspira d'autres desseins que de rentrer dans mon île natale, pour y achever de vivre avec moi seul : mais en Crète, parmi des insulaires envieux et désœuvrés (2), peu jaloux de leur parole, ennemis du travail, amans de la débauche ; le moyen d'exister en paix !... Nos Crétois, vaniteux et bruyans, ressemblent aux cymbales qu'ils ont inventées (3). La tombe seule, ou un état voisin de la mort, pouvait me procurer le calme que je désirais. Un long sommeil, une profonde léthargie s'empara de mes sens et les enchaîna pendant plusieurs mois ; c'était une suite naturelle des fatigues excessives que j'avais supportées pendant mes voyages. Je me réveillai pourtant ; mais il me vint à l'esprit une idée bizarre : j'allai secrètement me renfermer dans la plus inconnue des cavernes dont cette île est remplie, et je fis un mystère de ma retraite, même à ma famille ; un ami seul fut de la confidence ; il se chargea de mes besoins, qui se réduisaient à peu de chose, c'était

---

(1) Diogène Laërce. Apuleïus. *flor.* II.
(2) *Naturâ invidi, faedifragi et ventres pigri, teste Epimenide cretensi*, dit un lexigraphe.
(3) Fr. Adolp. lampe, *de cymbalis*. lib. II. 1703.

du miel, du lait de chèvre et du pain. Ma grotte avait une issue dérobée, dans un petit labyrinthe, tel qu'il s'en trouve au pied des montagnes de ce sol inégal. La nature, un ami et des tablettes, occupèrent cinquante années de mon existence (1) ; j'en avais passé sept à voyager.

Pendant ma retraite, je composai mon poëme sur l'expédition des Argonautes, que la Gréce assemblée voulut entendre, quoiqu'il renferme près de sept mille vers (2). J'y prouve une assertion qui n'est pas moderne ; je rappelle aux hommes que cette toison d'or, tant célébrée par les Muses, est ce bélier, signe du zodiaque, visité par le soleil du printemps.

De toutes mes compositions, celle-ci est la plus importante, et je la prise bien au-dessus de ma Théogonie (3), et de la génération des Corybantes et des Curètes dans cette île.

PYTHAGORE. On m'a parlé d'un certain autre ouvrage où tu décris une république parfaite et heureuse (4).

EPIMENIDE. Il n'est pas encore fini, et ne sera publié qu'à ma mort. Il m'attirerait trop d'ennemis, principalement ici. Je prouve aux Crétois qui s'obstinent à se dire libres, égaux et républicains, que pour l'être en effet, il faut des mœurs et point de luxe, une hono-

---

(1) Nombre multiple, synonyme de *plusieurs* ou *beaucoup*, chez les Anciens.
(2) Diogen. Laërt.
(3) Poëme de cinq cents vers. *Vie d'Epimenide*, par Diogène Laërce.
St Jérome prétend qu'on trouve des vers d'Epimenide, cités dans les *épitres* de St-Paul.
(4) Diog. Laërt. *in vitâ Epimen.*

rable médiocrité et point d'ambition. Mes compatriotes en sont loin.

Plus le temps de ma léthargie supposée dura et devint merveilleux (1), plus le peuple y ajouta foi. Personne ne s'avisa de vérifier un fait aussi extraordinaire. Le plus incrédule n'en douta plus, quand il vit mon frère disposer, à la mort de nos parens, de l'héritage commun qu'ils nous laissaient. Le sommeil d'Epimenide est déjà devenu proverbe dans toute l'île (2).

J'aurais dû peut-être persister jusqu'à la dernière heure de ma vie dans cette résolution (3). Je voulus jouir de mes droits, et ne pas demeurer tout-à-fait inutile à mes semblables. Mon réveil me promettait quelque révolution heureuse sur l'esprit frappé de la multitude. La singularité de l'aventure, et ces longs cheveux blancs semblaient me donner le privilége de proclamer quelque vérité grande et forte dont ce peuple a besoin. Il aime les poëtes, je le devins nécessairement dans ma longue solitude. Je reparus au monde, armé de satyres vigoureuses contre les vices contemporains. Je contrefis l'étonné en cherchant mon toit natal, et feignis de vouloir reprendre mes premières habitudes, afin de provoquer la surprise, et pour disposer le peuple à m'entendre et à se corriger. Vains stratagêmes ! je ne fus à Cnosse, à Gortyna

---

(1) Plato, *de legib.* I et II. Plin. *hist. nat.* VII. 52. Suidas,

(2) *Ultra Epimenidem dormire.* Proverb.

(3) Epimenide vécut cent cinquante-sept ans, selon Theopompe, cité par Pline, *hist. nat.* VII. 48, et par Valère-Maxime, VIII. 13.

et ailleurs que la nouvelle du jour qu'on oublia le lendemain. Mes vers sanglans irritèrent l'amour-propre, et n'arrêtèrent point le débordement des mauvaises mœurs. Je me repentis enfin de n'avoir pas toujours vécu pour moi, et d'être sorti de ma grotte, ou du moins je nourrissais l'espoir de rendre un jour les hommes meilleurs.

Mortel étonnant! m'écriai-je, comment se fait-il qu'avec les lois de Minos et ton exemple, les Crétois ne soient pas devenus la plus sage des nations?

EPIMENIDE. Initié de Thèbes, j'en aperçois sur ta personne le signe respectable; tu n'en es pas à l'apprendre. Mais pour ourdir la traîne de tes connaissances, tu as besoin peut-être de détails; je vais t'en donner; atteignons la cime du mont Ida: nous y serons plus loin des hommes, et plus près de la nature; par-conséquent mieux disposés à traiter de ces grands objets.

Nous entreprîmes le chemin qui reste à faire pour parvenir de la grotte de Minos au dernier sommet du mont Ida.

Nons nous arrêtâmes dans un lieu nommé *Cyrte*, devant plusieurs colonnes (1), chargées de vieilles inscriptions tracées par les Dactyes; je retins celle-ci: « Amis de la paix, Mars n'est point notre Dieu; Jupiter non plus, ni Saturne, ni Neptune, n'est notre roi. Nous ne reconnaissons pour souverain que Vénus, déesse de l'amitié. Voyageur! offre lui en passant de l'encens et du miel, avec un rameau de myrthe ».

---

(1) Porphyr. *abstin. de la chair.* II, 21.

Après

Après nous être acquittés de ce pieux devoir, nous continuâmes notre route.

Quatre heures s'écoulèrent dans ce voyage pénible, surtout pour un vieillard ; mais Epimenide portait le fardeau de ses années avec beaucoup de vigueur.

Le point le plus élevé est une petite plaine bordée de roches. Nous y trouvâmes quelques chèvres, dont le pasteur nous fit accueil ; il nous donna du lait de son petit troupeau, en appelant Epimenide son père. Les pâtres crétois étaient ceux de toute l'île qui professaient la vénération la plus constante envers ce sage vieillard ; ils le nommaient quelquefois le dieu des bergers.

Le spectacle dont on jouit sur le mont Ida (1), est ravissant, et frappe d'autant plus qu'on ne saurait résister long-temps à la vivacité de l'air ; qu'on y respire avec peine.

Cependant je voulus me reposer un moment à la même place où le père immortel de l'Iliade impérissable fait asseoir le maître des Dieux et des hommes pour contempler à loisir tout ce qui se passe à ses pieds sur la terre. Le nom d'*Ida* (2) convient parfaitement à cette montagne. Il en est peu qui puissent offrir une vue aussi étendue et aussi magnifique.

J'y vérifiai en même temps une observation :

« Un gnomon (3) de trente-cinq parties projetterait vingt-quatre parties d'ombre au temps de l'équinoxe.

---

(1) Aujourd'hui *Upsilorites*.
(2) ἰδεῖν, voir, *videre*.
(3) Plin. *hist nat.* VI. 34.

La plus longue journée y dure quatorze heures et la cinquième partie d'une heure.

« Epimenide m'attendait un peu au-dessous dans une caverne étroite et bien abritée. Le jeune pâtre s'étant offert de nous servir tant que nous y séjournerions. J'acceptai avec empressement la proposition du vieillard d'y rester jusqu'à l'instant de notre séparation ; alors Epimenide me parla en ces termes :

« Le mont Ida a toujours été le théâtre des plus grands événemens. Il a vu autour de lui autant de révolutions que le reste de la terre, dont nous apercevons d'ici un beau fragment. Et pourtant, l'Ile de Crète n'est pas, à beaucoup près, le pays le plus fertile en grands hommes. Elle a donné naissance à quelques poëtes historiens, à deux ou trois hommes d'état, et c'est tout.

Ses premiers habitans furent des aventuriers, des artisans expatriés qui s'y fixèrent; à côté des mines de cuivre du mont Dictum. leurs mains industrieuses y fabriquèrent des armes si meurtrières et d'un effet si prompt qu'on les prit pour la foudre elle-même ; les métaux destructeurs procurérent une population à cette île, déserte avant leur découverte fatale.

PYTHAGORE. L'histoire humaine est remplie de ces constrastes.

EPIMENIDE. Ces hommes de forge avaient un chef impérieux et entreprenant qui s'empara du nom de Jupiter.

Sur le mont voisin, l'Ida, existait une société de mortels dont le nombre fixé par eux-mêmes ne devait jamais outre-passer celui des doigts de l'une et de l'autre main. Ce qui les fit nommer *les dactyles idéens*. Un deux présidait tour-à-tour les neuf autres. C'étaient des savans et des sages qui vinrent chercher à travers les flots de la mer un lieu de franchise et de paix. Les dix premières villes de Crète furent bâties par la suite en leur honneur. Cette petite colonie habitait les creux de la montagne, et vivait de fruits, de miel et de racines : ils s'occupaient aussi des métaux ; mais seulement pour les faire servir d'instrumens à l'agriculture et à la musique. On leur doit les plus belles découvertes venues jusqu'à nous sous d'autres noms que les leurs. On cite à peine *Celmis* et *Damnanée* (1). La postérité, ingrate à leur égard, eut l'injustice de confondre les dactyles avec les corybantes fanatiques.

Jupiter avait toute l'intrépidité d'un conquérant ; il lui manquait la sagesse du législateur ; et chaque jour, il sentait le besoin de lois pour contenir ses compagnons et d'autres peuplades rassemblées au bas de la montagne. Inquiet et pensif, il s'écarte du chef-lieu de son informe établissement, il s'égare, et rencontre la demeure des Idéens. La surprise est réciproque. On se rapproche, on se consulte. La force cède à la raison ; Jupiter consent à devenir élève sur le mont Ida pour se remontrer législateur sur le mont Dictum, où l'attendait sa monarchie naissante. Ingrat envers ses bienfaiteurs, il les rendit odieux sous le nom de géans ou de titans; la crainte qu'on ne découvrît la source où il avait puisé, le fit agir ainsi. Il y eut des guerres. Jupiter ne posa la

---

(1) Chronique de Paros.

foudre, que quand il se vit sans concurrens. Le Dieu mourut, et eut l'inconséquence d'ordonner son tombeau, n'osant trop compter sur un autel. Il obtint l'un et l'autre.

PYTHAGORE. Cela devait être ainsi ; tandis que nos sages et savans dactyles, dispersés par la violence de leurs contemporains jaloux, furent indignement travestis et calomniés par leurs successeurs. Epimenide ! dormons, ou feignons de dormir. Les amis de la justice et de la vérité n'ont rien de mieux à faire, pour obtenir la grâce de vivre tranquilles.

EPIMENIDE. Jupiter ne fut pas le seul de nos rois, qui se distingua par sa férocité : nos annales font mention d'un autre monarque qu'elles nomment Cydon (1). Il avait une fille, promise à Lycaste, l'un des principaux de l'île. Le peuple né remuant en Crète, plus peut-être que par tout ailleurs, s'insurge, on ne dit pas pourquoi ; Cydon fait parler l'oracle. Le trépied demande à être arrosé du sang d'une vierge ; le sort tombe sur la fille du roi. Cydon n'hésite point ; dans l'alternative, il aime mieux cesser d'être père que monarque.

PYTHAGORE. Comme depuis fit Agamemnon.

EPIMENIDE. Je t'épargne la nomenclature fastidieuse de ses successeurs plus ou moins barbares, plus ou moins habiles, pour en venir à Minos.

Celui-ci, moins puissant, fut aussi adroit que Jupiter dont il se fit passer pour un descendant (2). Il n'en était que le copiste. Son frère, génie profond, avait recueilli la suc-

---

(1) Parthenicus, *epotic.* XXXV.
(2) Pausan. *lacon,*

session des Idéens, tandis que Minos aggrandissait l'héritage de son divin aïeul. Ce dernier dit à Rhadamante (1): « Rédige des lois, je vais faire des conquêtes. » A son retour, le conquérant chasse le législateur, s'empare de son travail, et se retire dans une caverne du mont Ida, pour faire graver, au nom de Minos, les lois de Rhadamante, sur des tables d'airain. En même-temps, il ordonne de creuser le labyrinthe pour y ensevelir, vivant, tous ceux qui lui feraient ombrage. Il invente des instrumens de supplices inconnus jusqu'à lui, afin de contenir par l'effroi quiconque oserait lui contester le titre de législateur. Il n'en jouit pas long-temps. Mais son ambition et sa vanité furent satisfaites. Jupiter avait été proclamé roi du ciel, ou dieu de la région des nuages; ce qui convenait à son empire sur les plus hautes montagnes de la terre. Minos fut déclaré le juge souverain des enfers : il eut le déplaisir de partager, après sa mort, cette place avec son frère qu'il avait écarté du trône des lois pendant sa vie.

PYTHAGORE. C'est donc avec justice qu'Homère a flétri dans l'un de ses poëmes la mémoire de Minos (2), en le désignant à la postérité comme un roi *pernicieux et cruel*.

EPIMENIDE. Mais pourquoi dans le même poëme, appelle-t-il ce même prince le *disciple des Dieux* (3)? Est-ce à cause des lois qui portent son nom et qui appartiennent à son

---

(1) *Défense du pagan.* par l'emp. Julien.
(2) *Odyss.* XI. V. 320.
(3) *Odyss.* XIX.

frère ! J'ai rectifié cette inexactitude dans mon poëme sur Rhadamante (1).

Epimenide se tut un moment, puis il me dit : « On t'a montré au pied de cette élévation, le tombeau de Jupiter ; descendons un peu plus bas, je veux te montrer, à mon tour, les jouets de son enfance. On les garde religieusement, au fond d'un sanctuaire creusé dans le marbre, sur le flanc oriental du mont Ida. Tu jugeras, par toi-même, de l'empire des bonnes lois sur un peuple superstitieux ».

Nous descendîmes quelques centaines de pas. Nous entrâmes dans une caverne où des prêtres, que la présence d'Epimenide embarrassait un peu, me découvrirent sur un large autel le berceau de Jupiter nouveau né, avec ses langes (2), le hochet et les grelots d'airain dont on l'amusait (3), enfin les petits tambours des Corybantes. La Divinité, elle-même, y est représentée sous les traits d'un enfant assis sur une chèvre et portant une boule dans la main : je lus au bas une courte inscription lapidaire (4) :

On me montra encore la dépouille d'une chèvre, dégagée de ses poils ; mais on ne me permit pas d'y toucher. Je ne vis qu'une peau sèche et couverte de caractères très-menus qui me parurent illisibles. Etranger, me dit le pontife ; le mortel qui saurait le contenu de ce parchemin, pourrait se dire plus savant que tous les Dieux ensemble. Tu

---

(1) Diogen. Laërt. *vita philosophorum.* I.
(2) Ant. Liberalis.
(3) Tertulien. *apolog.* X. La *telecomanie.* p. 2. *in*-12.
(4)        Bono Deo.
     Jovi. Puero.
           *Mém. acad. Berlin.* 1746.

vois ici la peau d'Amalthée (1); quand Jupiter eut perdu sa nourrice, par reconnaissance et pour lui rendre honneur, il traça lui-même de son doigt divin, sur cette peau, tout ce qui s'est fait, et tout ce qui se fera dans le monde. Malheureusement pour les mortels, l'écriture du père des Dieux est indéchiffrable; sans doute afin qu'aucun de nous n'abusât de ce dépôt précieux. Car il n'est pas bon que le peuple n'ignore de rien.

Un autre prêtre vint à moi pour me dire: « Je suis Morgus, l'un des dactyles idéens! Veux-tu te faire purifier avec la pierre de foudre (2)?

Je feignis ne l'avoir point entendu : il insista. Je cédai, pour ne pas le rendre trop confus par mon dédain; et d'ailleurs, je m'étais imposé la tâche de tout voir. Morgus me reçut parmi les *mystes* (3); on m'enveloppa de la peau d'un agneau noir, avant de me faire coucher, visage contre terre, sur la rive d'un ruisseau ; j'y passai toute une nuit dans cette attitude, préliminaire indispensable pour être purifié par la vertu d'une pierre de foudre. Enfin, je fus admis dans l'antre idéen, tapissé de laine noire; j'y demeurai, l'espace de trois heures entières, pour participer aux sacrifices, et m'asseoir dans la chaise que Jupiter vient lui-même occuper tous les ans pendant trois fois neuf jours (4).

---

(1) Voy. le proverbe *antiquier diphthera*.
Voy. Guilandini *papyrus*. 178 et 179. *in-12*. 1613.
(2) Porphyr. *vita Pythag*. XVII.
(3) Aspirant à l'initiation aux mystères.
(4) Ces détails se trouvent dans Porphyre, *vie de Pythagore*.

Je rougis encore de m'être prêté à ce grave et puéril cérémonial.

Les caractères illisibles tracés sur la peau de la chèvre, me rappelèrent la perte de tout un livre de Brachma, renfermant des secrets divins. Je dis à Epimenide :

« Aux Indes, en Crète et sans doute partout, les hommes qui ont le plus de prétention à la science, s'abstiennent de s'expliquer sur certains objets. Ils préfèrent de passer pour ignorans. La crainte des suites inséparables de la hardiesse de tout dire, les rend circonspects ».

EPIMENIDE. Peu de vérités importantes seront découvertes, tant qu'il n'y aura de sureté qu'en les taisant.

Nous descendîmes plus bas encore, en tournant au septentrion : là, nous trouvâmes des ateliers remplis de forgerons ; les cavités du mont Ida retentissaient du bruit des marteaux frappant sur de lourdes enclumes, avec une justesse d'harmonie, qui me rappela mes premiers observations musicales, faites à ce sujet en Egypte (1).

## §. CXIX.

*Epimenide et Pythagore. Lois de Minos.*

EPIMENIDE me prit à part pour me dire : « Tu vois cette activité, cette industrie de tout un peuple ; elle vivifie toute l'île ; n'attribue pas ces heureux effets aux sages lois qui portent le nom de Minos. Garde ces lois, et supprime le berceau et la tombe, le hochet et le petit

---

(1) Voy. tom. II de cet ouvrage. §. LXI. p. 47.

tambour de Jupiter; de ce moment, plus d'industrie, plus d'activité! le mont Ida devient désert, et la Crète un lieu sauvage ».

Pythagore. Epimenide, ne se peut-il que les lois de Minos et les hochets de Jupiter ne produisent concurremment ces heureux effets?

Epimenide. Je l'ai cru d'abord; la cruelle expérience m'a détrompé bien vîte. Sache donc que ces belles lois sont devenues de belles ruines qu'on ne va voir que par curiosité et désœuvrement (1); la foule se porte chez les prêtres de Jupiter. Il en sera de même des lois de Solon.

Pythagore. Malgré les expiations de la ville d'Athènes (2).

Epimenide. Ne m'oblige-pas à rougir devant toi. J'ai essayé de tous les moyens pour purifier le peuple de ses erreurs; et mes succès n'ont été qu'éphémères. On m'accorda le titre révéré de fils d'une nymphe, et de nouveau Curète; et on s'en tint là. Contre mon attente, en voulant guérir les hommes de la superstition, je leur en ai fait connaître une de plus. Ils ont rejeté le fruit et gardé l'écorce. Mais j'entends du bruit et beaucoup d'agitation; on célèbre aujourd'hui la fête du mariage de Jupiter. Il faut que tu en sois le témoin; et que tu juges par toi-même des inconséquences qui servent d'alimens à l'ame imbécille du vul-

---

(1) *AEgyptum primo, mox Babyloniam profectus (Pythagoras), inde regressus Cretam et Lacedaemona, ad cognoscendas Minoïs et Lycurgi, inclytas eâ tempestate, leges contenderat.*
Justin. XX. 4. Voy. aussi Strabo. *geogr.* XIV.

(2) Diog. Laërt. *Epimen.* I.

gaire. Je ne t'inviterais pas de cette fête, si comme autrefois on y sacrifiait encore des enfans à Saturne.

PYTHAGORE. Des enfans!

EPIMENIDE. Oui! ailleurs, on expose dans les bois, ou sur les fleuves les nouveaux nés d'une conformation vicieuse; ici, on leur écrasait pieusement la tête avec une pierre.

PYTHAGORE. Quelles horreurs!

EPIMENIDE. D'autres en ont pris la place. La superstition ne s'arrête pas en chemin.

Nous vîmes venir à nous la pompe sacrée. La statue de Cybelle ouvrait la marche, traînée sur un char à quatre roues.

PYTHAGORE. La déesse de la terre est apparemment l'épouse du Dieu qui préside à l'air.

EPIMENIDE. Tu reconnais ici un chapitre de la science naturelle, écrit dans le style des poëtes et des prêtres.

Devant Cybelle, autour d'une représentation du berceau de Jupiter, des pontifes exécutent la danse pyrrhique en tournant sur eux-mêmes, rapidement et en mesure, au son des cymbales de cuivre, et au bruit des boucliers de fer heurtés les uns contre les autres.

Les malheureux! Ils dansent, et semblent s'aplaudir de leur nullité (1).

Vient ensuite la statue de Jupiter, sans oreilles, et sans barbe. Ces deux attributs essentiels de la tête manquent au simulacre.

PYTHAGORE. Epimenide! cette idée est belle, de représenter les Dieux maîtres du temps, et faisant le bien sans qu'on les en prie!

---

(1) Les prêtres de Cybèle se rendaient eux-mêmes eunuques.

ÉPIMÉNIDE. C'est là le grand art des fondateurs de cultes : quelques motifs sages couvrent d'un voile officieux cent absurdités, mille impertinences.

PYTHAGORE. Que signifie cet autre simulacre d'un homme sans tête ? Est-ce encore un Dieu ?. Un Dieu sans tête !

ÉPIMÉNIDE. C'est un hommage un peu tardif rendue à la virginité. Un riche Crétois abusa d'une jeune insulaire, que les poëtes qualifient de nymphe de Diane. L'infortunée qui ne put éviter l'outrage, sçut en tirer vengeance. Elle administra au sacrilége un philtre qui lui ôta l'usage de sa raison. Il devint stupide, au point qu'il ne put se vanter de son forfait, ni publier le déshonneur de sa victime. Les prêtres qui avaient besoin de relever le culte, un peu négligé, de la chaste Diane, s'emparèrent de cette aventure au profit de leurs autels.

PYTHAGORE. Je remarque que le peuple s'amuse de l'image, et ne pénètre pas jusqu'au sens qu'elle renferme.

ÉPIMÉNIDE. Tous les types religieux ne frappent qu'à la première vue ; on se familiarise bientôt avec, et dès-lors, ils ne produisent plus l'effet attendu.

Deux chiens de haute espèce, de ceux qu'on nomme dans le pays *diaponés*, escortent la statue de Diane. Ces animaux sont préposés à la garde des temples pendant la nuit. Le reste de la cérémonie religieuse ressemble beaucoup à la grande fête de Junon Samienne.

ÉPIMÉNIDE. Nos Crétois, à les en croire, seraient les aînés des peuples ; puisqu'ils se disent les inventeurs du culte (1). Cette découverte date du même temps que celle du fer homicide, et cela devait être. En Crète, comme à Carthage, la hache et le glaive firent couler le sang sur le plus ancien des autels, celui de Saturne. Et par une inconséquence trop commune, les victimaires sacrés proscrivent de leurs alimens toute substance auparavant animée.

On s'abstient assez généralement dans notre île de la chair du porc : il fallut imaginer une fable religieuse (2), pour détourner le peuple de cette nourriture indigeste.

Pythagore. Ainsi que chez une horde esclave et voisine de l'Égypte (3).

Epimenide. Nos Corybantes en sont tout orgueilleux, et disent : « La religion est donc chose utile. Les prêtres sont donc nécessaires. »

Pythagore. Comme les loups de Crète dont on faisait peur aux enfans importuns (4), avant qu'Hercule vînt en purger l'île.

Enfin, nous entrâmes dans l'antre de Minos : toutes les lois publiées en son nom, tapissent les parois de marbre sur des lames de cuivre. Quelques-unes de ces lames se détachent de la muraille pour être transportées et offertes à la vénération du peuple.

Epimenide. Le peuple s'en tient là, et vit comme s'il n'avait plus de lois. Il ne s'informe même pas à qui il est redevable d'un code que les autres nations viennent copier. A peine

---

(1) Salustius apud Servium. *Æn.* III.
(2) Voy. Meursius.
(3) Les Juifs.
(4) *Ælian. hist. anim.* III. 32.

daigne-t-il prononcer le nom de Rhadamante à la suite de celui de Minos.

PYTHAGORE. Il faut un grand amour de la justice pour consentir à être législateur.

EPIMENIDE. Rhadamante lui-même ne fut point exempt de reproches, et manqua de courage ; ou bien, il se vit obligé de céder à l'ascendant du génie de son frère : c'est ici qu'ils se réunissaient tous deux, pendant la nuit, pour aviser à une forme de gouvernement.

On doit d'immortelles actions de grâces à Rhadamante, si ce fut lui qui posa ce principe, le fondement de toute législation, que tu peux lire sur cette première table :

« Aux jeunes citoyens est interdit l'examen des lois (1) ; s'ils en parlent avec légèreté, qu'ils soient repris !

Aux vieillards seuls appartient d'y trouver à redire ; qu'ils s'en abstiennent pourtant, en la présence des jeunes hommes. Qu'ils n'en parlent qu'entre eux, ou au magistrat !...

Les Crétois choisiront dix des principaux d'entre eux pour être magistrats. Ces magistrats ne le seront qu'un an ».

PYTHAGORE. Un an est-il asssez pour prendre le véritable esprit de cette profession grave et importante ?

EPIMENIDE. Le législateur a peut-être voulu prévenir l'esprit de corporation, si voisin de la corruption. Peut-être aussi a-t-il désiré qu'on donnât le pas à l'équité naturelle sur la connaissance profonde des lois.

« Celui d'entre eux qui abusera de sa place,

---

(1) Plato. *de legib.*

en sera chassé, pour n'y plus rentrer, après le jugement de ses collégues assistés du peuple.

Les dix premiers magistrats s'adjoindront des Anciens, médiateurs entre le peuple et les magistrats suprêmes.

Les citoyens formeront plusieurs sociétés, lesquelles auront l'administration des biens pour l'assurance des revenus publics.

Le décime de toutes les productions de l'île de Crète est consacré aux Dieux.

PYTHAGORE. Epimenide, que penses-tu de cette loi?

EPIMENIDE. Ce qu'on met à part pour les Dieux n'est point perdu pour les hommes. La desserte des autels passe sur la table des familles sacerdotales.

PYTHAGORE. Et celle des indigens reste nue.

EPIMENIDE. Il n'y a point de pauvres en Crète. Notre île offre le spectacle de l'excès opposé.

« Tous les citoyens, même les esclaves, sont tenus à une imposition personnelle.

Dans chaque cité, deux maisons communes; l'une à l'usage des habitans du lieu; l'autre pour y recevoir les voyageurs et les étrangers.

Deux tables seront dressées tous les jours dans le même lieu. La première, destinée à ceux qui réclament l'hospitalité; la seconde, à tous les citoyens ».

EPIMENIDE. Tu remarqueras que Lycurgue a gâté cette loi (1), en se l'appropriant. A Sparte, ceux qui ne peuvent apporter leur contingent, n'ont pas le droit de s'asseoir aux tables communes; il faut que le pauvre meurt de faim,

---

(1) Aristotel. *de republ.*

ou dérobe sa nourriture. En Crète, c'est la patrie elle-même qui, de ses seules épargnes, alimente tous ses enfans, sans rien exiger d'eux que des vertus publiques.

PYTHAGORE. Pour prononcer entre les deux peuples, il faudrait, ce semble, savoir préalablement lequel des deux paye le plus d'impositions.

Les portions sont égales pour tous les convives. Une seule coupe de vin, sans mélange, passera sur les lèvres des hommes-faits. Une autre coupe remplie d'eau colorée de vin, pour les jeunes hommes. Une femme présidera chacune de ces tables, pour y distribuer les meilleurs mets aux convives plus connus que les autres par leurs services ou leurs talens.

PYTHAGORE. J'aime cette institution : « une femme est à sa place dans un banquet public dont elle fait les honneurs avec discernement et décence.

A la fin du repas, les anciens discuteront les affaires publiques ; et les hommes faits célébreront la mémoire des sages et des héros, en présence des jeunes citoyens.

Le jeune homme ne mangera point, avant de s'être exercé à l'arc ou à la fronde.

Il y aura une fête à Mercure, pendant laquelle les maîtres et les serviteurs changeront de place.

L'usurier subira la peine du voleur.

La loi déclare infâme le citoyen incapable d'avoir un ami.

L'adultère sera couronné de laine, et vendu au marché public.

En paix comme en guerre, un Crétois ne sortira jamais de sa maison sans ses armes ».

PYTHAGORE. Pourquoi *en paix?*

« Dans les tribunaux, les preuves et la loi tiendront lieu de raisonnemens et d'éloquence. On n'y jurera point par les Dieux; on dira : « Ce que je déclare est aussi vrai qu'il est vrai que voilà un chien qui garde les portes du temple de Diane ».

« Les jeunes hommes ne se permettront le plaisir de la danse qu'au milieu de glaives nus, etc. (1) ».

PYTHAGORE. Pourquoi l'appareil de la guerre, au sein des plaisirs domestiques ?

EPIMENIDE. D'après la lecture de ces tables, Pythagore conviendra qu'il y a plus de lois qu'il n'en faut pour rendre une nation vertueuse, aguerrie et fortunée. Descendons dans la plaine, entrons dans la première ville, et voyons si les mœurs crétoises répondent à la sagesse de la législation du pays.

Épimenide dirigea nos pas vers la petite ville d'Etea.

EPIMENIDE. Ils sont peu d'habitans; la corruption les atteint comme dans les grandes villes. Demeurons un moment sur la place publique, et sois le témoin de l'accueil qu'on fait en Crète aux amis des lois.

De longues tables, couvertes de mets exquis, étaient dressées; le vin coulait par flots : des hommes ivres, des femmes sans retenue, dans le maintien comme dans les discours; des jeunes gens pleins de suffisance, qui vinrent pirouetter autour de nous, en riant avec éclat; des citoyens, forts et robustes, couchés sur de longs siéges, pendant l'heure du travail....

---

(1) La danse pyrrhique.

» Concitoyens !

« Concitoyens ! s'écria Epimenide, à cette vue, en s'adressant à tous ces groupes d'oisifs : que faites-vous ici ? pourquoi ces longs festins ? la loi n'en a-t-elle pas marqué l'heure et la durée ? serait-ce donc ici l'autel de la paresse, de la débauche et de la gourmandise ? en célébrez-vous donc la fête tous les jours ? Jeunes efféminés ! levez-vous et marchez. Avez-vous oublié ce qu'on vous fit apprendre dans les écoles, que Rhadamante était le plus sobre et le plus modeste des hommes. Pourceaux impurs, rentrez du moins dans vos étables ; et dérobez vos scandaleuses orgies aux regards du voyageur sage qui vous honore de sa visite ».

C'était en vers qu'Epimenide gourmandait ainsi ses concitoyens ; il avait, pour ainsi dire, contracté l'habitude de la poësie.

On lui répliqua : « Poëte dormeur, retourne dans ta caverne pour y achever tes rêves sinistres ; ou fais comme les lois, elles se taisent ».

Une jeune fille, dans un désordre qui tenait du cynisme, vint à moi, pour me dire : « Etranger, reste avec nous, et laisse aller tout seul ce vieux rêveur. Le nectar de Bacchus est préférable à l'eau lustrale d'Epimenide (1) ».

Nous nous retirâmes, en pliant les épaules.

EPIMENIDE. Toutes les villes de la Grèce ressemblent à celle-ci. Pythagore, devait-on s'attendre à ce résultat, en les rendant à leur indépendance. La liberté, de bonnes lois, un beau sol, avec de telles mœurs !... On serait porté à croire que les bonnes lois, la liberté, la nature et la vertu ne sont point faites pour

---

(1) Allusion aux purifications d'Epimen. dans Athénée.

le grand nombre. Une poignée d'hommes de chaque nation, jouit exclusivement de ces biens.

PYTHAGORE. Les lois que je viens de parcourir ne me paraissent pas répondre à la sévérité de Rhadamanthe, passée en proverbe (1).

EPIMENIDE. Et qu'il n'exerce que chez les morts.

PYTHAGORE. C'est pourquoi son code ne corrige point les vivans ; il savait bien quelles lois il fallait à ses compatriotes ; mais on en a renvoyé l'exécution au tartare. Les vivans en ont plus besoin que les morts.

EPIMENIDE. N'oublie pas que les lois de Crète sont l'ouvrage de deux hommes du même sang, mais non du même caractère.

PYTHAGORE. On s'en aperçoit : elles respirent des principes démocratiques, qui ne peuvent être émanés de celui qui fut le plus roi de tous les rois mortels, dit le bon Hésiode.

EPIMENIDE. C'est un trait de l'hypocrisie des princes. Minos comptait beaucoup sur le temps qui relâche tout. Il rejetait le poids de l'administration sur Rhadamante, et s'en réservait tous les honneurs. La Crète, en se croyant une démocratie, fut l'esclave d'un despote. Minos avait plus de politique, et Rhadamante plus de sagesse.

PYTHAGORE. Et la Crète, avec ses belles lois, n'en a pas plus de vertus.

EPIMENIDE. Passons à l'autre extrémité de la ville, pour y voir l'un de ces hommes rares, qui n'en sont guères plus estimés de leurs

---

(1) *Judicium Rhadamanteum*, Erasm.

contemporains. La postérité seule leur rend une justice tardive.

## §. CXX.

*Pythagore dans le jardin de Myson, l'un des sept sages de la Grèce.*

Hors des murs, nous rencontrâmes un vieillard, vêtu d'une tunique fermée par une ceinture, le tout de laine. Il dételait ses bœufs (1). Nous le surprîmes dans un moment où il souriait.

Epimenide. Salut au sage Myson, fils de de Strymon.

Je dis tout bas à Epimenide : est-ce Myson, l'un des sept sages ?

Epimenide. Lui-même.... Mon cher compatriote, ton visage rayonne de joie et de contentement ; que t'est-il donc arrivé d'heureux ?

Myson. Le soleil va disparaître, et je n'ai eu la visite d'aucun importun ; j'espère finir ma journée sans voir un homme !... Tu es plus qu'un homme, mon cher Epimenide ; du moins, plus qu'un Crétois, et l'éloge n'est point exagéré.

Epimenide. Le travail ne te vieillit point.

Myson. J'ai vu pourtant déjà quatre-vingt fois l'automne (2).

---

(1) Myson prenait le soin de faire valoir par ses mains son petit héritage.
*Hist. crit. de la philosophie*, par Deslandes. tom. I.

(2) Myson mourut à quatre-vingt-sept ans.
Diog. Laërt. *vie des philosophes*. I.

Epimenide. Raconte à ce voyageur, qui sort des initiations de la grande Thèbes, comment tu fus admis au rang des sages de la Grèce.

Myson. Je n'ai pas couru beaucoup le monde, pour obtenir cet honneur, dont je ne soupçonnais pas même l'idée; et j'avoue qu'elle me paraît encore bizarre : déclarer à la face de la terre, que de tous les millions d'hommes qu'elle nourrit, il n'en existe que sept qui soient dignes du nom de sage!... Néanmoins, quand il s'agit de corriger les peuples et les rois, il ne faut pas être trop sévère sur le choix des moyens ; les plus grossiers sont ceux qui réussissent souvent le mieux. L'oracle d'Apollon pensa à moi, qui jamais ne pensai à lui. Il aurait mieux choisi, sans doute, même en Crète ; Epimenide avait moins que moi encore participé aux folies humaines, puisqu'il dormit cinquante ans : il est vrai que n'ayant jamais quitté ma terre natale, on pouvait me croire aussi sage que mon illustre compatriote ; s'il suffit pour l'être de vivre naturellement, sans faire autre chose. La prêtresse de Delphes administra la preuve d'un bon esprit, en honorant, dans ma personne, les mœurs un peu rudes, mais simples et innocentes du moins, d'un homme des champs, qui ne voulut jamais être que cela.

Quand Anacharsis vint m'apporter, de la part de Cléobule, le trépied d'or, j'étais ici, à cette même place, raccommodant le manche de ma charrue : « Myson, me dit l'envoyé, sans doute pour m'éprouver : l'oracle t'a déclaré l'un des plus sages de toute la Grèce ;

ce n'est plus le temps de faire le métier d'esclave que tu exerces en ce moment (1)».

« Au contraire (2), lui répondis-je, en continuant ma besogne ; le sage est le mortel qui laboure l'héritage de ses pères, pour le transmettre en bon état à ses enfans ».

Néanmoins, il me fallut obéir à la voix d'un Dieu, et pour conserver ma liberté, consentir à en sacrifier quelques instans. Je me rendis donc à ce fameux banquet royal, où je me trouvai fort déplacé ; aussi j'attendis à peine la fin du repas ; après avoir brûlé trois grains d'encens sur l'autel d'Apollon, je rentrai vîte dans mes foyers, et repris en main la corne de ma charrue, préférable au gouvernail d'une république. Ce voyage pourtant me fut de quelqu'utilité ; il me confirma dans ma haine, ou plutôt dans le mépris que je professe pour tout ce qui est peuple ou roi.

ÉPIMÉNIDE. Pythagore, les paroles de Myson ne sont point suspectes ; son père était un Porte-sceptre, à Chênes, petite ville de la Laconie.

MYSON. J'aurais changé d'opinion, si j'avais vu ma patrie, fière d'avoir un sage dans son sein, changer de mœurs, et mieux profiter des belles lois qu'on lui a données. On ne prend pas plus garde ici au sage Myson qu'aux lois de Minos. Il y aurait beaucoup de sagesse à oublier les hommes pour ne s'occuper que des choses. Dans cette île, ni les avis sages, ni ceux qui les donnent ne sont considérés.

---

(1) La culture des terres, en Crète, était abandonnée à des esclaves.
(2) Diogen. Laërt *vitae*.

Que les Crétois continuent à s'enrichir et à se corrompre ! je poursuivrai ma tâche d'homme de bien, sans mot dire ; j'aurai du moins la paix, et c'est beaucoup, dans le voisinage des hommes. J'ai repris mes travaux, je m'occupe uniquement d'économie rurale ; j'étudie la république, ou la monarchie des abeilles, qui se connaissent mieux en bonne politique que nous autres. En voici une espèce, dont le miel excellent repousse au lieu d'attirer les mouches parasites. Je cherche à découvrir la cause de cette vertu particulière. La cire que donne cette même famille d'abeilles a un degré de plus de perfection que celle du reste de l'île, déjà si parfaite, et que toutes les nations préfèrent aux leurs.

Ces abeilles (1), plus précieuses encore que leurs compagnes, sont originaires du mont Carmel.

PYTHAGORE. Sage Myson ! rien de plus ingénieux que ces ruches composées de pierres (2) transparentes (3) : tu peux à loisir suivre le travail de tes abeilles, sans les troubler : elles n'ont plus de secrets pour toi.

MYSON. Que ne peut-on en faire autant de l'ame humaine ? il n'y aurait plus d'hypocrites, si l'enveloppe grossière du cœur humain était diaphane.

EPIMENIDE. Si cela était, nos belles Crétoises renonceraient à leurs robes transparentes.

MYSON. N'ayant pu trouver un ami au milieu de tous les habitans d'Etea, j'en cherchai

---

(1) Plin. *hist. nat.*
(2) *Idem.* tom. I. liv. II. ch. 16, tom. II. ch. 14.
(3) On fit aussi des ruches de corne.

un parmi l'espèce canine. Le chien que Minos donna à la belle Procris, la fille du prince Erichtée, pouvait égaler le mien pour l'odorat, la vîtesse ; mais certainement notre législateur ne l'eût point cédé à la princesse, s'il avait eu la fidélité de celui-ci. Il est de la race des *Parrhippes* (1).

Le jardin que je cultive au bout de ce champ, est un abrégé du monde ».

Myson nous y conduisit, en nous en parlant. Sur la porte je lus cette maxime (2) :

*Ne juge point des choses par les mots ; car les mots n'ont été faits que pour les choses.*

Myson. Mon jardin, de peu d'étendue, me rapporte de toutes les productions, des pommes d'or, des amandes, de succulens raisins, des figues exquises, et de douces olives. Voici un palmier de la petite espèce. C'est le palmier nain (3) ou rampant à feuilles larges et souples, fort commun en Crète.

Remarque à côté les troncs multipliés de cet autre végétal du même nom ; il n'est pas très-rare dans notre île de le voir se diviser lui-même en cinq parties d'égal volume. Mais les palmiers, le grand comme le petit, ne donnent point de fruits en Crète ; notre climat n'est pas encore assez chaud.

Pythagore. Pas encore.....

Myson. Oui, en adoptant l'opinion de Thales (4), qui ne me répugne pas trop.

Pythagore. Quelle est cette plante qui n'a

---

(1) Voy. Oppianus, AElianus, *hist. anim.*
(2) Dion. Laërt.
(3) Plin. *hist. nat.* XIII. 4.
(4) Tom. I. §. XXIII. de cet ouvrage.

point de tige, et qui paraît avoir obtenu seule le privilége de développer son feuillage touffu à travers cette muraille humide?

Myson. C'est l'*Asplenon* (1), simple précieuse pour guérir les maladies de viscères. Crète possède l'espèce qu'on estime le plus. On l'infuse dans du vinaigre. L'asthme s'en trouve soulagé. Mais il faut interdire l'asplenon aux femmes ; il les rendrait stériles.

Reconnais l'herbe pæonienne (2), qui ferme et guérit les blessures. Homère (3) a chanté ses vertus et son inventeur (4). Elle se plairait mieux sur une montagne (5), à l'ombre des forêts, que dans mon jardin.

Cette autre plante, qui a de la ressemblance avec le genevrier, n'est pas non plus à sa place ici. Sa patrie est le rivage de la mer qui baigne notre île, et on ne la trouve point ailleurs. Nous l'appelons *Tragonis* (6). Crète a droit de s'en prévaloir. Les vertus de ce végétal sont admirables. Réduit en poussière, ou bien en pâte soit à l'aide du vin, soit à l'aide du miel, il a le pouvoir de rejeter les flèches hors du corps atteint dans un combat. Il guérit aussi les femmes de leurs maux de sein, et donne du lait aux nourrices.

Ce cyprès me vient du mont Ida, ainsi que ce cèdre et ce genevrier, ce laurier rose et cet érable au bois veiné (7).

---

(1) Plin. XXVII. 5. Dioscorid. III. 151.
(2) Notre pivoine.
(3) *Iliad.* V.
(4) Pæon.
(5) Plin. *hist. nat.* XXV. 4.
(6) Dioscorid. IV. 49. Plin. XXVII. ch. dern.
(7) Aristote. Theophraste.

Ce peuplier noir, qui porte des fruits, m'est arrivé de la fontaine de Scaure, au pied du mont Cédrus. Infusé dans du vin, son fruit est un médicament (1) propre à plusieurs maladies.

Cette tige (2), haute d'une coudée, garnie de nœuds, et dont la feuille ressemble à celle du grand persil, est le *Nard* (3) de Crète, mieux parfumé que celui des bords du Gange.

Examine de près cette autre plante; tu la rencontreras en Italie, mais bien moins parfaite que dans nôtre île. Nous la nommons *Litho-Spermum*. Nous pourrions l'appeler l'herbe aux perles. Cite-moi quelqu'autre production de la nature plus admirable (4). Ces petites pierres globuleuses attachées aux pédicules de ce végétal, prises au poids d'une drachme dans le vin blanc, soulagent de beaucoup de maladies graves.

Prends, continua Myson, en s'adressant à moi, cette grenade *pramanéas*; tu n'en trouveras pas de meilleures dans le cours de tes voyages. C'est à sa bonne culture que ce beau fruit doit toute sa supériorité.

Voici un cognassier du territoire de la ville de Cydonie.

Ce figuier est une conquête des Crétois sur les insulaires de Cypre. J'aimerais à voir les hommes se faire ainsi la guerre.

---

(1) Hyppocrate. Plin. *hist. nat.* XXIV. 8.
(2) Plin. *hist. nat* XII. 12.
(3) Appelé aussi *phu*. Plin.
(4) *Nascitur in Italiâ, sed laudatissimum in Cretâ, nec quidquam inter herbas majore quidem miraculo aspexi.* Plin. *hist. nat.* XXVII. 10.

Mets de cette gomme dans ta bouche; elle épure et rafraîchit l'haleine la plus fâcheuse, et la plus échauffée. Nous appelons *Chamœléon* la plante d'où elle découle, aux rayons du soleil.

Ce beau végétal qui te frappe, et dont on retire une résine fort estimée, est le pin des montagnes Sphachia.

A côté de cet achantus épineux, s'élève le chardon sauvage, dont la racine n'a pas moins d'une coudée de profondeur; la tête offre un mets agréable.

Je devine ce que tu cherches des yeux avec impatience : le fameux dictame de Crète. Suis-moi dans cette partie sauvage de mon jardin, que j'ai abandonnée aux caprices de la nature, si toutefois elle s'en permet. Au pied de cette statue de Diane-Lucine, remarques ces tiges déliées que décorent de petites fleurs pourprées. C'est le dictame (1), qu'on ne recueille que sur le mont Ida (2). Celui que tu vois commence à dégénérer. Il faut que je le renouvelle.

PYTHAGORE. Epimenide ! n'en pourrait-on pas dire autant des lois ?

EPIMENIDE. Et mieux encore des peuples.

MYSON. Il y a bientôt trois ans que j'ai semé cette plante divine. On t'a dit les vertus de ses feuilles desséchées. Les femmes qui accouchent et les guerriers blessés lui doivent un sacrifice : pour de si grands bienfaits, il ne de-

---

(1) Plante velue, rameuse, à fleurs violettes, rangées au haut de sa tige. Le plus estimé est celui de *Candie*, autrefois *la Crète*.

(2) *Dictamum genitrix Cretaeâ cepit ab Idâ...*
        Virg. *AEneid.* XII.

mande qu'un peu de terre ; il aime à croître parmi les rochers.

Pythagore. Ce précieux végétal se plaît aussi dans ma patrie, à Samos (1).

Myson. Voici le platane toujours vert que tu as sans doute remarqué sur le territoire de Gortyne. Tu sais qu'il perd son feuillage en hiver.

Ne touche point à cette plante voisine du dictame, comme les bons se trouvent à côté des méchans. C'est de toutes les espèces de ciguë, après celle de Suse, la plus forte et la plus mal-faisante. Tu la retrouveras dans l'île de Schio.

Voici une touffe d'anis (2). Tu sais la réputation de l'anis de Crète ; celui d'Egypte ne tient que le second rang : acceptez-en de la graine ; elle préserve de la lassitude le voyageur qui en boit le matin.

Ce côteau de vignes qui borne mon horizon de ce côté, me donne ce vin prammique (3) qui fait tant d'honneur au sol de la Crète. Homère le vante beaucoup.

Le ruisseau qui arrose mon jardin ne roule point des pierres précieuses (4), comme le fleuve Achate de notre île (5) : il me donne de belles fleurs moins durables, mais aussi brillantes que le diamant. Voici l'anemone, variée de dix sortes ».

Myson ne voulut point nous laisser sortir

---

(1) Voy. le tom. I §. II. p. 72 et 73.
(2) Plin. *hist. nat* XX. 17.
(3) La malvoisie de Crète.
(4) Les *agathes* de Sicile.
(5) Plin. *hist nat.* XXXVII. 10.

de chez lui, sans avoir mis à sec la coupe de l'hospitalité.

Il nous accompagna jusqu'à une heure de chemin de son habitation, et me fit remarquer de fort loin Astypalée, petite ville, qui n'est devenue que trop fameuse depuis quelques années, nous dit-il. C'est la patrie de Phalaris, tyran d'Agrigente. Sa femme Erythée qui se dit sa veuve, est demeurée en Crète, et charme ses longs ennuis en donnant tous ses soins à Paurolas, le seul enfant qui lui reste, et qui semble annoncer les mêmes goûts que son père. En vain, le tyran redemande son fils et presse sa femme de venir le joindre en Sicile ; Erythée, par un refus constant, s'est rendue très-recommandable aux yeux des citoyens d'Astypalée. Le décret de bannissement prononcé contre son mari, ne la regarde plus. Elle expie par ses vertus privées, les crimes publics de Phalaris.

Les dernières paroles que m'adressa Myson, quand nous le quittâmes, me frappèrent : *Puissent les Dieux te préserver d'une mauvaise habitude !*

Epimenide m'apprit que c'était une ancienne formule consacrée dans l'île (1) ; puis il me dit, en prenant le chemin de Phestos, sa ville natale : « Mon cher initié, tu ne quitteras pas du moins la Crète, sans y avoir conversé avec un sage.

Je tiens Myson, lui répondis-je, pour le plus sage des sept.

Epimenide. Qui empêcherait tous les hommes de l'être autant ? Faut-il donc beaucoup d'efforts et de lumières pour cela ?

---

(1) Valer. Maxim. VII. *exter.* 15.

Pythagore. On serait tenté de croire que Myson et Phalaris ne sont point de la même espèce ».

Arrivés aux portes de Phestos, nous nous arrêtâmes devant un petit monument de marbre. C'est une colonne chargée d'une inscription conçue en ces termes :

Les insulaires de Crète ont fait hommage au poete Homère de mille deniers.

Epimenide me dit à ce sujet : «Ceci demande une explication ; on pourrait appeler cette colonne de marbre le monument de la vanité et du mensonge. Homère honnora cette île par sa présence. Il fut assez bien accueilli ; effectivement la lecture de ses poëmes immortels, lui valut une somme de deniers pour subvenir aux frais de son voyage. Dans le premier enthousiasme, plusieurs villes de Crète arrêtèrent qu'on chanterait de ses vers avec ceux de Thaletas. Cette résolution, presqu'aussitôt oubliée qu'elle fut prise, tomba tout-à-fait en désuétude au bout de quelques années. Des danses efféminées remplacèrent la Pyrrhyque, et des hymnes libertins, les chants de Thaletas et d'Homère.

Pour rappeler mes compatriotes à leurs premiers goûts, je m'occupai de l'érection de cette colonne, espèce d'engagement que je faisais contracter aux Crétois. Ils voulurent que le marbre de cette construction, élevée à mes frais, apprît aux étrangers qu'elle l'était en leur nom seul. J'y souscrivis volontiers ; mais la lyre d'Homère n'eut pas une vogue plus durable que le code de Minos. J'ai promis de t'expliquer le problème politique d'une nation ayant de mauvaises mœurs avec de sages lois ; c'est par-là que nous ferons nos adieux.

La Crète (1), jadis monarchique, est devenue une espèce de confédération d'états républicains ; et le plan de Rhadamante semble avoir été tracé dans cette vue. C'était celui des dix Idéens prédécesseurs des rois de Crète et même de Jupiter. Comme tu as vu, Minos ne crut pas devoir s'en trop écarter ; ou plutôt, occupé de ses conquêtes maritimes, il s'en rapporta au génie de son frère. Mais dans ce plan sage, on n'insista pas assez sur une circonstance locale. C'est que cette île pour être heureuse n'a pas besoin des ressources du commerce, partage des peuples habitans d'un sol stérile ou appauvri. Les dix premiers fondateurs n'en parlèrent pas, dans la crainte, sans doute, de réveiller une brillante et perfide erreur qui causa la ruine de tant de nations. La Crète, observant ses lois à la lettre, et respectant la barrière que la nature même a posée autour d'elle, eût offert le spectacle le plus satisfaisant. Les législateurs seuls seraient venus visiter les Crétois toujours libres, toujours vertueux sur leur terre isolée de tous les vices.

Le premier navire marchand qui se montra sur nos parages fut la boite de Pandore. L'appas du gain amena le luxe et tout son cortége. On parla toujours avec respect des lois de Minos, mais on se livra aux spéculations de la mer. L'opulence mit en vogue le superflu. Les mœurs antiques devinrent embarrassantes ;

---

(1) *In Cretâ quoque legislatorum cognoscendorum cupidus moratur* (Pythagoras).
Jamblichus. *vita Pythag.* V. 25,

on ne sçut qu'en faire ; on s'en défit, d'autant mieux qu'elles ne se prêtaient point aux nouvelles habitudes.

Rédigée pour des insulaires amis de l'indépendance et de la médiocrité, la législation de Rhadamante ne pouvait plus convenir à de riches négocians idolâtres de l'or, et des plaisirs qu'on paye avec l'or. On n'osa ni les abroger, ni en substituer d'autres. On tient à la vanité de posséder les plus belles lois connues : les exécute qui veut. Voilà l'état de la Crète.

PYTHAGORE. C'est celui de presque tous les autres peuples. Ce qui n'est pas encourageant pour l'ami des hommes.

EPIMENIDE. Je vais pourtant esssayer d'un nouveau moyen et tenter un dernier effort : Il m'est venu à la pensée une institution nécessaire, quand celle des lois commence à décliner. Pour opposer une digue aux mauvais principes et aux mœurs corrompues qui finiraient par envahir toute l'île, j'imagine de faire un appel à tous les citoyens d'un mérite reconnu, d'une vertu éprouvée, et de les retenir unis par le lien d'une confraternité dont j'ai déjà le nom. Elle s'appellera l'*andrée*(1), c'est-à-dire, *la société des hommes* véritablement dignes de ce titre. Si je réussis, comme je l'espère, les ames honnêtes se sépareront d'avec les méchans. On connaîtra mieux, on distinguera davantage les uns et les autres. On ne courera plus tant le risque de se tromper.

___

(1) Aristote. *politiq.* Voy. *mém. sur la législation de la grande Grèce*, par Sainte-Croix. *Mém. de l'acad. des inscript. et belles lettres.*

Les bons citoyens découragés reprendront de l'énergie, en se voyant beaucoup plus nombreux qu'ils n'osaient le croire. Les pervers, réduits à leur seule force, apprendront à trembler à leur tour. Cette association servira de bouclier dans le péril, aux lois et aux magistrats. Que penses-tu de ce grand dessein? Je me dispose à le publier incessamment.

Pythagore. J'estime que cette idée, toute simple, sera féconde en heureux effets; tu auras des imitateurs (1).

Epimenide. Adieu, initié de Thèbes: conservons, du moins entre nous, le feu sacré de la raison ; d'un bout de la terre à l'autre, montrons nous ce fanal, et laissons la tourbe des hommes ramper dans la fange, puisqu'on ne peut l'en retirer, puisqu'elle s'y refuse, et paraît s'y plaire. Puisses-tu ne pas avoir autant à te plaindre de la riche Samos, qu'Epimenide de l'opulente Crète, et que Solon d'Athènes ingrate !

Pythagore. Solon !.....

Epimenide. Il m'écrivit, il y a déjà quelques temps, pour me confier ses chagrins. « Ni mes lois, me dit-il (2), ne devaient être d'une grande utilité aux Athéniens, ni ce que tu as fait pour expier leur ville. Ceux qui mènent le peuple se moquent et des Dieux et des législateurs ».

Pythagore. Et quelle a été ta réponse ?

« Epimenide. Aye bon courage, mon ami (3).

---

(1) En effet, Catane eut aussi par la suite ses *Omosipens*. Sparte, sa *Phidittie*, à l'exemple de l'*Andrée* des Crétois.
(2) *Vie des anciens philosophes*, par Fenelon.
(3) Diogen. Laërt. *vitæ*.

Il est impossible que des gens accoutumés à vivre librement sous de bonnes lois, puissent jamais se résoudre à rester éternellement dans la servitude. Reviens en Crète ».

Solon ne s'est pas rendu à mon invitation. Il a cessé de vivre, sans doute.

PYTHAGORE. Peut-être a-t-il trop vécu. Adieu, Epimenide.

## §. CXXI.

*Pythagore à Rhodes.*

JE me rembarquai à Cnosse, pour mouiller dans la mer Carpathienne. Puissent les Dieux détourner le présage ! me dit le pilote. La nuit dernière, l'apparition de *Venus Pelagienne* est venue troubler mon sommeil (1).

L'événement cette fois justifia le patron superstitieux de notre bâtiment; et mes projets furent encore le jouet des vents. Une bourrasque si violente que nous fûmes sur le point de mettre à la mer l'ancre sacrée (2), nous jeta sur les côtes de Rhodes, à trois pointes comme la Sicile (3); mais cette île presqu'aussi fameuse que la Crète, renfermait Cléobule; je bénis la tempête qui me faisait échouer aux portes d'un sage.

Le menu peuple de l'île courut vers moi,

---

(1) Larcher, *mém. sur Vénus.* p. 110.
(2) Les vaisseaux se munissaient de plusieurs ancres; la plus grande et la plus forte s'appelait *sacrée*. Pollux. I. 9. 4. Sheffer. *mil. nav.*
(3) Pline lui donne pour cela le nom de *trinacria*. V. 31.

en criant : (1) « Venez, venez, hirondelles-voyageurs ! et apportez-nous de beaux jours » !

C'était en effet l'époque pour les hirondelles de revenir à Rhodes ; mais l'apostrophe obligeante des insulaires n'est qu'un usage du pays pour mettre à contribution l'étranger bénévole. Je leur distribuai quelques pièces de monnaie, en échange d'une branche de peuplier qu'ils me mirent à la main. Le feuillage de ce bel arbre est consacré à faire des couronnes pour les vainqueurs aux jeux du soleil, institués depuis long-temps dans Rhodes (2).

J'avais fait à peine quelques pas, d'autres insulaires tout aussi importuns s'approchent de moi et m'offrent des figues sèches : « Prends, me dirent-ils ; les figues de Rhodes procurent des rêves agréables (3) ».

Il me fallut acquitter un nouveau tribut. Le gouvernement tolère ces mœurs ignobles, à cause de l'extrême misère des basses classes (4), que le trésor public n'est pas en état de soulager.

Je montai à la ville de Lindos, bâtie sur une élévation ; ses murailles s'étendent vers le midi de Rhodes. Le premier édifice qui s'offre au voyageur, en y entrant, est le temple de Minerve : beaucoup d'artisans étaient occupés, en ce moment, à le réparer : c'est le sage Cléobule, me dirent-ils, le *demi-ourgos* ou premier magistrat de cette cité libre qui le rebâtit à ses frais. Tu peux le voir d'ici,

---

(1) Athenæus. VIII. *deipnos.*
(2) V. Meursius... *Rhod.*
(3) Athenée. I et III. *deipnos.*
(4) *Idem.* VIII.

accompagné de sa fille. Il se concerte avec l'architecte.

Magistrat de Lindos, lui dis-je : en quittant Epimenide et Myson, Pythagore de Samos, initié à Thèbes, ne pouvait rencontrer mieux que le sage Cléobule, et sa fille. Echappé à un naufrage, Minerve m'est encore plus favorable qu'à Télémaque.

Cléobule me parla dans son style énigmatique :

« Je répare les autels d'une Divinité que le peuple néglige un peu. Il est vrai que la position de ce temple n'est pas accessible à tout le monde. Le chemin en est rude ; beaucoup perdent haleine, et viennent expirer sur le seuil, au pied de la statue d'Hercule ».

PYTHAGORE. Hercule, lui-même, eut des faiblesses ?

CLÉOBULE. Hélène se contenta d'y envoyer son présent; c'est le vase d'ambre jaune que tu vois.

PYTHAGORE. C'est qu'Hélène ne se sentait point les vertus de Cléobuline.

La fille de Cléobule baissa les yeux à mon observation, et posant sur son front les mains de son père, me répondit : je dois tout à mon éducation.

Cléobuline devait beaucoup encore à la nature ; elle était belle, et presqu'aussi grande que Cléobule. Son âge mûr lui avait laissé presque toute sa fraîcheur. On eût dit voir Minerve elle-même, qu'on adore à Lindos.

Elle me donna tout le loisir d'examiner avec quelqu'attention la coupe d'ambre (1), con-

---

(1) Ambre jaune, Succin.

sacrée par l'épouse de Ménélas. J'y remarquai une singularité piquante; sa forme est modelée sur l'un des hémisphères (1) du sein (2) de la belle Hélène; du moins, cette circonstance est attestée par une inscription que je lus dans le fond du vase, en caractères très-menus.

En ce moment, Cléobule faisait inciser en lettres d'or, sur la muraille, un chant olympien, en l'honneur de Minerve; il chargea sa fille de me montrer elle-même les antiquités du temple et de la ville.

« C'est Cadmus, me dit-elle, qui consacra à la Divinité du lieu ce grand vase d'airain, d'une forme si antique. L'inscription est en lettres phéniciennes; tu dois les reconnaître....

Ces deux statues de pierre, l'une de Jupiter Dodonien, l'autre, d'Apollon le Telchin, sont dues au roi Amasis; il les donna à mon père, lors de notre voyage en Egypte. Cette cotte de maille est un don du même prince; elle a cela de remarquable, que chaque maille est composée de trois cent soixante-cinq fils ».

PYTHAGORE. Sur la base du simulacre d'Apollon, j'aperçois une inscription...

CLÉOBULINE. Elle n'est pas encore transcrite tout-à-fait; c'est un gryphe (3), comme il

---

(1) *Note* de Villebrune, p. 202 d'Athénée, tom. IV. liv. XI.
(2) Un poëte érotique moderne semble s'être rencontré avec Hélène, dans ce quatrain.
*Envoi d'une tasse à mon ami.*
Prends ce vase mesuré
Sur le sein de ma bergère :
Que l'ami se désaltère
Où l'amant s'est enivré !
(3) Ou *enigme*, ou *logogryphe*.

s'en trouve beancoup sur les monumens qui bordent le Nil.

Cléobule vint tout exprès vers moi, pour ajouter : Cléobuline ne te dit pas que ce petit ouvrage est d'elle :

« Un père (1) a douze enfans (2), plus féconds encore que lui, car ils ont chacun trente filles (3); quinze d'entr'elles portent une chevelure blonde (4), les quinze autres, une noire (5). Toutes sont immortelles; et pourtant on les voit périr l'une après l'autre ».

Le mot du *gryphe* n'est pas difficile à trouver dans une ville consacrée au *Soleil*.

CLÉOBULINE. Puisque mon père a trahi mon secret, je puis te découvrir les siens : toutes les belles maximes qui s'offrent à la vue, en passant sous le vestibule de ce temple, sont de Cléobule.

PYTHAGORE. Je veux en enrichir mes tablettes.

Je lus : « L'abondance des paroles, annonce la disette ou la stérilité des pensées.

Il ne faut se permettre que des sentimens hauts.

Pour marier ta fille, attends qu'à ses mœurs vierges, elle unisse les connaissances nécessaires à une femme dans son ménage ».

Ce précepte est exigeant, dis-je à Cléobuline; quelle jeune fille pourrait se flatter de le remplir, à moins d'avoir pour père un des sept sages de Grèce.

---

(1) Le soleil.
(2) Les douze mois de l'année.
(3) Les jours du mois.
(4) Le jour.
(5) La nuit.

« Il faut faire du bien à ses ennemis comme à ses amis : à ses ennemis, pour les rendre nos amis ; à ses amis, pour les empêcher de devenir nos ennemis.

Pense à ce que tu dois faire, en sortant de chez toi ; et en y rentrant, examine si tu l'as fait ».

PYTHAGORE. Cette seule loi domestique méritait le trépied d'or, offert au plus sage par l'oracle de Delphes.

« Ne parle qu'après avoir écouté ».

PYTHAGORE. Ce peu de mots est le résultat de toute la sagesse égyptienne.

« Rien de force.

La meilleure politique d'un peuple, est d'être sage ».

PYTHAGORE. Les lois de Minos n'en disent pas plus.

« Prend femme égale à toi.

Ne caresse point ta femme, ne la gourmande pas devant un étranger ».

Cléobule nous rejoignit pour me conduire dans la ville. Je lui dis, en sortant : « Si tous les temples ressemblaient à celui-ci, on pourrait se dispenser d'y entrer ; il suffit du vestibule ».

Cléobuline me répliqua :

« C'est ce qu'ont déjà fait plusieurs Rhodiens, même d'entre le peuple ; ils viennent pour consulter le pontife ; ils s'en retournent sans l'avoir seulement vu : une sage maxime leur tient lieu d'oracle ».

Cléobule ajouta, après avoir pressé ses lèvres sur le front de sa fille :

« De toutes mes maximes, la plus sage est la conduite de Cléobuline : elle a refusé un trône, en disant que la place d'une fille est auprès de son père; et son exemple a fait plus que les lois, sur l'esprit des citoyennes de Lindos ».

Ils me conduisirent eux-mêmes, non-seulement dans les principaux lieux de la ville; mais même à Jalysos et à Camyrus, deux autres villes d'égale force, et peu distantes l'une de l'autre.

Nous ne comptons que ces trois villes dans toute l'île, me dit Cléobule; et même peut-être qu'avant la révolution d'un siècle, il n'y en aura qu'une seule, composée des trois réunies, et portant le nom de Rhodes. C'est un plan qui fermente dans le cerveau de nos insulaires, mais qu'il faut laisser mûrir encore quelque temps (1). Il est certain qu'ils n'en seront que plus en état de résister aux peuples jaloux de notre prospérité. Un rempart sacré nous a défendu jusqu'à ce jour. Les Rhodiens passent pour les enfans du soleil; tradition précieuse, qui nous vaut la paix et la considération de toute la terre! On croit notre île dépositaire du char d'Apollon; et cette autre tradition est encore un bienfait des poëtes, que le peuple prend toujours à la lettre.

Il croit, avec la même confiance, qu'il fut un temps pendant lequel les miettes de la table des Dieux tombaient sur le mont Achabytos (2). Les Rhodiens, par reconnaissance, y bâtirent un temple à la première de toutes les Divinités (3).

---

(1) Il eut son exécution dans la XCIII<sup>e</sup> olympiade.
(2) Diod. sic. *bibl.*
(3) Jupiter.

On assure que le sol de Rhodes n'est point détaché du continent. Née comme Vénus, du sein des flots, le soleil adopta cette île pour sa fille bien aimée ; chaque jour, il la carresse de ses rayons.

Nous ne possédons qu'un seul fleuve ; mais nos plaines et nos côteaux abondent en sources, que les plus grandes chaleurs ne peuvent tarir.

Trois fléaux viennent de siècle en siècle tempérer la prospérité de Rhodes : des tremblemens de terre, des submersions et des serpens. Jadis des étrangers conseillèrent au peuple d'immoler deux bœufs aux Dieux pour les appaiser, et surtout à Hercule, dompteur de monstres. Le sacrifice eut lieu deux fois ; à la troisième, nos laboureurs qui gémissaient de voir ainsi les compagnons de leurs travaux tomber sous la hache sacerdotale, accablèrent les sacrificateurs de tant de reproches, que ceux - ci n'achevèrent point, et furent contraints d'aller porter ailleurs leur culte ensanglanté.

Les insulaires de Rhodes ont toujours vécu dans l'aisance, doux fruit de leur sagesse et de leur industrie ; c'est ce que nos poëtes ont exprimé fort heureusement, en disant : « Jupiter, à la vue de Minerve, sortie de son cerveau, fut si aise de cet enfantement, qu'il fit tomber, en éternuant, une pluie d'or sur le territoire de l'île de Rhodes (1) ».

Je regrette beaucoup que Solon se soit refusé

---

(1) Pindare mit en œuvre cette vieille tradition. Voy. V.<sup>le</sup> olymp.

à mes instances (1), les charmes de notre territoire auraient pu dissiper ses ennuis.

PYTHAGORE. C'est qu'il ne pouvait fuir un despote (2), qu'en s'éloignant de sa patrie.

CLÉOBULE. En bâtissant un temple à Hercule, les Rhodiens s'en rendirent les plus ardens imitateurs. Hercule purgea la terre de brigands ; Rhodes nétoya la mer de pirates, et donne encore aux nations les plus savantes, des leçons dans l'art de gouverner un vaisseau ; nos colonies sont sans nombre.

Les Crétois, auxquels pourtant nous ne ressemblons guères, quant aux mœurs, nous les avons beaucoup plus graves, les Crétois se disent nos ancêtres, et nous disputent notre droit d'aînesse sur cette île. On nous parle des Telchins, antérieurs dans Rhodes au déluge de Deucalion : on nous parle des sept Héliades, frères, ou fils du soleil, notre premier roi.

Tout cela ne voudrait-il pas dire qu'originairement sept sages s'établirent sur l'Atabyrion, la plus haute montagne de l'île, pour y étudier les lois de l'astronomie. Qu'en penses-tu, initié de Thèbes ? Nous ne reclamons point les dactyles crétois.

PYTHAGORE. Je ne vois rien que de très-vraisemblable dans cette conjecture. Seulement il est fâcheux que les premières pages des annales humaines ne présentent que des conjectures. Il est triste de voir que de toutes les vérités,

---

(1) Voy. *la lettre* de Cléobule à Solon, dans Diogène Laërce.

(2) Pisistrate.

celle de l'histoire est encore la plus difficile à découvrir.

CLÉOBULE. Peut-être parce que c'est celle dont les hommes savent profiter le moins. Tu observeras que les fastes de Rhodes ont été rédigés par des poëtes. Ils s'accordent à nous donner pour fondateur Hercule lui-même, et pour premier souverain, un de ses enfans, avec lequel il mangea un bœuf tout entier dans un seul repas(1), à la vue et au bruit des malédictions du propriétaire inhospitalier. Probablement, ce trait est une énigme dont nous n'avons pas le mot. Je soupçonne qu'on a voulu caractériser un héros, dont les moindres actions doivent être extraordinaires. Malheur aux peuples ingrats ou lésineux qui lui refusent un entretien proportionné à ses nombreux travaux, et aux grands services qu'il a rendus !

PYTHAGORE. Mais il ne faut pas non plus que l'héroïsme coûte aux nations plus qu'il ne leur rapporte.

CLÉOBULE. La liste de nos princes n'est pas longue. Chacune des trois villes, dont l'Indus est la première, ne tarda pas à vouloir se gouverner elle-même par ses propres lois. Ce sont trois républiques qui n'ont pas toutes la même nuance. Dans l'une l'équilibre est aussi parfait qu'il peut l'être, entre les riches et les indigens. Dans l'autre, le peuple se repose sur la foi d'un certain nombre de magistrats, nommés par lui, et qui lui rendent compte. Ici, à Lindos, je suis le seul magistrat, chargé uniquement de mettre la loi à exécution. Chaque famille, toujours occupée soit du commerce, soit du la-

---

(1) *Bibl.* de Photius.

bourage, subvient aux charges communes, sans s'inquiéter du reste, et tout va ».

Un simple citoyen de Lindos me fit part de quelques autres détails historiques que Cléobule ne pouvait me donner lui-même.

« Rhodes d'abord monarchie, eut pour premier roi Tlepoléme, fils d'Hercule. Il lui fut envoyé par un oracle, et cette fois le trépied eut raison. Tlepolème, fidelle aux leçons paternelles, en partageant les terres, fonda l'égalité. Assez long-temps le peuple, sans distinction de pauvres ni de riches, régla lui-même ses affaires. Une insurrection des familles patriciennes contre les plébeïens eut assez de force pour changer le gouvernement en oligarchie. Aujourd'hui, Rhodes, ou la ville de Lindos, qui représente toute l'île, souffre à la tête de l'administration un prytane, magistrat unique, mais seulement à cause de la réputation de sagesse dont Cléobule jouit avec tant de justice. Après lui, il est probable qu'il se fera quelque changement ».

Ce sage mourut à peine septuagénaire, peu-à-près mon voyage de Rhodes. Et l'île est redevenue une démocratie de marchands. Le commerce loyalement fait, n'est pas incompatible avec la république.

Mes chers disciples! permettez-moi un mot encore sur la fille de Cléobule ; ce serait un modèle à citer aux citoyennes de Samos et de Crotone. Son nom est *Eumetide* (1) ; mais pour lui plaire beaucoup, il fallait lui donner celui de *Cléobuline*, plus cher à sa pitié filiale. Elle n'oubliait rien de tout ce qui pouvait être

---

(1) *Eam pater Eumetidem appellabat.* Plutarchus.

agréable à son père. Les hôtes qu'il recevait avec quelque distinction, étaient pour elle des Dieux. Je voulus en vain m'en défendre. Ce fut elle-même qui me lava les pieds (1), quand je visitai les foyers de Cléobule. Jamais il ne fit un pas sans elle. Il la mena avec lui au banquet des sept sages. Elle touchait à peine à sa douzième année. Assise sur les genoux d'Anacharsis, elle se fit remarquer par le plaisir qu'elle prenait à la conversation de cet illustre étranger.

En faisant mes adieux à Cléobule, j'en reçus pour *gages de l'hospitalité* (2), une médaille d'or, qu'on venait de frapper à Lindos. Cléobuline prit la peine de me l'expliquer.

« Tu vois une tête de jeune homme, toute coiffée de rayons, c'est le soleil à qui Rhodes doit l'existence ; sans lui, cette île ne serait peut-être encore que du limon. Ce type représente aussi une Minerve. La lettre L, la première du nom de Lindos, indique le lieu la fabrication ».

PYTHAGORE. Et cette rose ?

CLÉOBULINE. C'est le nom figuratif de Rhodes: cette fleur semble se plaire dans notre île.

Cléobule me prit à part, en me conduisant au port, pour me dire : « En place de Minerve, on voulait exprimer le supplice de la coupable Hélène ; car c'est dans notre île que cette beauté trop fameuse termina ses jours suspendue à un sycomore. Je m'y opposai. Le châtiment du crime, dis-je aux Lindiens, est une

---

(1) *Clemens Alex. eam ait paternorum hospitum pedes lavisse.* Strom. IV. Oct. Ferrarii *de balneis. in*-8°. 1720.

(2) *Tessera hospitalitatis.*

chose nécessaire ; mais ménageons les femmes. Loin d'elles et de nous toute image flétrissante pour un sexe plus faible encore que criminel »!

Cependant, malgré la délicate réserve de Cléobule, les Rhodiens ont élevé dans un coin de leur île un monument pour inspirer à nos citoyennes, me dirent-ils, de salutaires retours sur elles-mêmes. C'est la statue d'une belle femme, abritée par un arbre auquel elle semble *suspendue* : commémoration naïve de la fin misérable de l'épouse de Ménélas. Au-dessous, on lit :

*A la belle Hélène
Dendrite* (1).

Je ne restai point à Rhodes pour assister aux *fêtes des Barques*, solennités maritimes de plusieurs jours qui ne peuvent avoir quelqu'attrait que pour la caste des marchands.

Rhodes abonde en grenadiers sauvages, dont le fruit donne une teinture rouge très-estimée. J'emportai une provision de ces grenades.

L'espèce de sycomore qu'on appelle figuier (2) sur les bords du Nil, paraît s'y plaire (3).

Je vis plusieurs pêchers (4) apportés d'Egypte depuis quelques années ; ils n'ont pas encore donné de fruits. On ne gagne pas toujours à voyager.

Dans cette île (5), cent parties de gnomon (6)

---

(1) δένδρον. arbre.
(2) Plin. *hist. nat.* XIII. 7.
(3) Dioscorid. I. p. 181.
(4) Plin. *hist. nat.* XV. 13.
(5) Plin. *hist. nat.* VI. 34.
(6) Latitude de Rhodes. 37 degr. 50 min.

donnent soixante-quinze parties d'ombre. La durée du plus long jour est de quatorze heures et une moitié.

Rhodes a de beaux coqs (1), mais point d'aigles (2).

Plusieurs Rhodiens exercent habilement (3) l'art de peindre avec de la cire coloriée (4).

Ces insulaires commencent à se raser (5) ; mais ce n'est pas Cléobule qui leur en donne l'exemple. La loi veut qu'on garde sa barbe : ils aiment mieux payer l'amende, et se permettre cette nouveauté.

Les Rhodiens, quoiqu'adonnés aux plaisirs et amis du luxe, ont la démarche grave. Ils verraient de mauvais œil un étranger afficher parmi eux un maintien équivoque.

Ils ont une loi que j'ai notée. Elle défend au bourreau et aux bouchers l'entrée des villes, et leur refuse le droit de cité. La loi ne parle point des prêtres victimaires. Le législateur les aurait-il oubliés ?

Rhodes est l'une des îles honorées du titre d'*Heureuse*. Mais où est le bonheur sur la terre ? Il s'en est exilé avec la justice (6).

---

(1) Plin. *hist. nat.* X. 21.
(2) *Idem.* X. 29.
(3) *Od.* Anacreont.
(4) Ce qu'on appelle *peinture en caustique*.
(5) Athen. *deipnos.*
(6) *Ultima caelestum terras astraea reliquit.*
Ovid. *metam.* I.

§. CXXII.

*Anacréon et Pythagore à Samos.*

Enfin, me voici de retour à Samos. Mes premiers pas, mes premiers momens furent consacrés à revoir le tombeau d'Hermodamas, et la demeure d'Alcmæon, pour pleurer encore une fois ensemble le trépas prématuré de sa fille. Hélas ! peu à près mon départ, Polycrate lui avait ordonné de s'expatrier, sur le refus d'Alcmæon d'être le médecin du prince. J'appris que le père d'Ariphile traîna encore quelques années, errant dans l'Ionie, et rendit le dernier soupir sur une terre étrangère, en prononçant le nom d'Ariphile, auquel il daigna associer le mien.

Je m'acheminai vers le petit domaine d'Hermodamas, où j'espérais trouver les parens réunis autour de sa tombe (1). Une garde insolente m'en repoussa, en me disant : « Respecte les plaisirs du roi ».

J'avais peine à comprendre cette métamorphose. On me dit que Polycrate avait contraint la famille de Créophile de lui vendre l'héritage d'Hermodamas ; qu'il en avait détruit les tombeaux et dispersé la cendre, pour convertir cet asile sacré en un lieu de débauche ; qu'il y rassemblait tout ce que Samos avait de mieux en femmes, pour y professer la prostitution la plus lubrique, pour y tenir école du libertinage le plus perfectionné (2).

---

(1) Voy. tom. I de cet ouvrage, §. XVIII.
(2) *Samos plus quàm credibile est luxu corruptos...*
Plutarchus.

On m'ajouta : « Ce gymnase priapique est déja devenue fameux; *les fleurs* de Samos sont aussi connuc que *les jardins* de Babylone. C'est ici qu'il vient presque tous les jours, à l'entrée de la nuit, accompagné de Démocède le Crotoniate (1), son médecin complaisant et d'Anacréon, qu'il a fait venir à sa cour pour chanter ses plaisirs. Toute la jeune noblesse de l'île, brigue l'honneur d'être admise dans ce réduit mystérieux ; mais il faut faire preuve de certains talens.

Tu sais que les *fleurs de Samos* sont les jeunes femmes destinées au plaisir du prince et de sa cour (2) ».

PYTHAGORE. Je l'ignorais. Et les citoyens de Samos, que disent-ils ?

UN SAMIEN. Rien. Ils murmurent bien bas. Il n'est pas une famille qui ne gémisse sur quelqu'un des siens de l'un ou l'autre sexe, enlevé pour servir aux jouissances infâmes de Polycrate ; on ajoute l'impiété à tous les autres vices. Les valets de la cour chargés du repeuplement des *fleurs*, disent que c'est pour le service d'Hercule, notre divinité tutélaire. Sa statue en garde les avenues. Bientôt sans doute, on lui associera Minerve.

Le fossé profond qui borde ce parc, ainsi que ceux de la capitale, sont l'ouvrage des malheureux prisonniers de guerre qu'il tient à la chaîne.

PYTHAGORE. Et le peuple ?

UN SAMIEN. Tu l'as vu, en rentrant dans notre île ; il achève péniblement les superbes

---

(1) Herodot. III. *Thalie.*
(2) *Samiorum flores.* Prov. gr. è Vatic. bibl. cent. III. 81.

travaux

travaux dont tu admirais les plans, avant de quitter ta patrie. Le port (1), capable de contenir quatre cents vaisseaux, est tout-à-fait terminé, et défendu par le mole haut de cent pieds.

Les fossés profonds sont finis, et déjà pleins de cette eau qui nous arrive de si loin, à travers la montagne que l'on avait percée à ton départ. Toutes ces sublimes constructions égalent l'insulaire de Samos aux habitans du Nil ; mais s'ils sont aussi esclaves que nous, nous ne sommes pas aussi heureux. Tous ces grands travaux nous ont abrutis sous la main pesante de Polycrate ».

Je ne pouvais me dispenser d'aller à la cour pour y rendre mes actions de grâces au prince.

Je trouvai le palais rempli de jeunes voluptueux, vêtus avec mollesse et magnificence. Sous leurs riches manteaux, ils traînaient de longues tuniques, blanches comme les cignes de la ménagerie royale. Leur chevelure parfumée, à peine assujettie par des tresses d'or, retombait sur leurs épaules en boucles flottantes. Chargés de couronnes de fleurs, d'anneaux et de bracelets ; ils semblaient vouloir dissimuler leur sexe.

Polycrate et Anacréon arrangeaient une partie de plaisir pour le soir. « Tu seras des nôtres, me dit le roi ».

« Le récit de tes voyages nous amusera. Tu nous parleras des femmes de Babylone. On les dit fort instruites. Sans doute elles ont initié Pythagore à leurs mystères, un peu plus amusans que ceux de Thèbes, n'est-ce pas ? Tu en es revenu seul ?

Pythagore. Seul.

---

(1) A présent le port *Vati*.

*Tome III.*

Polycrate. Tant pis. Tu aurais dû m'apporter une fleur des fameux jardins de Sémiramis. Elle aurait complété ma collection. J'y rassemble toutes les variétés.

Je me contenais à peine ; on vint annoncer en ce moment l'arrivée d'un ambassadeur d'Orotès (1), satrape du roi de Perse, dans l'Asie mineure. « A tantôt, nous dit Polycrate ; je vous laisse ensemble ».

Anacréon. Pythagore ! tes voyages font du bruit.

Pythagore. Moins que tes chansons, je l'espère.

Anacréon. Il est des hommes qui passent le temps à se faire recevoir aux grandes et aux petites initiations. Moi, je ne sais comment ma vie s'écoule ; mais sans aller bien loin, j'ai trouvé le secret de ne point m'ennuyer. J'amuse la cour, et elle m'amuse.

Pythagore. Grande et belle occupation !

Anacréon. Du moins elle est douce, et n'entraîne aucune suite fâcheuse.

Pythagore. Il faut du courage, pour conserver une gaieté aussi aimable parmi tant de sujets tristes ou révoltans.

Anacréon. Les affaires publiques ne regardent point les particuliers ; tant pis pour l'opprimé et pour l'oppresseur ! Je tâche de n'être ni l'un ni l'autre. De quel poids serais-je dans la balance politique ? un grain de sable dans la mer d'Ionie.

Pythagore. Si tous les citoyens pensaient de même, et en disaient autant ?...

---

(1) Herodot. *Thalie*. III. 121.

Anacréon. Eh bien ! il n'y aurait plus de guerre.

Pythagore. Sans doute ; car les méchans feraient tout ce qui ce qui leur plairait.

Anacréon. Il faut dire pourtant que les Muses adoucissent les despotes. Sans elles, Polycrate serait un tyran insupportable.

Pythagore. C'est-à-dire, que les artistes et les poëtes polissent la chaîne qui retient à l'attache toute une multitude d'hommes.

Anacréon. Si la multitude ne peut vivre tranquille que quand elle est comprimée, c'est lui rendre service que de polir ses fers.

Pythagore. Tu as une haute idée de l'espèce humaine.

Anacréon. Je crois bien qu'elle n'est pas née tout-à-fait pour cela ; mais pourquoi est-elle ainsi presque par tout, et de tout temps ? doit-on l'imputer aux Muses ?

Pythagore. Non ! mais aux poëtes frivoles qui, pour se procurer une existence commode, bercent les despotes sur les genoux de l'adulation.

Anacréon. Pythagore ! tu prends de l'humeur ; mais écoute. Quand, par exemple, Polycrate prête l'oreille à mes chansons, et veut en graver une dans sa mémoire, pour la répéter au nouvel objet de ses amours ; eh bien ! l'heure qu'il me donne, laisse respirer Samos. Ne vaut-il pas mieux encore perdre son temps à réciter des vers, que de l'employer à porter la flamme au dehors, ou à dresser des échafauds au dedans.

Pythagore. Penses-tu donc justifier ainsi l'attitude servile que tu gardes à la cour de Polycrate ?

ANACRÉON. Encore une fois, ce ne sont pas là mes affaires. Je ne suis pas Samien ; Téos est ma patrie. Je ne suis ici que simple spectateur. Pourquoi s'en prendre à moi des excès d'une cour dont tout Samos est complice apparemment, puisque l'île entière les souffre ? un étranger doit-il se permettre ce que les naturels du pays s'interdisent ? puisque le peuple endure Polycrate, Anacréon peut-il y trouver à redire ?

PYTHAGORE. Et ne te suffit-il pas d'être homme ; Hercule appartenait-il à toutes les régions qu'il purgea de monstres ?

ANACRÉON. Helas ! je ne suis rien moins qu'Hercule. Il portait une massue ; je n'ai que mon luth.

PYTHAGORE. Orphée aussi n'avait que sa lyre, pour inspirer l'humanité à des hordes sauvages.

ANACRÉON. Il composait de grands hymnes ; moi, je m'en tiens à mes petites odes : je n'aspire pas à tant de gloire. L'olivier, le chêne et le laurier sont trop pour moi ; je me contente d'un brin de myrthe, et de quelques roses.

PYTHAGORE. En ce cas, reste à Téos avec tes maîtresses, et n'occupe point un poste réservé à un ardent ami de la vérité.

ANACRÉON. Il y a place à la cour pour tout le monde ; il ne faut qu'y plaire : qui veut plus, manque le but, et n'est utile ni à lui, ni au prince, ni au peuple. Polycrate m'invite dans son palais. Je m'informe des qualités de sa personne. On me dit qu'il aime le vin et les femmes... Voilà l'homme qu'il me faut. Je pars, j'arrive, je le trouve en effet bon convive : s'il n'est pas aussi bon roi, j'en suis fâché ; je plains Samos.

PYTHAGORE. Mais en partageant la coupe des plaisirs du prince, tu bois le sang du peuple.

ANACRÉON. On ne me confondra pas, je l'espère, parmi ces vils familiers de cour, qui spéculent sur les faiblesses du maître, et dilapident la fortune publique. J'ai renvoyé à Polycrate les cinq talens qu'un soir, en rentrant, je trouvai déposés chez moi, de sa part (1).

PYTHAGORE. Il est permis de s'enivrer avec des amis, en cherchant avec eux la vérité qui se cache quelquefois dans les coupes de vin de Chio ou d'Ampelos (2) ; mais devenir le parasite, le flatteur d'un despote !

ANACRÉON. Je ne suis le flatteur ni des rois ni des peuples; mais je fais volontiers l'éloge de la table de Polycrate et des fleurs qu'il cultive ; il met du goût et du choix dans ses plaisirs. J'ignore ce qu'il fait sur le trône, ou à la tête des armées : j'ai vu peu d'hôtes plus délicats, plus aimables ; et je me borne là. Il ne nous entretient jamais d'affaires d'état. Dans les jardins où il nous rassemble, il n'est question que de savoir jouir; on ne s'occupe que d'agréables folies. Là, tout est bien. Tu devrais y venir ; ce petit voyage manque à ton itinéraire. Le prince t'accorde la faveur de t'y admettre ; profites-en : viens avec nous. Tu fronces le sourcil. Il te faut un banquet de sages. Vas ! crois-mois, on ne profite pas

---

(1) Environ dix mille francs.

(2) C'est-à-dire, *vignoble*, nom donné à un côteau de l'île de Samos, où l'on recueillait d'excellens raisins.

plus avec eux, et on s'y amuse moins. Avant de me livrer au genre de vie que je professe, j'étais comme toi ; je voyais tous les objets dans leur triste nudité. J'ai composé même des élégies toutes morales (1), des hymnes bien graves. Je devenais morose ; je commençais à mépriser les hommes : j'aurais fini par les haïr. Ces deux sentimens sont trop pénibles pour moi ; et d'ailleurs, quels fruits en aurais-je retiré pour mes semblables ?

Corriger l'espèce humaine, est au-dessus de mes forces, au-dessus des tiennes, Pythagore ; c'est vouloir remonter un torrent. Une fois bien convaincu qu'on ne peut rien changer à l'état actuel des choses, j'ai pris la résolution de ne point m'en mêler ; elles n'en ront pas plus mal. Fais de même ; profite de tes beaux jours. Il est temps que tu te reposes ; c'est assez courir le monde. L'insouciance est l'oreiller de la vie ; il n'y a d'heureux que les insoucians.

PYTHAGORE. Où as-tu été puiser ces maximes.

ANACRÉON. Au sein de la nature elle-même. Ajoute à cela que cette bonne mère prétend que nous mettions tous nos soins à la recherche de la félicité ; elle a placé en nous un penchant irrésistible au plaisir. Le plus sage est donc celui qui suit la nature de plus près. Si je pouvais avoir de l'ambition, je la ferais consister à devenir ce sage-là. Pythagore ! voilà mes principes.

PYTHAGORE. Ce ne sont pas les miens.

---

(1) *Les poëtes grecs*, par Lefevre. p. 49. in-12. Saumur, 1664.

ANACRÉON. Jouir, sans empêcher les autres d'en faire autant : voilà ma morale.

PYTHAGORE. Ce n'est pas tout-à-fait la mienne.

ANACRÉON. La tienne n'est pas la bonne.

PYTHAGORE. Je te le répète, il faut du courage pour s'asseoir à la table d'un roi qui a détrôné son père, assassiné lâchement l'un de ses frères, et banni l'autre.

ANACRÉON. Je ne savais pas tout cela.

PYTHAGORE. J'aime aussi à me livrer à la joie ; la gaieté naturelle est l'indice d'une ame pure : mais partager les amusemens honteux d'un prince que doit poursuivre le remords jusque dans le sein des plaisirs !...

ANACRÉON. Je ne pénètre point dans le secret des familles ou des consciences; je prends les hommes comme ils sont, sans aller à la recherche de ce qu'ils ont été, ou de ce qu'ils pourront devenir.

PYTHAGORE. Quand tu te rends au palais de Polycrate, ou dans ses jardins, n'as-tu jamais pris garde à ce qui se passe autour de toi, sur ta route, dans les rues de Samos ?

ANACRÉON. Occupé de la chanson que j'ai promise au prince, je jette rarement les yeux sur ce que fait le peuple, trop heureux quand je puis éviter la foule importune.

PYTHAGORE. Tu aurais pu remarquer que les bons citoyens gémissent ; ils ne sont pas heureux.

ANACRÉON. Ce n'est pas ma faute.

PYTHAGORE. Personne n'est content ici.

ANACRÉON. Le peuple ne l'est jamais. Entre nous, il a autant de tort que ses tyrans. D'abord il se laisse mener, si ce n'est par un seul, c'est par plusieurs. Il murmure toujours ; et tout en grondant, tout en secouant sa chaîne, il la porte, il la garde.

Pythagore. Mais quelquefois il la brise.

Anacréon. Pour en reprendre aussitôt une autre ; car il ne peut guère s'en passer. Ainsi donc il est fort inutile de prendre part à ses destinées ; c'est temps perdu.

Pythagore. Quelquefois il se fâche sérieusement ; il menace le prince, et ceux qui se trouvent avec le prince...

Anacréon. Alors on laisse le prince et le peuple vider leurs débats entre eux, et l'on se retire prudemment.

Pythagore. Un despote mérite sans doute ce lâche abandon.

Anacréon. Ce sont de ces événemens rares.

Pythagore. Trop rares sans doute. Ce qui l'est moins, c'est que la partie saine d'une nation souffre tout le poids des déportemens de la cour ; et il n'est pas dans tes principes, m'as-tu dit, de jouir aux dépens d'autrui. Cependant la chose arrive ; et l'honnête citoyen qui te vois passer, ne peut s'empêcher de dire : « Si Polycrate n'avait pas auprès de sa personne des gens de l'espèce de celui-ci, peut-être ferait-il sur son ame des retours honorables pour lui, salutaires pour nous ».

Anacréon. Je sais bien ce que j'aurais à répondre, si j'entendais à mes oreilles bourdonner de tels reproches.

Pythagore. Eh bien ! dis.

Anacréon. Je répliquerais : « Il n'y a que deux moyens de se délivrer de la tyrannie ; se défaire du tyran, ou l'amollir, et substituer dans ses mains un tyrse à son sceptre de fer ».

Puisque les Samiens sont assez lâches pour supporter le despotisme d'un seul, de quel droit osent-ils blâmer le poëte qui adoucit la férocité de leur maître ? ils lui doivent au contraire de la reconnaissance.

Pythagore. Anacréon, quelle hyperbole!

Anacréon. Oui! Samos doit de la reconnaissance à l'étranger qui vient humaniser Polycrate, plus sans doute qu'à l'insulaire qui abandonne sa patrie, et voyage au loin, tandis qu'elle est en danger.

Pythagore. Ce n'est point par des récriminations que tu justifieras ta conduite.

Anacréon. Eh bien! Pythagore, fais mieux; fais plus que moi. Voyons comment tu vas t'y prendre pour museler la bête féroce couronnée.

Pythagore. L'aventure de Bathylle est un scandale public.

Anacréon. Est-ce qu'on prend garde à un enfant?

Pythagore Peut-on ignorer l'infâme rivalité de Polycrate et d'Anacréon au sujet de ce jeune Samien ; son nom salit tous tes poëmes, et son image profane le temple même des Dieux.

Anacréon. Junon ne s'en est point offensée (1); elle semble au contraire sourire à l'offrande que le prince lui fait présenter par les mains d'une figure modelée sur ce qu'il y a de plus beau dans toute l'île. Smerdias et Bathylle! êtres charmans! les grâces sont de tout sexe, et notre crime est de trouver

---

(1) Apulée. *flor.* II.

aimable ce que la nature a doué de tous ses dons. Où est le sacrilége ? mon cher Pythagore, n'en serais-tu pas jaloux ?

Pythagore. O ma patrie ! dans quel avilissement je te retrouve !

Anacréon. Ta patrie n'a jamais été plus florissante. Si elle a quelque chose à reprendre dans les mœurs privées du prince, il a racheté ses faiblesses par des victoires. Grâces au roi Polycrate, Samos est devenue la reine des îles. Crète lui cède le sceptre de la mer.

Pythagore. O ma patrie ! que d'abymes creusés autour de toi ! tu payeras cher ton éclat, et les turpitudes de ton maître !

Anacréon. Tes sinistres divinations tombent d'autant plus mal, que peu de monarques ont été plus constamment heureux. En ce moment encore, l'ambassadeur du premier satrape de l'empire des Persans...

Pythagore. Que Polycrate se défie de la fortune ! Si elle vient à rougir de ses dons, la fortune est d'un sexe...

Anacréon. Nous la caresserons tant...

Pythagore. Ses inconstances sont connues.

Anacréon. Que m'importe ! Je ne suis pas plus attaché à Polycrate qu'à tout autre. A l'approche de la tempête, je rentre dans mes foyers. Je sais, mieux que toi peut-être, apprécier la cour et le peuple, et ne me fie pas plus à l'une qu'à l'autre. Je suis bien venu des grands, parce que je n'ai pas besoin de leurs faveurs. J'ai pour eux ces égards qui ne compromettent personne. Je m'acquitte de tous les petits devoirs dont la société civile ne peut se passer. Mais je ne rampe point et je conserve mon indépendance. J'aime le plaisir ;

comme l'abeille qui trouve à récolter même sur le chardon épineux, je m'arrête un moment où je me trouve bien ; et ne suis pas assez mal avisé pour me laisser prendre dans une chaîne, fût-elle d'or. Tu vois que nous allons au même but par deux routes opposées. Essaye de la mienne.

PYTHAGORE. Au même but!

ANACRÉON. Oui !

PYTHAGORE. Si nous nous rencontrons...

ANACRÉON. Ce soir, viens avec nous. Le prince donne une fête qui sera délicieuse. J'en ai vu les apprêts. On nous y promet une moisson de *fleurs* nouvelles. Tu sçais ce qu'on entend à la cour de Polycrate, quand on y parle de *fleurs*. (1) C'est le nom qu'il donne aux femmes, nous en aurons de charmantes. Il faut bien qu'il me dédomage un peu de mon cher Bathylle qu'il m'a enlevé. Jamais je ne réparerai cette perte. Peu s'en est fallu que je ne quittasse Samos. Je me suis fâché. Polycrate y a été sensible. J'ai fini par lui céder ma conquête. Voilà où nous en sommes.

PYTHAGORE. Anacréon, n'as-tu pas de honte..

ANACRÉON. Je t'assure que non. Je ne rougis pas d'aimer ce qui est beau. Je ne trouve rien de plus naturel.

PYTHAGORE. Je me retire...

ANACRÉON. Viens ce soir, n'y manque pas.

---

(1) *Samiorum flores... Ubi extremam voluptatum decerperet... Puellae veluti flores arridentes ad libidinem invitabant.* Erasmus.

D'où vinrent plusieurs proverbes grecs et latins.

Σαμίωνάρδυ. *Samionarder. Parterre de fleurs. Jardins de la nature.*

Un sage doit tout voir par ses yeux. Il faut te dérider un peu. Je veux te reconcilier avec le plaisir. La raison te le permet ; et sous cette robe d'initié que tu portes, on dit qu'à Thèbes même, les Dieux se font hommes. Qu'il me tarde d'être au déclin du jour ! Apollon devrait bien se hâter ou abréger sa course : les amans peuvent se passer de son flambeau ; il leur suffit du doux éclat de sa sœur ».

Polycrate, lui-même, vint rompre notre entretien : « Mes amis, la fête que je faisais préparer pour cette nuit, ne peut avoir lieu. Les soins de l'état avant tout. Dès ce soir, je mets à la voile pour me rendre à Magnésie. Le gouverneur d'Asie m'y propose une conférence importante. Nous nous reverrons à mon retour. Je n'emmène avec moi que Bathylle et mon médecin.... Pythagore, je te charge de dissiper les ennuis d'Anacréon, par le récit de tes voyages ».

Ces dernières paroles piquèrent le poëte de Téos ; il se retira brusquement chez lui. Moi, je sortis de la ville, pour respirer un air plus pur.

Je désirais laisser à ma patrie un monument de ma reconnaissance filiale. La coudée grecque dont on se sert à Samos, n'est point exacte, et trop souvent subit les lois de l'arbitraire. Je m'en étais occupé en Egypte (1). Je proposai aux magistrats un *type de mesures* (2) propres à rectifier toutes celles en usage, et je m'offris d'en surveiller l'exécution, si on ne la différait pas long-temps. Mon zèle

---

(1) Caylus. *acad. des inscript. hist.* p. 32. tom. XV.
(2) *Etalon.* μετρων τροπον.

fut accueilli et dès le second jour de ma rentrée à Samos, un modèle de la coudée égyptienne (1), dont cent (2) forment l'arure (3), fut posé sous mes yeux aux portes des tribunaux et sur les murailles de la ville ; on ajouta une injonction aux citoyens d'y conformer leurs mesures particulières (4). Ce qu'ils firent avec peu d'empressement. Les temps, il est vrai, n'étaient point favorables.

J'aurais bien voulu en même-temps introduire dans mon pays l'usage des colonnes itinéraires, que j'avais rencontrées dans la Perse et ailleurs. Elles manquent aux grands chemins de Samos, déjà bordés de ces beaux peupliers italiques qui donnent un si doux ombrage.

Je profitai de la bonne disposition des sénateurs à mon égard pour leur proposer encore l'établissement d'une école de philosophie. Ils me dissuadèrent d'y penser davantage. Une nouvelle école de plaisir réussirait mieux, me dirent-ils ; et n'offrirait point au maître tant de risques à courir. Ils m'ajoutèrent « Pythagore ; la saison des fleurs revient tous les ans. Le printemps de la vérité est quelquefois un siècle entier à refleurir. Cultive pour toi le champ de la raison, et convertis en les fruits à ton usage. Du reste, laisse agir les Dieux et les hommes puissans.

PYTHAGORE. L'ame remplie des plus précieux

---

(1) Un pied trois pouces onze lignes de Paris.
(2) Herodot. *Euterp*.
(3) Un arpent.
(4) Aristoxenus a écrit que les Grecs tenaient de Pythagore leurs poids et leurs mesures.
Bordelon, *théâtre philosophique*. p. 75.

documens puisés aux sources mêmes du Nil et du Gange, je n'aspirais qu'au moment de partager tous ces trésors avec mes concitoyens. Ne pourrais-je leur communiquer, du moins, mes observations sur les divers gouvernemens que j'ai étudiés dans le cours de mes voyages?

Un magistrat me prit à part pour me dire: « Y penses-tu, Pythagore ? Crains de passer pour un conspirateur. On ne laissera pas achever ta première leçon. Faut-il donc te le redire. Tu ne t'es donc pas aperçu que la parole, le geste et même la pensée ne sont point libres à Samos »?

Malgré ces réflexions décourageantes, je me retirai chez moi pour mettre en ordre les matériaux que je destinais à mes premiers enseignemens. Je n'avais pas encore perdu tout espoir.

§. CXXIII.

*Révolution politique à Samos. Fin tragique de Polycrate.*

LE lendemain, dès l'aube du jour, je fus réveillé dans ma maison des champs, par une rumeur subite dont le foyer était la capitale. J'entendis parler confusement autour de moi. Enfin, disait-on, les Dieux ont mis un terme à leur patience. Le tyran est puni. Allons voir le *lion* et le *renard* exposés sur le Mycale (1).

Je me transportai aussitôt à Samos. Arrivé au faubourg de la ville, le premier objet qui s'offre à moi est un autel qu'on dressait à la

---

(1) Allusion aux principes politiques de Polycrate.

hâte à *Jupiter libérateur*. Je m'enquiers du sujet... Tu vas le savoir, me dit-on. Tous les citoyens étaient dans une sorte d'ivresse. Les uns levaient les mains au ciel. D'autres se couronnaient de fleurs. On se félicitait, en se rencontrant; l'ami pressait la main de son ami. Je m'avançai vers le port. On attachait des guirlandes aux mats des navires. L'encens fumait dans le temple de Junon, dans celui de Mercure ; j'allai du côté des jardins de Polycrate. Le peuple s'y portait en foule ; il en brisait les barrières, après en avoir chassé les gardes. Les femmes destinées au plaisir du prince, à genoux parmi la multitude, suppliaient, versaient des larmes. « Faites-nous grâce, s'écriaient-elles. Rendez-nous à nos familles, à nos mères, à nos époux, à nos parens ; on nous a arrachées d'entre leurs bras, pour nous renfermer dans ce lieu infâme ».

Le peuple se laissa toucher ; mais il n'épargna point les bosquets, ni les apprêts de la fête qu'on y devait donner. On eut beaucoup de peine à l'empêcher de mettre le feu à la bibliothèque du prince (1).

Dans son indignation, le peuple construisit subitement un vaste bûcher et y jeta pêle-mêle les chiens molosses et de la Laconie (2), les porcs de Sicile, les chèvres de Scyros et de Naxe, les moutons de Milet et de l'Attique, que Polycrate entretenait pour fournir à son luxe et à la sensualité de sa table. Les lits voluptueux, les ameublemens recherchés, les vases de prix, les statues d'airain et d'i-

---

(1) Athenæus. I. *deipnos.*
(2) *Idem.* XII. *deipnos.*

voire, tout devint, en un instant, l'aliment de la flamme.

Le peuple ravagea aussi la délicieuse *Laure*, retraite charmante que Polycrate s'était construite avec complaisance, et à l'imitation des rois lydiens à Sardes. Mais ce ne fut pas sans une sorte de fureur que la multitude, en proie à la plus affreuse misère, vit rassemblé dans le même lieu tout ce que l'esprit le plus inventif peut imaginer pour mener une vie douce et commode. L'apprêt seul des comestibles surpassait toutes les idées qu'on peut se former à ce sujet.

L'exécration publique éclata jusque dans la ménagerie royale où le prince, plutôt par vanité que par amour de la science, avait fait venir à grands frais et rassembler les plus belles espèces d'animaux étrangers et domestiques, pour perfectionner les races par le mélange.

La belle statue du beau Bathille tout récemment élevée dans le temple de Junon ne fut point épargnée non plus; on la mit en poussière, après l'avoir traînée ignominieusement par la ville.

Le bruit des trompettes se fit entendre. C'était Mæandrios, qui constitué gouverneur de toute l'île par Polycrate en son absence, rassemblait les citoyens devant l'autel dressé par ses ordres, au dieu libérateur. Il s'exprima ainsi au milieu de la place :

« Samiens trop long-temps comprimés par la tyrannie, il luit enfin le jour de votre liberté. C'est aujourd'hui que nous pouvons célébrer dignement nos *Eleutheries* (2). Polycrate n'existe

---

(1) Athen. *deipnos.* III.

plus; rendons des actions de grâces à Jupiter sauveur.

Après le sacrifice, le pontife retira de dessus l'autel un tison ardent (1), le plongea dans un vase rempli d'eau; laquelle servit à purifier les assistans. Pendant que cette rosée sainte retombait sur le front de la multitude, Mæandrias reprit son discours, en élévant la voix : « Ainsi, Jupiter sauveur vient de purifier l'île de Samos, en rejetant de son sein le despote qui la mettait en feu. Il faisait plus encore, il nous avilissait aux yeux des nations : Polycrate affectait la tyrannie exclusive des mers (2), il n'a pas tenu à lui qu'on ne le nommât un second Minos; mais il n'en était que le premier des pirates ; et c'est ainsi qu'il compromettait la loyauté des navigateurs Samiens. Citoyens! vous vous rappelez, sans doute, par quelle ruse sacrilége (3), il vous fit poser les armes dans le temple et aux pieds des autels de Junon, afin d'égorger les uns et d'asservir les autres. Les nations voisines nous montraient du doigt au voyageur avec le geste du mépris ou de la pitié.

« Peuple de Samos, écoute le récit de ta délivrance : Polycrate avait insulté au Satrape Orotès, dans la personne de son ambassadeur.

Orotès dissimula quelque temps, pour méditer et assurer sa vengeance. Nous avons vu, il y a trois jours, Myrsus le Lydien,

---

(1) Athenée, *deipnos.* IX.
(2) *Primus eorum qui maris imperium dominium sibi adquirere in animum induxit praeter Minoëm.*
        Herodot. *Thalia.*
(3) Polyen, *ruses de guerre.* I. 23.

débarquer dans notre île, et demander une audience; il était chargé d'une lettre du satrape de l'Asie mineure. Orotès mandait à Polycrate: « Oublions nos ressentimens particuliers et réciproques; je sais que je porte ombrage au roi Darius; mon attachement pour Cambyse, son prédécesseur, me rend suspect. Je suis informé qu'il veut me perdre; mon dessein n'est pas d'attendre le coup qu'il me prépare: j'ai pris la résolution de me retirer dans ton île, pour y mettre à l'abri ma personne et mes trésors. Sans perdre de temps, viens toi-même me chercher à Magnésie. Je me jette dans tes bras, et te confie mes destinées (1) ».

Notre tyran, qui rêve déjà l'empire de toute l'Ionie et des îles, s'arrache aussitôt à ses honteux plaisirs; nous l'avons vu s'embarquer, les yeux étincelans du plus flatteur espoir, et la tête haute comme l'oiseau de Samos (2). A peine a-t-il touché l'autre rive, au pied du promontoire de Mycale, une garde nombreuse marche vers lui; l'insensé croit que c'est pour lui faire une escorte d'honneur. O revers, qu'il était loin de soupçonner! on commence par obliger sa suite à se rembarquer aussitôt; on charge de liens le beau Bathylle et le médecin Democède, et on les envoie ainsi vers le satrape; c'étaient ses ordres. Un traitement plus rude était préparé à Polycrate.

---

(1) Hérodot. III.

(2) Le paon; c'était, comme nous dirions aujourd'hui, les armes de l'île de Samos.

Suivant Buffon, le paon n'a été connu en Grèce que depuis Alexandre; mais l'instituteur de ce prince en parle comme d'un oiseau déjà suffisamment connu.

Voy. son *hist. des animaux*, avec les *notes* de Camus.

On le traîne jusqu'au sommet du Mycale; là, dans un lieu consacré à Neptune (1), une croix fort élevée attendait le tyran; il y fut attaché (2), le visage tourné vers nous. C'est ainsi qu'il vient de terminer sa vie dans les tourmens. Rendons grâces aux Dieux. Périssent de même ceux qui voudraient lui ressembler ! Samiens ! répétez tous cette imprécation (3) ...

Un cri général se fit entendre. Mæandrias reprit :

« Mais il nous restera l'éternelle honte de ne nous être pas fait justice nous-mêmes. Les Lydiens ont montré plus d'énergie (4). Achæus leur roi les accablait de tributs ; ils le suspendirent, de leurs propres mains, la tête plongée dans les eaux d'or du Pactole ».

L'orateur ajouta :

« La fille de Polycrate est innocente des crimes de son père : elle demande à se consacrer aux autels de Junon ; citoyens, prononcez sur son sort. Peut-être serait-il à propos de déposer dans le même temple, quantité de chef-d'œuvres, qui décorent le palais du tyran ; en même-temps que vous effacerez son nom du livre de nos annales, gardé dans ce lieu saint (5) ».

Après un moment de silence, Mæandrias reprit encore :

---

(1) Herodot. *Thalia.* Strab. *geogr.* XIV.
(2) Valer. Max. VI. 11.
(3) *Acad. des inscript.* p. 64 et suiv. tom. VIII. *hist.* in-12.
(4) Ovid. *ib.*
(5) Strab. *geogr.* XIII.

« Citoyens, procédez au choix d'un magistrat suprême, digne de toute votre confiance. Celui d'entre vous qui a manifesté la haine la plus vigoureuse contre le despotisme ; celui qui a brûlé le premier grain d'encens à la liberté publique; celui-là sans-doute réunira vos suffrages. Prononcez sans délai. Ne tardez pas à remettre vos intérêts entre les mains du plus ardent ami de l'égalité sainte. Périsse la la mémoire de quiconque ôsa régner sur ses égaux ! Proclamons enfin la démocratie pure.

Toutes les propositions de Mæandrias furent agréées ; il espérait quelque chose de plus en sa faveur. Il avait un parti pour le porter à la place que Polycrate laissait vacante. Le peuple ne jugea pas à propos de s'expliquer tout de suite.

Le rusé gouverneur de Samos, que rien n'était capable de rebuter, proposa une autre mesure qui fut reçue avec le même enthousiasme. « Insulaires de Samos, dit-il, parmi vos usages religieux, vous avez une solennité consacrée à l'amour, et une ancienne tradition lui donne le beau titre de *fête de la liberté* (1). Qui vous empêche d'en rapprocher l'époque ? »

La multitude est la première à faire ployer son culte aux circonstances : elle suivit le conseil de Mæandrias.

Pendant les applaudissemens universels, un bon citoyen, nommé Téleséarque (2), s'approcha de moi, et me dit, assez haut pour que son discours pût être rapporté à Mæandrias :

---

(1) Eleutheries. *Dictionn. des cultes religieux.*
(2) Herodot. III. Lucian.

« Je trouverais ces paroles du gouverneur de Samos plus belles encore, si elles sortaient d'une toute autre bouche. Peuple imbécille, bats des mains. Pour toi, Pithagore, absent de notre île depuis plusieurs années, tu ne peux savoir que ce Mæandrias, qui vante l'égalité, et blâme Polycrate d'avoir régné sur ses égaux, n'est lui-même qu'un ambitieux. Ce parvenu rampant, est peut-être pire que son maître, qu'il insulte lâchement, aujourd'hui qu'il n'a plus de grâces à en obtenir. Si Polycrate avait été un autre Thésée, je comparerais volontiers Mæandrias à *Ménesthée* (1) ».

Cet incident, qui parvint jusqu'aux oreilles du gouverneur, lui fit hâter la fin de l'assemblée, et précipita sa retraite : il n'en garda pas moins les rênes du gouvernement, mais ce ne fut pas pour long-temps.

Sur le déclin du jour, je reconnus Anacréon, qui, à l'aide d'un déguisement, se jetait dans une barque, pour retourner à Téos ; il évita de me parler. Je lui épargnai la confusion de se trouver en ma présence.

Polysonte (2), à la nouvelle du terrible événement arrivé à son frère, se pourvut auprès du roi de Perse, et lui rappelant à propos le don d'un manteau de pourpre (3), donné par lui à Darius, alors simple garde de Cambyse, il en obtint sans peine une flotte et des troupes, pour rentrer dans Samos, et s'emparer du

---

(1) C'était un flatteur du peuple. Voy. Plutarch. *vita Thes.*
(2) Hérodote et Polyen l'appellent *Syloson.*
(3) Herodot. *Thalia.* III.

trône. Voyant ma patrie déchirée par plusieurs factions, je demeurai à l'écart, témoin des événemens. Ils furent affreux, comme je m'y étais attendu, sans trouver le moyen de les prévenir. Que pouvais-je raisonnablement me promettre de quelques sages avis donnés à un peuple aussi barbare dans son indépendance, qu'il avait été vil dans la servitude ? Les partis en vinrent aux mains ; plusieurs se réunirent pour repousser les Perses, et rejeter le frère du tyran. L'armée auxiliaire, commandée par Otanès, essuya d'abord un échec et donna dans un piége ; la représaille fut atroce ! On fit main basse sur tous les citoyens surpris les armes à la main ; et presque tous avaient cru devoir s'armer. La ville de Samos devint un désert ensanglanté. Polysonte ne régna que sur des statues de marbre, et des cadavres. Il fallut repeupler l'île avec des Persans.

Je me présentai à leur général :

« Otanès, lui dis-je, chaud partisan de la démocratie et de l'égalité ! eh quoi ! te voilà à la tête d'une armée, venue de bien loin, pour courber un peuple libre sous la verge d'un maître ! Tu refusas un sceptre à Suze ! et tu combats Samos pour l'obliger à en recevoir un ! et des flots de sang coulent par les ordres de ce sage prince qui s'était voué aux vertus de la douce médiocrité. Tu as donc oublié la promesse que je reçus de toi sur la route de Persépolis (1) ?

OTANÈS. Je me la rappelle parfaitement ; rien n'est changé en moi, mais tout l'est au-

---

(1) Voy. ci-dessus, §. CVI. p. 102 et 103.

tour de moi. Je n'ai point été offrir mes services à Darius, c'est lui qui me les a demandés. Le carnage qui a souillé Samos n'est pas non plus mon ouvrage : il m'a fallu epousser la perfidie et m'en garantir.

PYTHAGORE. Otanès ! vous autres grands d'un empire, vous vous ressemblez tous. Adieu ! et je me retirai, en m'enveloppant de mon manteau ».

Du fond de ma retraite, j'attendis l'effet du nouveau règne. Les plaies faites à ma patrie étaient profondes, une administration sage pouvait les cicatriser avec le temps ; je m'abusais : Polysonte en plaçant sur sa tête la couronne de Polycrate, crut devoir se conduire d'après les mêmes principes. Les premières semaines furent marquées par des actes de la tyrannie la plus brutale, la plus aveugle. Le commandant d'une galère, remplie de criminels à la chaîne, gouverne avec plus de modération.

Il me fallut renoncer au doux espoir de m'établir à Samos, et d'y ouvrir une école, dont j'avais déjà tracé le plan ; un vieux temple abandonné, d'une forme demi-circulaire (1), devait être consacré à cet objet.

On m'avertit qu'un plus long séjour me rendrait suspect aux yeux du despote ombrageux. Ses observateurs l'avaient mal informé; j'avais au contraire détourné la foudre populaire de dessus sa tête. Plusieurs Samiens, ardens patriotes, m'étaient venu trouver dans

---

(1) Du temps d'Antiphon, on désignait ce lieu sous le titre de *demi cercle de Pythagore*. Diog. Laërt. VIII. *Hemicyclium*, dit Jamblique.

le domaine rural de mes pères, pour me tenir secrétement ce discours :

« Pythagore ! tu nous a paru, et tu dois être aussi affecté que nous des maux affreux qui désolent notre terre natale ; mais il y a du remède, et il est dans tes mains ».

PYTHAGORE. Mes chers concitoyens ! expliquez-vous, que faut-il faire ? je suis prêt ; persuadé que la justice et la prudence vous inspirent et vous guident.

UN SAMIEN. Sans doute ; mais les momens sont chers : plus nous tardons, plus la tyrannie de Polysonte se consolide et pèse sur Samos.

PYTHAGORE. Eh bien ! dites ; que voulez-vous de moi ?

LE SAMIEN. Ce que Mytilène, dans une catastrophe semblable, a requis et obtenu de Pittacus. C'était un des sept sages de la Grèce. Tu es un des initiés de Thèbes : il avait tes lumières ; tu auras son courage : sois notre chef, nous te suivrons par tout ; tes ordres seront nos lois, jusqu'à ce que Samos ait recouvré sa liberté.

PYTHAGORE. Mes amis, vous ne m'avez point prévenu. Hier soir encore, je me mis en route pour aller vers vous, et aviser aux moyens les plus prompts de délivrer la patrie : mais la raison me fit rentrer pour m'avertir que, Polysonte mort ou en fuite, Samos n'en sera pas plus libre ; Samos, où les étrangers sont aujourd'hui en nombre triple de celui des nationaux ; et d'ailleurs, nous nous trouvons placés entre deux ennemis puissans, Darius et Mæandrias. Celui-ci, attend dans quelqu'île voisine, ou sur le continent le plus prochain, l'heure propice de rentrer, et de se mettre à la tête d'un parti. Darius, vous connaissez ses forces immenses. Nous serons accablés, jusqu'au dernier.

Le Samien. Mais Mytilène.

Pythagore. Ne vous abusez pas, mes braves compatriotes; je vous le redis : Mytilène n'en était pas réduite, comme nous le sommes, à compter dans son sein trois étrangers contre un seul citoyen. Pesez cette circonstance accablante, et croyez-en un initié que la crainte du danger ne peut atteindre. Conservons-nous pour une époque plus heureuse. Attendons encore dans le silence : ou, à l'exemple des Phocéens, cherchons sur les mers un asile moins corrompu et plus sûr ».

Mes compatriotes se retirèrent fort mécontens; ils ne m'ont que trop tôt rendu justice. Persistant dans leur projet, ils ne firent que redoubler la défiance de Polysonte; la plupart d'entre eux périrent, victimes de leur zèle inconsidéré et précoce.

Je n'avais pas voulu leur dire que l'état de Samos me semblait désespéré. Un peuple qui a pu consentir à vivre pendant des années entières sous la main de fer du despotisme, n'a plus le choix de son gouvernement; tous lui conviennent : il n'est plus propre au régime de la liberté.

Trop convaincu de ce principe affligeant, il me fallut donc quitter encore une fois les lieux chéris où j'avais reçu les premières leçons de la sagesse. Malheureuse Samos !

§. CXXIV.

*Voyage aux îles de la mer Egée.*

Après avoir jeté un dernier regard douloureux sur l'infortunée Samos (1), j'obtins d'être reçu dans le bâtiment d'un de mes compatriotes qui se proposait de visiter les Cyclades (2), les Sporades (3), nombreuses filles de la mer Egée, pour en trouver une où il pût établir un chef-lieu de commerce à l'abri des révolutions politiques de notre patrie. Il emmenait avec lui presque toute sa famille. Ce petit voyage maritime était le plus propre à nous distraire, par l'extrême variété des objets qui devaient passer rapidement sous nos yeux; et j'avais besoin de cette dissipation, avant de me rendre dans le Péloponèse, et d'y étudier les lois de Sparte. Nous ne tînmes point de route réglée. Il nous arriva quelquefois de nous retrouver dans le même parage où nous avions déjà mouillé. Je me retrouvai presqu'à la vue de Rhodes, et même de Crète.

Il en résultera un peu de confusion dans mon récit; mais je vous aurai entretenu, mes chers disciples, de tout ce qui se sera présenté à ma mémoire de plus intéressant.

Dans les deux petits Archipels que je parcourus, loin de se ressentir des dissensions civiles de Samos, on bénissait le ciel de la

---

(1) *Itaque bis patriam Samum fugit Pythagoras.*
  *Notae* Cunr. Rittershusii.
(2) Strab. geogr. X.
(3) Soixante à soixante-dix.

chute de Polycrate ; sachant qu'il méditait l'invasion de toutes ces îles.

L'une des plus agréables où nous ayons relâchés, est *Dionysia* (1), parmi les Sporades. C'est aussi l'une de celles qui furent des premières connues et habitées, s'il est vrai que Bacchus y déposa la belle Ariane, qu'il venait d'enlever de Naxos. L'amant-dieu ne pouvait choisir un lieu de repos plus convenable, quoique sujet à d'assez fréquens tremblemens de terre. On l'appelle l'*Ile Verte* (2) pour deux raisons : sa surface offre par tout des tapis du gazon le plus frais; et l'on retire de ses entrailles un très-beau marbre veiné de cette couleur.

Sa principale richesse est dans ses vignobles ; et les habitans y mettent de l'importance. Ils ont institué à ce sujet une fête toute simple, mais gaie (3) : avant d'ouvrir les vendanges, chaque famille se rassemble : l'un porte une amphore au large ventre, remplie de vin vieux; l'autre tient à la main une branche de vigne chargée de raisins. Un vieillard, monté sur un bouc, a devant lui une corbeille toute pleine de figues; et derrière, un joli groupe de jeunes filles soutiennent sur la tête de l'une d'entr'elles un panier de fleurs mystérieusement recouvert d'une draperie. Parmi ces fleurs se trouve l'image consacrée du phallus. On le rencontre par tout.

Ce cortége parcourt en dansant les limites du domaine, chante un hymne analogue, et

---

(1) Plin. *hist. nat.* Pomponius Mela. Eustachius.
(2) Virgil.
(3) Plutarch. *de cupidit. divit.*

se met à l'ouvrage. Rien de plus innocent et de plus joyeux que cette fête.

Nous voulûmes connaître Syme, puisque le divin Homère en parle dans son poëme de la colère d'Achille. Cette île envoya au siége de Troye trois vaisseaux de grandeur égale, sous la conduite du roi de Syme lui-même, le plus beau des Grecs, après le héros de l'Iliade. On y compte jusqu'à huit bons ports (1).

Nous rencontrâmes beaucoup de troupeaux de chèvres et des côteaux, qui, par leur exposition et la sécheresse du sol, promettent d'excellent vin. La véritable richesse de cette terre isolée consiste dans ses moissons. La reconnaissance a fait graver sur les monnaies du pays, l'image de Cérès, qu'une belle gerbe de blé accompagne.

Syme est redevable de sa première population à une double colonie de Cnyde et de Rhodes.

On y fait un commerce d'éponges dont les environs de l'île abondent. Nous y trouvâmes en vigueur une loi bien singulière, établie à ce sujet. Un jeune Symien ne peut s'unir publiquement à celle qu'il aime, avant d'avoir fait preuve de son habileté à plonger vingt brasses sous les eaux de la mer. On exige même qu'il y soit stationnaire pendant un espace de temps déterminé par la loi.

On construit à Syme des barques légères qui surpassent en vîtesse les meilleurs voiliers; on ne peut s'y confier que pendant la saison des vents réglés. A l'approche d'une tempête, il ne faut pas trop s'écarter du rivage.

---

(1) Plin. *Hist. nat.*

Chalcia est l'une des Sporades les plus fertiles (1). A peine l'orge est-il récolté qu'on ensemence le même fonds pour y faire une seconde moisson. Les fruits y mûrissent parfaitement et vîte.

Je me crus encore sur l'excellent territoire de ma chère et trop malheureuse patrie. O Samos! Samos (2)!

Les Chelidones (3) sont trois grands rochers, propres à servir de nid aux hirondelles. Elles y passent l'hiver, et y élèvent leurs petits. Nous y reconnûmes une très-bonne rade. On désigne quelquefois les Chelidones sous le titre d'heureuses frontières de la Grèce. Cependant, elles ne le sont pas toujours aux navigateurs. Elles ne peuvent offrir un sejour agréable qu'aux chèvres.

De loin en mer (4), on croirait ces roches appartenir au mont Taurus, dont elles semblent former la base.

Nous nous arrêtâmes un moment à Crambusa, petite île voisine des Chelidones, pour y examiner le mécanisme dont les habitans se servent pour puiser une excellente eau douce dont on a découvert une source tout auprès, dans le fond de la mer qui baigne cette rive. Figurez-vous un canal de cuir plus long qu'il n'y a de brasses d'eau (5), de la superficie de l'onde amère jusqu'à l'eau douce. A l'une des

---

(1) Plin. *hist. nat.* Theophrast.
(2) *In eâ insulâ* (Samos), *bis anno ficos, uvas, mala, rosas, nasci narrat AEthlius.* Athen. *deipnos.*
(3) Lucianus, *navig.* Strab. *geogr.* XIV.
(4) Pomponius Mela.
(5) Strab. *geogr.* XIV.

extrémités est un grand vase de plomb, à large ouverture, qui se termine vers le fond en un autre canal proportionné à celui du cuir adhérent. Du bord d'une petite nacelle on laisse descendre, de son propre poids, la jatte de plomb renversée et le tuyau de cuir vers l'endroit de la source. Le vase et le canal y plongent, sans permettre aux flots salés de s'y mêler. L'eau douce y monte dans toute sa pureté jusqu'à l'autre bout du canal qui déborde la superficie de la mer, et retombe dans de larges amphores que la nacelle tient toutes prêtes.

Le golfe (1) *Fatalia* est dangereux à cause des vents qui en tourmentent les flots, et qui sont causés par les hautes montagnes du continent. Nos mariniers, afin d'obtenir une navigation heureuse, firent le sacrifice de quelques gâteaux qu'ils jetèrent à la mer pour appaiser son courroux. La superstition est la fille aînée de la peur.

A l'occident de Rhodes (2), on voit s'élever, de fort loin, du sein de la mer Pélagienne, une immense roche que nous avions d'abord cru déserte et même inhabitable. Mais en l'approchant, nous distinguâmes une demeure, et quelques personnages. Ils nous firent des signaux ; en tournant ce rocher qu'on nomme *Panaia* ; je remarquai vers le milieu de sa hauteur une espèce de levier assujetti sur un pivot, et pouvant s'abaisser et se relever par un contre-poids mobile à l'une de ses extrémités. A l'autre, était suspendu par une poulie et des cordages un petit bateau propre à conte-

---

(1) Dapper, *description de l'Archipel.* in-fol.
(2) *Idem.*

nir, à peine, deux hommes. Nous le vîmes descendre vers nous, espèce d'invitation qu'on nous faisoit de contenter notre curiosité en nous hasardant de lui confier la personne de l'un de nous. Je m'y hasardai seul. On me taxa tout au moins d'imprudence. La singularité de l'aventure fit taire en moi toute autre considération. Il m'en coûte de me livrer à des soupçons injurieux contre mes semblables. Je me laissai donc hisser sur la roche inaccessible par les moyens ordinaires. Je trouvai toute une famille sur le sommet de ce rocher qu'elle eut à disputer aux aigles. Elle est issue d'un frère et d'une sœur qui, par suite d'aventures, étaient devenus époux, ignorant que le même sang coulait dans leurs veines. La femme était enceinte, quand le secret de sa naissance lui fut révélé. Les parens repoussèrent ce malheureux couple. On conduisit les deux époux dans une barque en pleine mer, et on les y abandonna à la providence des Dieux. La nécessité, mère de l'industrie, leur conserva l'existence. Echoués contre ce rocher, ils parvinrent à s'y établir, et même à s'y rendre utiles aux autres naufragés. Le frère et la sœur, en mourant, laissèrent une petite postérité qui ne veut point abandonner leurs tombeaux. Cette peuplade me parut heureuse et de mœurs aussi pures que l'air vif qu'on respire sur ce roc, d'où l'on découvre toutes les îles des mers qui l'environnent. Superbe tableau !

On me descendit jusque dans le navire qui m'attendait ; et pour reconnaître l'hospitalité, le maître du bâtiment voulut remplir la nacelle aérienne de quantité d'objets et de denrées, dont il me parut qu'on manquait à Panaia.

Les habitans nous saluèrent, en agitant une banderolle dans les airs, aussi long-temps qu'ils purent nous voir de si haut.

Nous reconnûmes, sans y mettre pied à terre, l'île Sporade qu'Homère appelle *Crapathos*, et qui se trouve entre Rhodes et Crète. Les habitans prononcent Carpathus. Elle renferme sept villes, dont quatre assez importantes : on assure que Pallas y naquit et y reçut l'éducation du premier âge. Nous distinguâmes parfaitement le triple sommet de ses trois montagnes principales. Beaucoup de gibier, de beaux pâturages, un nombreux bétail, du fer et du marbre sont les produits de cette île.

Nous jetâmes la vue en passant sur *Casus* qui n'a qu'une ville de son nom (1). On y recueille du miel en abondance.

Mais nous séjournâmes à Côs, dont on aperçoit de si loin, en mer, la haute montagne d'Oromedon, devenue proverbe (2). Cette île (3), plus longue que large, et sise dans le golfe Ceramius de la Carie, a cinq cent cinquante stades de circuit (4). Nous nous rendîmes à la ville principale, près de la mer. Elle n'est pas très-grande, mais bien bâtie et fort agréable. Le peu que nous y demeurâmes ne donna pas l'envie à mon patron de vaisseau de s'y établir. Les habitans paraissent d'un caractère inquiet et turbulent. Déjà une partie d'entre eux menace l'autre d'aller fonder

---

(1) Strabon. *geogr.* Plin. *hist. nat.* Ptolem.
(2) *Altius Oromedonte*. Voy. Theocr.
(3) Strabon. *geogr.*
(4) Près de dix-sept lieues.

une

une nouvelle cité dans une autre région de l'île (1). Le temple d'Esculape occupe un faubourg presque tout entier, au milieu d'un bois. La hache n'en approche jamais. Les arbres, les colonnes du temple et ses murailles sont chargés de tablettes où l'on peut lire d'excellens préceptes pour conserver la santé, ou pour la recouvrer. Un antique usage, devenu loi, prescrit à chaque malade d'exposer en public, les moyens curatifs dont il s'est servi pour obtenir sa guérison.

Je transcrivis une de ces inscriptions, conçue en ces termes :

« Lambius était affligé d'une hémorragie. Abandonné des hommes, il implora les Dieux. Esculape lui ordonna de ne se nourrir que de miel pendant trois jours. Lambius fut guéri. Il en rend grâces aux Dieux, devant tout le peuple ».

Outre la statue d'Esculape, nous remarquâmes dans son temple, celle de Vénus *Anadyomène* (2). On nous dit que cette image emblématique renfermait un précepte à l'usage des femmes. On a voulu leur apprendre indirectement que la beauté est une fleur qui ne se conserve fraîche, qu'en l'arrosant plusieurs fois le jour.

Derrière le temple, presqu'hors du faubourg, nous vîmes une maison de ville et des champs tenue fort propre, et bâtie entre une fontaine et un petit lac. Une belle colonne de marbre couverte de caractères abréviatifs, s'élève de-

---

(1) C'est ce qu'ils exécutèrent un siècle après le voyage de Pythagore.
(2) Sortant de l'eau.

vant la porte. C'est la demeure, nous dit-on, d'un vieillard actif et laborieux, qui s'est imposée une tâche dont on ne sent pas assez toute l'importance. Il s'occupe uniquement à transcrire et à rédiger, dans un volume portatif, toutes les observations médicinales du temple d'Esculape, à mesure qu'on vient les déposer sur les tables consacrées.

Je le vis sortir de chez lui: « Salut à l'ami des hommes ! lui dis-je. Etranger, me répondit-il; viens-tu nous enrichir d'une cure nouvelle ?

PYTHAGORE. Je viens présenter mon tribut de reconnaissance au citoyen utile qui se dévoue au salut de ses semblables..

LE VIEILLARD. Mon travail est tout simple. L'idée du temple d'Esculape incendié par un de ces accidens qui ne sont pas assez rares, me fit frémir. Que de trésors la flamme ensevelirait sous la cendre ? Il ne faut pas que dans quelques heures, l'expérience de plusieurs siècles sur ce que les mortels ont de plus cher, leur santé, soit perdu pour les générations futures. Je pris donc la résolution de recueillir ces notes précieuses que les malades guéris et reconnaissans apportent au pied de l'autel d'Esculape. Se reposer du soin de les conserver sur la tradition, ne serait pas sage. La tradition peut divaguer innocemment sur l'histoire des hommes; sur leur santé, la plus petite erreur est fatale.

PYTHAGORE. Me laisseras-tu, bon vieillard, extraire de ton recueil ce que me permettra le trop court séjour que je fais dans l'île ?

LE VIEILLARD. Que n'as-tu le temps de transcrire mon recueil tout en entier ! Je ne mériterais pas de vivre longuement, si je gardais pour moi seul des trésors qui sont la propriété de tous. Je puis faire mieux encore, accepte quelques-unes de mes tablettes que je me trouve avoir multipliées pour en offrir au voyageur avide de connaissances utiles et avare de son temps.

Je remerciai beaucoup le respectable insulaire, et lui souhaitai tous les longs jours, dont on sera redevable à son travail.

Il m'ajouta en nous quittant : « Tu ne seras peut-être point fâché d'apprendre que la maison que j'habite, occupe une partie du domaine qui a appartenu au vieux Pelée, père d'Achille.

En regagnant le port, tu rencontreras un grand emplacement resté vague : hommage rendu à la mémoire d'Hercule ! Le héros séjourna dans ce lieu, quand il vint purger notre île d'un tyran. Par respect et par reconnaissance, nous nous abstenons de disposer de ce terrain devenu sacré. En Grèce et en Italie, il est défendu de bâtir où la foudre tombe : que ne devions-nous pas au génie bienfaisant du grand Alcide ! comme le tonnère, il n'a point marqué ses pas par la destruction. Il n'a laissé sur ses traces que le souvenir de ses exploits utiles.

On me dit que ce héros-dieu avait dans cette île un temple dont le prêtre est habillé en femme. C'est encore un monument de la reconnaissance. Hercule, vivement pressé par le nombre, n'échappa à ses ennemis qu'en empruntant la robe d'une vieille femme (1).

---

(1) Plutarque, *questions grecques*. LVIII.

A Côs, un gnomon de cent parties en fournirait soixante-quinze d'ombre (1).

Le plus long jour compte un peu plus de quatorze heures et demie.

Nous nous rembarquâmes, pour cingler à l'orient de Côs, en tournant la petite Nisyros, île de peu d'étendue et presque ronde, mais honorée d'un temple à Neptune, et d'un port. On y trouve des bains chauds. Nous vîmes, sur la grève, en passant, une grande quantité de meules (2). Nisyros en procure à tous les peuples voisins. On assure que cette île fut détachée de celle de Côs, lors d'un tremblement de terre.

Nous nous hâtâmes de poursuivre notre route, sans être tentés de visiter Leros (3). La réputation des habitans n'invite pas l'étranger à séjourner dans cette île, l'une des Corasies (4); ils sont trop méchans.

Nous ne pûmes nous refuser à nous asseoir à *la table des Dieux* (5); c'est ainsi qu'on appelle une île charmante connue encore sous le nom d'Astipalée dans la mer Carpatienne. Ce point de terre est tout parsemé de fleurs. A la pointe septentrionale est la ville qui s'intitule, *Cité libre*. Elle n'est dominée que par une montagne d'une médiocre élévation, consacrée par un petit temple dont le vaillant Achille est le Dieu. La Divinité, presque d'aussi fraîche date que le temple, ne serait-elle pas comme Minerve, sortie du cerveau d'Homère.

---

(1) Plin. *hist. nat.* VI. 34.
(2) Strabon. *geogr.*
(3) *Idem.*
(4) Plin. *hist. nat.*
(5) Stephanus. *de urbib.*

L'apothéose d'Achille me rappela que les scythes divinisent un glaive. Les Grecs n'ont pas le droit d'appeler barbares les autres nations.

Arrivés devant Icarie, je demandai à voir cette île, déjà connue par ce qu'en ont dit les poëtes, et qui mériterait de l'être davantage par les mœurs de ses habitants. La chute du fils de Dédale n'est ignorée de personne. Ce qu'on ne sait pas assez, c'est que les insulaires icthiophages, de tous les peuples de la terre, sont les plus pauvres, et les moins malheureux. On ne voit point ici de superbes palais comme à Samos; mais ils ont évité l'inconvénient de bâtir les maisons l'une contre l'autre, comme on les voit à Samos. A Icarie, les bourgades ont plus d'étendue que des villes entières; parce que chaque famille a sa maison isolée entre deux jardins.

On ne trouve à Icarie, ni ports, ni rades capables de recevoir de grands navires. L'île n'est accessible qu'à des barques légères; les habitants veulent être maîtres chez eux, et n'y recevoir que des amis.

Le sol est à peine assez fertile pour nourrir la moitié des insulaires : ils élèvent des pourceaux, des abeilles; ils sont habiles à construire des nacelles qu'ils troquent pour les choses de première nécessité qui leur manquent. Ils possèdent deux trésors qui les dédommagent: ils respirent l'air le plus pur, et s'abreuvent d'une eau excellente; leurs fontaines semblent avoir la propriété de rajeunir. Un siècle (1) de

---

(1) On se rappelle que les Anciens distinguaient plusieurs espèces de siècles; il y en avait de trente ans.

cent années est la mesure ordinaire de leur existence. Rarement vivent-ils moins.

Ils se sont habitués à prendre leur sommeil couchés sur la terre. « C'est notre bonne mère, disent-ils : elle nourrit l'homme, elle le porte ; l'homme serait ingrat de mettre entre elle et lui la moindre distance ».

Il semble qu'ils se soient fait une loi de s'en tenir aux choses indispensables. Posséder du superflu est presqu'un crime parmi eux ; ils n'ont pas plus d'un vêtement à la fois, et cet habit n'a d'ampleur que ce qu'il faut pour les couvrir.

Un peu avant de s'asseoir à terre pour manger, ils se mettent à moudre la quantité de farine nécessaire pour un seul repas : ils en cuisent la pâte, sans levain, sur une brique brûlante, et le chef de famille fait les parts égales ; celle de la femme enceinte est double.

La même coupe, remplie de vin tempéré de deux tiers d'eau, passe sur les lèvres de tous les convives, à commencer par la mère de famille. Ils ne conservent point de vin pour en trafiquer : ils en remplissent de longues amphores, qu'ils ensevelissent dans la terre jusqu'au rebord ; et sans les déplacer, ils y plongent des roseaux percés par les deux extrémités ; on les retire quand ils sont pleins, en observant de poser le doigt ou la main sur l'ouverture d'en haut, pour empêcher l'air de peser dessus.

L'intérieur des habitations est dans une nudité absolue ; les Icariens se passent de lit, de tables et de siéges. La crainte des pirates les a peut-être amenés à cette simplicité dont le sage se ferait honneur.

Ce peuple, isolé déjà des autres nations, par la topographie du territoire, semble en avoir contracté le goût de la solitude.

Chaque domaine est, pour ainsi dire, un îlot qui ne communique avec aucun de ses voisins. Chaque famille reste chez elle, vit avec elle-même, se suffit, et ne sait ce qui se passe à côté. Quand les insulaires ont à traiter de quelques affaires communes, chacun se tient sur le seuil de sa maison, et discute de loin avec son voisin, à une distance de cinq à six cents pas : ils en sont quittes pour élever la voix, qu'ils ont déjà très-forte. L'habitant des montagnes et l'insulaire, obligés de lutter avec l'écho des déserts et le bruit des vagues, parlent nécessairement plus haut que le citadin.

Ils fabriquent de leurs mains tout ce qui les couvre et les chausse ; il semble que la reconnaissance soit pour eux un fardeau : ils ne veulent avoir d'obligations qu'à eux seuls. La nature de leur gouvernement paraît être une véritable *autharchie* (1). Ils s'interdisent toute union avec les étrangers : le même sang coule dans les veines de tous les insulaires.

Peu de peuples vivent aussi indépendans, et ils en sont redevables à la pauvreté volontaire qu'ils professent. Ils auraient pu figurer comme les autres nations sur le grand théâtre de l'histoire.

Il leur suffit de l'estime du voyageur sage. Ils placent leur sécurité dans l'indifférence ou le mépris, qu'ils ne sont pas fâchés d'ins-

---

(1) Régime de vie qui consiste à n'avoir besoin de personne.

pirer aux peuples ambitieux et puissans. Ils ne font aucune provision, et n'amassent point de richesses, afin qu'il n'y ait rien à gagner en venant les conquérir. Ces insulaires sont peut-être les plus ignorans de tous les hommes et n'en rougissent point. Ils savent vivre en paix au milieu des horreurs de la guerre, et s'applaudissent de n'avoir de politique que ce qu'il leur en faut pour éviter les révolutions civiles ; aussi les a-t-on laissés jusqu'à présent fort tranquilles. On sait à peine qu'ils existent, et ceux qui s'en doutent les dédaignent trop pour prendre la peine d'aller à eux. Il faut convenir qu'il y a plus de prudence dans la conduite des Icariens que dans celle de l'infortuné jeune homme dont ils portent le nom (1). Les savans insulaires de Samos devraient aller prendre des leçons à Icarie.

Eh ! quoi ! me dira-t-on, les hautes sciences, les beaux arts, les talens sublimes, ces brillans produits de la civilisation, faut-il donc y renoncer ?...

Oui, sans doute, et sans regret, si l'on ne peut les cultiver qu'aux dépens des mœurs et de la liberté. Périsse même le génie, plutôt que la vertu !

---

(1) Ovid. *metam.* VIII.

§. CXXV.

*Topographie de Schio. Commémoration d'Homère.*

Nous fûmes à Schio, île fameuse par ses vignobles, et les beaux poëmes qu'elle a produits.

Les Schiotes apportent beaucoup plus d'attention à leurs vins qu'à leur gouvernement. Ils se servent, pour les conserver, d'amphores qui ont la même forme que celles des Icariens (1); ce sont des vases d'argile cuite (2), aigus à leur base et garnis de deux anses vers l'embouchure. Cette forme aide à la séparation de la lie, qui se précipite toute vers la pointe du vase, après qu'il a été mis dans la terre. Immobile et paisible, on en pompe le vin tout à loisir, et dégagé de matière hétérogène. La plupart de ces amphores sont marquées de la figure d'un sphinx, l'un des symboles de l'île.

Les habitans prétendent et soutiennent que les vignes plantées en Italie (3), sont des colonies de leur vignoble.

On nous conduisit à une fontaine charmante, dont les ondes fraîches conservent leur limpidité, en s'épanchant sur un beau marbre blanc. A l'entrée, nous lûmes sur un pilastre une inscription curieuse, dont j'ai retenu le sens : « Voyageur, défie toi de la beauté de

---

(1) Tournefort, *voyage au Levant.*
(2) En grec, *Diota.*
(3) Plin. *hist. nat.*

cette source ; depuis qu'Hélène, l'épouse de Ménélas et l'amante de Pâris, s'y est baignée, ses eaux privent de la raison celui qui s'y désaltère ».

Je ne tins pas compte de l'avis, et bravai la menace, sans qu'il me soit arrivé rien de fâcheux..

Les femmes schiotes ont pris un peu des mœurs de cette Lacédémonienne ; et se permettent des recherches (1) que désavoue la nature.

J'allai visiter la capitale, placée sur un mont élevé, d'où elle domine toute l'île. On y jouit d'une vue enchanteresse ; néanmoins les habitans pensent à descendre et à s'établir près de la mer ; ils éprouveront moins de fatigues pour leurs affaires.

J'ai observé que tous les insulaires tiennent un peu de l'inconstance de l'élément au milieu duquel ils vivent. Comme les flots de la mer, il aiment à aller et venir. Les circonstances se trouvaient fort analogues à leur caractère.

Les Schiotes, redevables de leur indépendance au commerce et à l'industrie (2), venaient d'apprendre que le nouveau roi de Perse équipait une flotte de six cents voiles, destinée à réduire sous son obéissance l'Ionie et ses îles. Ils étaient entrés dans une confédération généreuse contre l'ennemi commun, et s'engageaient à fournir pour leur contingent, cent navires. Ces vaisseaux étaient en pleine construction : je ne vis jamais une ac-

---

(1) D'où le proverbe grec et latin : *Chiorum more, pilos vellere*. Eustath.
(2) Aristot. *politiq.* IV.

tivité plus grande, une ardeur plus soutenue. Je pus à peine trouver un guide pour voir les antiquités du pays.

Il me proposa de me mener dans plusieurs ateliers. « Nous n'avons pas pour un seul statuaire : Mélas, Micciade, Archemus, Bupalus, Athenis, se disputent la palme du talent ».

Je préférai de visiter les forges de *Glaucus* (1), artisan devenu célèbre par la découverte d'un procédé pour lier ensemble plusieurs pièces de fer (2). Il me montra à quel dégré il faut chauffer le métal pour l'amollir et le réduire en une pâte ductile, espèce de ciment minéral, qui va devenir d'une grande ressource.

J'aurais bien voulu converser un moment avec l'historien *Xénomède*; il voyageait.

J'avais entendu parler d'un autel dédié au *héros pacifique*, sur lequel les traditions du pays s'exercent beaucoup, sans être d'accord avec elles-mêmes. Néanmoins, et malgré les circonstances qui ne m'étaient pas favorables, j'exhortai les Schiotes à conserver ce culte, et surtout à ne jamais séparer l'idée de *pacifique* de celle de *héros*.

Ils ont beaucoup d'esclaves, qu'ils achètent. « Nous avons fait ce commerce les premiers (3), » me dirent-ils, avec une sorte de vanité... Pauvre espèce humaine !...

On me permit d'assister à une veillée domestique. Chaque soir plusieurs jeunes filles de

---

(1) Eutrop. Euseb.
(2 La soudure du fer.
(3) Textoris *officin.* tom. II. *in*-8°. p. 168.

Schio se rassemblent pour travailler à la lueur d'une lampe et sous l'œil des mères de famille. Il faut aller à ces cercles pour prendre connaissance des vieilles traditions du pays. C'est là que j'appris que près d'un siècle avant la prise de Troye, l'île avait un monarque, nommé *Scélésion* (1), et père d'une vierge, belle comme Vénus, sage comme Vesta ; on l'appelait *Omorphia* : que Scélésion la fit garder par un dragon noir ; que le gardien devint amoureux du dépôt qui lui était confié : alors le père construisit une tour haute, pour mettre la vertu de sa fille à l'abri des ravisseurs. Telle fut l'origine de Pyrgos, petite forteresse sur le rivage du fleuve qui baigne les murs de la capitale.

J'oublie, mes chers disciples, de vous citer parmi les amans téméraires de la belle Omorphia, Agapiton, jeune tyran de la Doride. Le roi, chagrin déjà du trépas de son fils unique, et embarrassé de sa fille, abdiqua le trône pour se consacrer aux autels d'Apollon, dans un temple qu'il venait de bâtir. Rien ne put le dissuader de cette résolution, pas même un sacrifice humain, qui eut lieu à ce sujet. Quelles mœurs !

Cette aventure, ajoute la tradition, fut gravée sur des tables d'airain qu'on ne retrouve plus ; mais il en existe une copie sur des lames d'or, déposées dans le temple de Delphes : quand on alla consulter l'oracle sur le choix d'un mari pour Omorphia, la pythie indiqua prudemment un prince armé-

---

(1) Voy. *descript. et hist. de l'île de Schio*, par Jér. Justinian. *in*-4°.

nien, qui s'appelait *Dragon*; mais les insulaires saisirent cette occasion pour déclarer que la liste de leurs rois finirait à celui-ci. Depuis cette époque, ils sont gouvernés par leurs propres lois et par de simples magistrats; et ils firent bien, dit la tradition, en terminant son récit.

J'eus la curiosité d'aller voir le temple d'Apollon, et le tombeau du fondateur; l'épitaphe renferme un sentiment qui fait honneur à Scélésion:

« Ce roi, y est-il dit, eût desiré, par amour, non de la tyrannie, mais de la paix, ne faire du monde qu'une seule province ».

On me conduisit au premier vignoble de toute l'île; on l'appelle *Ariusie* (1), et depuis plusieurs années, *Vigne d'homère*. Arrivé à une petite bourgade de l'endroit appelé *Cardamile*, non loin du port de ce nom, on me montra deux objets dignes de toute ma vénération, si j'avais pu croire à leur authenticité.

LE GUIDE. Etranger, considère avec attention le lieu où tu es. Te voilà entre le toit natal d'Homère et son tombeau.

PYTHAGORE. Mais plusieurs villes se disputent cette gloire: quelle preuve l'île de Schio peut-elle administrer à l'appui de sa prétention?

Quelle preuve? me répliqua l'insulaire, avec une candeur qui me fit sourire: quelle preuve? la moins suspecte de toutes: c'est que ce côteau de vigne que tu vois, et que nous appelons *Bolissus*, donne le meilleur vin de toute l'île et de toute la terre; or, de tous les

---

(1) *Arvisia vina*, disaient les Latins.

mortels, l'aveugle de Schio fut celui qui se connoissait le mieux en vin (1), et qui l'aimait le plus ; sa muse s'en est ressentie plus d'une fois (2).

Je ne répliquai rien. Mon guide ajouta, en me quittant : « Je te laisse avec un *Homéride* (3) ; il t'en dira davantage ».

Je vis venir à moi un homme de haute stature, un diadême de pourpre passé dans ses cheveux, et vêtu d'une longue robe de laine fine, dont les bords étaient d'écarlate. Il avait entre les mains une lyre d'or, et sortait d'un édifice de pierre, carré et voisin d'un ruisseau. Il me proposa de rentrer avec moi dans ce bâtiment, qui a deux portes, l'une au midi, l'autre au septentrion. Un sanctuaire creusé dans la muraille, du côté de l'orient, renferme une statue d'homme debout et les yeux fermés. « Avant tout, me dit le pontife de ce temple ; sur ce trépied, brûle ton encens à mon illustre ancêtre, le dieu des poëtes et le plus éloquent des hommes, tandis que je réciterai sur ma lyre quelques vers des voyages d'Ulysse ».

Jamais la poësie du chantre de l'Odyssée ne me parut aussi harmonieuse que sous la voûte sombre de ce temple.

Une singularité qui me frappa (4), fut que pour me réciter ce fragment de l'Odissée, il s'enveloppa d'un manteau bleu, de la couleur

---

(1) . . . . . . *Vinosus Homerus.*
            Dit Horace, *epist.* lib. I.
(2) *Aliquando dormitat Homerus.*
(3) Autrement, *rapsode*, ou *rapsodeur.*
            Cuperus, *apotheosis Homeri.*
(4) *Idem.*

des flots de la mer. Avant de me répéter un chant de l'Iliade, il changea de vêtement, et jeta sur ses épaules une draperie rouge de la couleur du sang.

Ce saint devoir rempli, l'homéride, qui s'appelait *Cynethe* (1), me parla d'abord en ces termes :

« Dans ce que je viens de te chanter, je n'ai point encouru la peine portée par une loi de Solon contre les sacriléges qui ôseraient interpoler les poëmes du divin Homère (2). En voici une copie, écrite d'après celle faite par les *Septante* (3), dans le palais de Pisistrate (4) ».

Il fit une pause, puis il continua de m'entretenir ainsi :

« Smyrne seule partage avec Schio la gloire d'avoir donné au monde ce grand homme. C'est à Smyrne qu'Homère fut conçu; mais il ouvrit les yeux à la lumière dans l'île de Schio, en ce lieu même, sous un toit de chaume, que la reconnaissance et l'admiration ont converti en un temple modeste et simple comme la divinité qui l'habite. Il naquit un peu avant la première olympiade, trois siècles après le siége et la prise de Troye.

PYTHAGORE. De quels parens ?

L'HOMÉRIDE. Ils n'étaient ni pauvres, ni riches, ni des premiers, ni des derniers de leur nation. Homère naquit dans les rangs mitoyens, où se trouvent pour l'ordinaire le génie et la vertu.

---

(1) *Scholiast.* Pindar. *od.* II. *nem.*
(2) Eustath. Fabricius, *bibl. gr.* I.
(3) Soixante-dix grammairiens.
(4) *Biblioth. univ. des hist.* 1707. *in*-8°. tom. I.

PYTHAGORE. Quelle fut son éducation ?

L'HOMÉRIDE. Nous ne savons rien de sa jeunesse ; on ne cite point les noms de ses maitres ; peut-être n'en eut-il d'autres que la nature. Il voyagea beaucoup, et ne pensa à rentrer dans sa patrie que quand il eut perdu la vue. La tradition raconte qu'il fut assez mal reçu d'abord. On méconnut en lui l'homme divin, quand on le vit mal vêtu, un bâton à la main, et conduit par un enfant portant des rouleaux sous son bras ; c'était là ses trésors, et les rois de Lydie sont pauvres à côté d'Homère. On lui reprocha durement la vie errante qu'il avait menée jusqu'alors. Tu nous es rendu, lui dit-on, à présent que tu ne peux plus divaguer chez les nations étrangères.

Le grand homme leur répondit : « Mes chers compatriotes, pour toute grâce, prêtez un moment l'oreille ».

C'était sur la place publique de Schio ; il se mit à leur réciter les adieux d'Hector et d'Andromaque. Dès les premiers vers, tout le peuple qui l'écoutait se sentit pénétré d'un sentiment jusqu'alors inconnu. Les uns poussent des soupirs ; les autres laissent couler de leurs yeux de douces larmes ! L'attendrissement et l'enthousiasme se disputent l'ame de tous les citoyens. Homère est conduit, ou plutôt est porté en triomphe dans le temple d'Apollon. On détache la lyre d'or du dieu des Muses pour la faire passer sous les doigts du poëte. Le sénat de la ville s'assemble aussitôt. Un décret en émane : « Toute l'île de Schio reconnaît Homère pour un homme divin, et se charge de son entretien aussi sacré pour elle que le culte des Dieux ».

L'illustre

L'illustre aveugle demande à rentrer dans ses foyers; afin, dit-il, de mourir où je suis né. On le ramène ici, au milieu d'une foule nombreuse; on eût dit d'une pompe sacrée; tant la vue du vieillard inspirait de vénération. On ne fixait les yeux sur lui qu'avec un saint respect. On se hâta de relever son toit natal négligé, abandonné pendant tant d'années. On y installa Homère avec son guide. Plusieurs jeunes citoyens, de grande espérance, furent placés près de la personne d'Homère pour multiplier sous sa dictée les copies de ses poëmes immortels. Peu de semaines après, de toutes les parties de la Grèce et de l'Ionie, on accourut pour voir, pour entendre l'aveugle de Schio. Lycurgue, lui-même, vint se ranger parmi ses premiers admirateurs. Nos ancêtres virent ce grand législateur et nous ont transmis ses premières paroles, en abordant Homère: « J'ai parcouru l'Egypte; je sors de Crète: ce n'est pas assez d'avoir conversé avec les sages du Nil et d'avoir étudié les lois de Minos; j'ai besoin encore de lire les poëmes du divin Homère, et de les posséder ».

Fatigué de sa gloire et de ce concours journalier d'admirateurs, il se retirait souvent sur un rocher auquel la nature semble avoir elle-même donné les formes favorables à l'usage qu'en devait faire notre illustre aïeul; il y tint une école pour ses parens et ses compatriotes seulement (1); de cette école sacrée sont sortis les Homérides, du nombre desquels j'ai le bonheur d'être. Voyageur, tu ne quitteras point

---

(1) *Primus doctrinarum et antiquitatis parens.*
Plin. *hist. nat.* XXV. 5,

notre île, sans avoir visité ce rocher. Auparavant, connais les détails de ce temple.

Les habitans de Smyrne lui en ont élevé un aussi, et voudraient jouir exclusivement de la gloire d'avoir produit Homère.

Un hymne au grand Apollon, composé par lui, atteste à jamais que notre île fut son berceau. Homère, lui-même, s'y donne le surnom d'aveugle de Schio (1).

On a prétendu qu'il était né comme il mourut, privé de l'usage de ses yeux. Pour démentir, cette assertion les insulaires ont frappé une médaille qui représente notre Homère assis, et lisant avec beaucoup de recueillement. Eh! comment croire aveugle de naissance ce peintre sublime de la nature et des hommes?

Nous ne le possédâmes pas long-temps. Il était déjà très-âgé, quand il rentra dans sa patrie. Il y mourut trop tôt pour ses contemporains fiers de la vieillesse d'Homère. Et voici sa tombe, chargée de son apothéose. Ce relief de marbre offre un temple tendu de grands voiles. Assis sur l'un de ces siéges consacrés aux Dieux, les pieds posés sur une estrade, aux deux côtés d'Homère sont deux belles femmes de taille héroïque; l'une porte un glaive, c'est l'Iliade; l'autre un gouvernail de vaisseau, c'est l'Odyssée. Debout, derrière lui, Saturne et Cybelle ceignent sa tête d'un laurier. En face est un autel où les Muses viennent sacrifier tour-à-tour. Voyageur, remarque ce long sceptre dans la main droite d'Homère. C'est celui du maître des Dieux et des hommes. Tel est l'hommage que nous devions à ce génie

---

(1) *Vie d'Homère*, par Pope.

de tous les siècles; sans doute la postérité renouvellera les fleurs que nous jetons encore tous les jours sur sa tombe. Adieu! étranger, qui que tu sois, et veuille être; aime les Muses, étudie Homère et la nature.

## §. CXXVI.

*Anacréon et Pythagore à Schio et à Téos.*

Je me fis conduire sans délai à l'école d'Homère, de l'autre côté de Schio, à deux heures de chemin de cette ville; c'est un roc élevé, dont la mer baigne les racines. Des lentisques sauvages en ombragent le sommet. Je n'en étais éloigné que de quelques pas, quand je m'entendis appeler; c'était Anacréon qui se faisait remplir une coupe de vin d'Ariusie, par une jeune insulaire assise sur ses genoux. La rencontre est heureuse, s'écria le poëte de Téos; un bon génie t'amène en ce moment, pour partager cette amphore.

PYTHAGORE. Anacréon, jamais je n'ai usé de cette liqueur.

ANACRÉON. Tant pis pour toi; est-ce que tu aurais voyagé sur les bords du lac Clitorius (1), qui fait, dit-on, contracter le dégoût du vin (2)? Que viens-tu chercher ici? ce n'est pas moi sans doute. Tu viens évoquer l'ombre d'Homère; cette jeune beauté m'en tient lieu : il sera temps de sacrifier aux mânes, quand je serai descendu sur le noir rivage.

Je voulus me retirer.

---

(1) En Arcadie.
(2) Eudoxe, cité par Pline, *hist. nat.* XXXI. 2.

« Eh! pourquoi, me dit Anacréon, en me plaçant à l'un des côtés de sa jeune compagne. Reste avec nous; il n'y a ici d'autre despote que l'amour.

Dis-nous, Pythagore! dans tous tes voyages, as-tu jamais rencontré un objet plus accompli? Peut-il se trouver un caractère de tête plus parfait? Vois avec quel agrément les deux arcs de ces sourcils se touchent presque (1); et il n'y a point ici d'artifice, comme à Samos. Cette jeune vierge est une belle fleur de l'Ionie (2); et aussi prévenante qu'elle est aimable. Cette couronne, composée d'autant de roses qu'il y a de lettres dans mon nom, est un don de sa main (3). Elle m'en promet d'autres encore, pour parfumer ma coupe, voulant que je boive dans la rose (4) ».

Comme il disait ces mots, une colombe blanche que la jeune fille carressait, vint à s'envoler. Elle courut après, et nous laissa seuls.

« C'est donc ce lieu, dis-je au poëte, qu'on appelle l'école d'Homère? »

ANACRÉON. Du moins, dans l'île, on le donne à croire aux étrangers. Voici le banc où se plaçaient les élèves; le maître s'asseyait

---

(1) *Odes* d'Anacréon. XXVIII.

Les Anciens avaient un goût de beauté qui paraît fort étrange au nôtre. Bayle.

Darès, le Phrygien, dans sa relation de la destruction de Troye, représente l'aimable Briséis avec des sourcils joints, *superciliis junctis*.

(2) Allusion à l'étimologie du mot Ionie, pays couvert de violettes.

(3) Usage galant des anciens Grecs.

(4) *Potare in rosá*, dit Cicéron.

sur ce cube de pierre, un peu plus élevé ; toute cette école est taillée dans le roc même. Quoiqu'il en soit de ces origines, on ne pouvait choisir un emplacement plus propice ; on y jouit du spectacle de la mer, et de la fraîcheur de ses flots, sans en être incommodé. D'ici, je vois ma maison des champs, près de Téos ; mais je jouis à Schio d'un peu plus de liberté. J'y rencontre moins d'importuns, et je n'y entends parler d'aucune affaire politique ; c'est le fléau de mes jours que la politique.

PYTHAGORE. Nous n'en sommes pas quittes.

ANACRÉON. C'est ce que je viens d'apprendre. J'échappe d'une révolution à Samos ; une autre se prépare dans ma patrie : un jeune ambitieux s'y fait remarquer et craindre (1). Je la quitte, pour chercher du calme dans cette île ; le démon de la guerre m'y poursuit encore. Je trouve ici tout le monde occupé à se fabriquer des armes, comme là-bas. Ce nouveau roi de Perse ressemble à Cyrus ; il veut un embrasement général. Je voudrais tenir un jour à table tous les monarques de la terre ensemble : je leur donnerais sur mon luth des avis qui vaudraient bien les mauvais exemples qu'ils vont puiser dans les poëmes du divin Homère. Ce chantre d'Achille et d'Ulysse n'est pas mon poëte, soit dit entre nous ; si quelqu'habitant de Smyrne m'entendait (2), il me ferait brûler vif par les magistrats, sur l'autel du Dieu aveugle.

PYTHAGORE. Au lieu de t'adresser aux rois,

---

(1) Suidas le nomme *Histieùs*.
(2) C'est ce que Zoïle éprouva dans la suite.

ne vaudrait-il pas mieux essayer de faire entendre au peuple le langage de la raison?

ANACRÉON. Que les Dieux me gardent de la démangeaison de vouloir rappeler à la sagesse et le peuple et ses rois ! je les abandonne à leurs mauvaises destinées. Tu l'as vu à Samos, quel usage tes compatriotes ont-ils fait de leur liberté, à la nouvelle du malheureux accident arrivé à Polycrate ?

PYTHAGORE. Tu dois un sacrifice à la Fortune ; elle t'a bien servi. Quand je t'entrenais du dénouement presque toujours tragique de tous ces drames nationaux, je ne pensais pas en être si près, ni toi non plus.

ANACRÉON. Fort heureusement pour moi, il n'y a eu que la moitié de tes divinations d'accomplies.

PYTHAGORE. De quoi s'en est-il fallu ? Tu as reçu là une leçon dont sans doute tu sauras profiter. Je crois que de long-temps on ne verra Anacréon devenir le courtisan d'un despote.

ANACRÉON. Je n'oserais te le promettre : l'attrait du plaisir est bien puissant ; pourvu qu'on sache ou qu'on puisse se retirer un moment avant l'orage. J'irais chez Pluton, si j'étais certain d'y trouver du vin de Schio, et une maîtresse aussi jolie que cette jeune fille qui donne et reçoit des leçons de plaisir dans l'école d'Homère.

PYTHAGORE. As-tu donc oublié que tu es le parent de Solon le législateur, et l'un des descendans du roi Codrus ?

ANACRÉON. Près d'une jeune Ionienne, je ne me souviens plus d'autre chose, si non que je suis homme ; et je tâcherai de l'être deux fois (1) plus long-temps qu'un autre (2).

PYTHAGORE. Tu ne sors point du cercle que tu t'es tracé.

ANACRÉON. J'en serais bien fâché : ces jours derniers, en attendant ma blanche colombe, je voulus préluder quelque chant analogue à ce lieu ; j'essayai de la trompette épique, pour célébrer les travaux du grand Alcide, et les combats des fiers Atrides (3). Il ne me fut jamais possible de tirer de ma lyre aucuns sons graves. Le vin et les femmes, Bacchus et l'amour me réclament tout entier, et ne veulent pas que je passe à d'autres. Il faut obéir à d'aussi puissantes Divinités. Le génie d'Homère n'est pas le mien ; je lui veux mal d'avoir prescrit, je ne sais dans lequel de ses poëmes (4), d'étendre le jus de la treille dans vingt fois autant d'eau (5).

Hier, encore, je me dis : « Essayons sur un mode moins relevé de chanter la constance mutuelle de Pénélope et d'Ulysse ; je n'eus pas plus de succès. L'ennui s'empara de moi ; la lyre me tomba des mains ; l'amour volage me la rendit, en me disant : « Anacréon,

---

(1) *Iconografia Canini.*
(2) Anacréon mourut fort âgé.
(3)    *Cantem libens Atridas,*
 . . . . . . . . . . . . . . . . . . .
   *Jamque Herculis labores*
   *Canebam : at illa contra*
   *Sonabat usque amores.*
       Ode. I. *de lyrâ suâ.*
(4) L'Odyssée. IX. V. 208.
(5) *Sit quoque vinosi theïa musa senis.*
      Ovid. *ars amandi.* III.

ne force point ton caractère; aime et bois, et change de maîtresses comme de vins...

Pythagore! tu me regardes en pitié, et ne te sens pas le courage de m'adresser des reproches. Que je serais fier de faire de toi un homme de plaisir!

PYTHAGORE. Crois-moi, Anacréon; suivons chacun nos goûts.

ANACRÉON. Eh bien ! écoutes. Tandis que presque tous les habitants de cette île se disposent à se bien battre contre les Perses, partageons-nous les symboles de Schio. Je t'abandonne son sphinx ailé; laisse-moi ses raisins.

Nous en agirons de même, si tu veux encore, pour deux autres productions de ce territoire. Les filles de Schio et ses figues se disputent le pas ; jette-toi sur les secondes ; je m'adjuge les premières : est-ce convenu?

PYTHAGORE. Quand donc feras-tu quelque trève à tes aimables folies?

ANACRÉON. Le plus tard que je pourrai, je te l'avoue. Mais faisons mieux encore ; puisque tu peux disposer de quelques jours, passons la mer, et viens rendre visite à mes Dieux domestiques. Je t'y donnerai de mes leçons ; je prendrai des tiennes, et nous verrons ce qu'il en résultera. Si j'allais devenir un sage !..

PYTHAGORE. N'ayes point cette frayeur. Restons ce que nous sommes. Les femmes et la cour des rois me sauraient mauvais gré de la métempsycose, si elle était praticable.

Je me laissai entraîner à *Téos* (1) ; la mer

---

(1) Aujourd. *Baudrun*; selon d'autres, le village de *Segest*.

ne forme ici qu'un étroit canal. Nous abordâmes à cette péninsule, servant de territoire à Clazomène, ville d'Ionie, ainsi que celle d'Erythrée. Sur la côte méridionale, à l'endroit le plus resserré, on trouve un port sûr et commode : c'est celui de Téos (1), cité fort agréable et digne en effet d'être la patrie du voluptueux Anacréon : tous les édifices sont construits sur des arcades. Les habitans ne me parurent pas moins sensibles que leurs voisins, aux menaces du roi persan ; ils étaient dès lors prêts à tous les sacrifices (2), plutôt que de subir le joug.

Etranger à tous ces grands intérêts, Anacréon me conduisit dans son petit héritage, hors de la ville : retraite charmante où nous fûmes accablés des caresses d'un chien (3), dont la fidélité était célèbre dans le pays. La mer Egée se déploie sous les jardins d'Anacréon ; il me dit, en me les montrant : « Ce ne sont pas les bosquets aëriens de Sémiramis, que tu as été admirer à Babylone. Ils n'inspirent pas non plus la gravité des promenades souterraines des prêtres de l'Egypte ; ils sont accommodés au goût du maître. Je n'aime point à me perdre dans la nue, ni à me creuser l'esprit dans de sombres profondeurs ; je me plais à marcher terre-à-terre, et à tenir le juste milieu.

PYTHAGORE. Mais voilà de la sagesse.

---

(1) Strab *geogr.* XIV.
(2) Herodot. I.
(3) Il mourut (ce chien) sur un sac d'argent que le valet d'Anacréon laissa tomber en route.
Voy. la *vie d'Anacréon*.

ANACRÉON. C'est la mienne; du moins; mes jardins sont aussi l'asile du mystère. On y subit des épreuves moins effrayantes que celles de la déesse Isis. Pythagore, je t'invite à en faire quelques-unes cette nuit. De jeunes citoyennes de Téos m'arrivent ce soir tout exprès. Uses en toute assurance des droits de l'hospitalité. Tu peux choisir parmi tous les objets dont tu lis les noms peints sur les murs de ma demeure (1), avec l'éloge de leur beauté. Je me pique de reconnaissance; tous ceux et celles que j'ai aimés, et que j'aime encore, sont inscrits chez moi, et tiennent une place dans ma mémoire et dans mes chansons.

Je remerciai mon hôte officieux. En examinant l'intérieur de son habitation, j'eus sujet de faire une remarque: l'art de peindre n'est pas à beaucoup près aussi avancé à Téos que dans la haute Egypte. Je vis chez le chantre des femmes, plusieurs tableaux composés avec de la cire (2) de diverses couleurs, posée sur des lames de bois (3). Le Dieu tutélaire de la ville et du poëte, Bacchus, était représenté ainsi, au fond d'une grotte, servant de gardien à un joli côteau de vignes que le poëte cultive de ses mains.

Le lendemain, dès l'aube du jour, je me promenais sur le rivage, à la vue des belles îles parsemées sur la mer Ionienne, et j'attendais le réveil de mon hôte, quand je vis de loin arriver une superbe galère de cin-

---

(1) Pausanias, *voyage en Grèce*.
(2) Jacquelot, *existence de Dieu*. p. 163. *in-4°*.
(3) Plin. *hist. nat.* XXXV. II.

quante rameurs. Le commandant jeta l'ancre devant les jardins d'Anacréon; il lui apportait des lettres d'Hypparque (1), fils de Pysistrate. On s'empressa d'aller éveiller le poëte, pour l'avertir d'un aussi brillant message. « Anacréon, eh! venez donc recevoir l'envoyé du premier magistrat d'Athènes ». Anacréon, sans sortir de sa couche, répondit: « Quand ce serait le premier des Dieux de l'Olympe!.. qu'on fasse attendre »!

Enfin, il se leva: « Hypparque, mon maître, lui dit le commandant de la galère, vous envoie, par mes mains, ces présens et cette lettre »:

*Hypparque,*
*fils de Pisistrate*:

« Mon cher Anacréon, j'apprends que vous êtes rendu à vous même. Vous refuserez-vous à l'invitation d'un homme d'état qui a besoin de déposer quelquefois, dans le sein des Muses, le poids des affaires publiques? Venez à Athènes. Cette ville seule est digne de vos talens aimables. Vous y trouverez des admirateurs et des amis ».

Après la lecture de cette lettre: « Pythagore, me dit Anacréon, conseille moi. Que ferais-tu à ma place? Je lui répondis: si j'étais Anacréon, je partirais.

ANACRÉON. Je vais donc quitter encore une fois mes dieux pénates. Mais toi, Pythagore, pour voir Athènes, qu'attends-tu? Allons y ensemble.

PYTHAGORE. J'attends que j'aye vu Sparte. Je me rends d'abord à Mitylène.

---

(1) *Hypparchus Anacreonti navem πεντεκοντόροψ misit.*
Scalig. poët. XLI.

ANACRÉON. Tant pis pour toi; je te plains. Le vin de Lesbos a un goût de marine insupportable (1).

Et nous nous séparâmes.

La faveur des rois, plus que son talent aimable, attirait une grande considération au poëte de Téos. Beaucoup de ses concitoyens apprenant son départ, vinrent lui faire leurs adieux sur le rivage. L'*Æsymnete* lui-même était à leur tête (2). Anacréon fut harangué par lui au nom de toute la ville; puis il monta la superbe galère d'Hypparque : j'allai à bord de mon léger esquif pour passer à Lesbos.

## §. CXXVII.

### *Voyage à Lesbos. Topographie de l'île. Usages et Mœurs des insulaires. Pittacus.*

LESBOS est devenue célèbre par les folles amours de Sapho et par la politique sage de Pittacus. Des tremblemens de terre fréquens font payer fort cher à cette île l'excellence de son territoire. Plusieurs villes ont déjà disparu; il lui en reste encore cinq, dont Mitylène et Methymne sont les principales. Celle-ci, qui a pour fondateur une femme (3), est à soixante-dix stades du continent.

Nous nous rendîmes à la capitale fondée aussi par une femme, et construite avec élégance, mais fort mal aclimatée. Elle a deux

---

(1) Plin. *hist. nat.* XIV. 7.
(2) Souverain magistrat élu par le peuple. Voy. Hesychius. Chishull, *antiquitates asiaticae.* p. 98.
(3) Strab. *geogr.*

ports; nous mouillâmes dans celui du Midi. Les citoyens s'acquittaient, en ce moment, d'un devoir triste et sacré. Ils célébraient l'anniversaire de la mort de Pittacus (1). Le cortége était en marche pour se rendre au tombeau du législateur, élevé au milieu du domaine où s'étaient écoulés les derniers momens de sa vie. Les magistrats précédaient; on portait au milieu d'eux, sur des *brancards* (2), l'image d'Hercule, et celle d'Apollon. Venait ensuite un chœur de jeunes Mytileniens conduits par l'un d'eux revêtu de la peau du lion de Némée et chargé d'une massue. Un autre chœur de jeunes filles de Lesbos, parfumées de *majorane* dont le sol abonde à l'égal de celui de Cypre (3), avait à sa tête deux Myteleniennes; la première avec le luth de Sapho; l'autre tenait un vase rempli de pièces de monnaie d'argent à l'empreinte de cette femme célèbre. On distribuait de ces médailles aux étrangers, témoins de cette solennité. On m'en fit accepter trois. Elles sont toutes frappées seulement d'un côté (4). Bientôt, sans doute, ces preuves métalliques de l'histoire auront un double type.

Je remarquai, suspendues aux oreilles de ces jeunes Myteleniennes, des agathes transparentes de Lesbos, figurant les fleurs de cette île.

Un jeune guerrier portait, avec respect, le bouclier de Pittacus, et dessous le filet dont

---

(1) Il vécut cent ans, selon Lucien; soixante-dix années seulement, suivant Diogène Laër.

(2) *Pulvinar.*

(3) *Samphucus*, ou *amaratus*, marjolaine. Plin. *hist. nat.* XIII. 1.

(4) Barthelemy, *essai de paléographie.*

ce grand homme fit usage pour envelopper et vaincre son ennemi, le général des Athéniens.

Un jeune magistrat montrait au peuple le javelot lancé par Pittacus pour servir de mesure au champ dont il se contentait, en reconnaissance de ses importans services rendus à sa patrie. Leçon sublime de modération !

Je me plaçai près de l'orateur qui devait prononcer l'éloge de l'illustre mort. C'était *Hellanicus*, connu déjà par quelques traités d'histoire. Après s'être recueilli un moment sur le tombeau même : « citoyens, dit-il, si le calme et l'harmonie règnent encore dans cette île ; si Mitylène et tout Lesbos peuvent se dire libres ; ce grand bienfait, est l'ouvrage de Pittacus. Admirons, en frémissant, l'ascendant du génie d'un seul homme sur tout un peuple ». Hellanicus fit une pause, comme pour donner le temps à l'assemblée de se recueillir et se bien pénétrer du grand sens renfermé dans ces dernières paroles ; puis il continua son discours. « Admirons plus encore, en rendant grâces aux Dieux, honorons la vertu de ce même homme s'abaissant le premier devant les lois qu'il vient de donner à son pays. Nous étions indignement en proie à une poignée d'ambitieux qui déchiraient les entrailles de la patrie pour s'en repaître. Pittacus osa se mesurer avec leur chef, et poignarda le tyran, que nous avions la lâcheté de laisser impuni.

La possession du champ achillitide nous suscitait une guerre désastreuse ; Pittacus la termina, en exposant seul sa vie contre le général athénien qu'il mit à mort avec autant de prudence que de courage (1), comme ce filet l'atteste.

A l'ombre de ce grand homme, nous jouissions de la paix que nos voisins n'osaient troubler; mais nous n'avions point de lois ni de gouvernement: Pittacus fut notre législateur, et ne voulut être notre magistrat suprême qu'autant de temps qu'il en fallait pour assurer le repos de l'ordre (2). Nous l'avons vu remettre lui-même au peuple le sceptre du commandement que tant d'autres ne laissent échapper de leurs mains que quand elles sont glacées par la mort. En vain nous insistâmes pour qu'il demeurât à notre tête : nous l'avons entendu nous répondre:

« Citoyens! on ne reçoit un dépôt que pour le rendre. Citoyens ! il est difficile de rester long-temps honnête homme ».

En vain nous voulûmes lui faire accepter en toute propriété un fond de terre de mille arpens, gage de notre reconnaissance bien au-dessous de ses services.

« Il est bien au-dessus de mes besoins, me répondit-il. Il ne me faut, et je n'accepte qu'autant de terre que pourra en parcourir un javelot, lancé par moi ».

Le voici ce javelot, monument sacré de la modération du grand homme.

Le plus riche des rois de la terre envoie à Pittacus une somme d'argent considérable : Lesbiens ! vous vous rappelez la réponse de Pittacus : « Hélas! mon frère, mort sans

---

(1) Phrynon. Diogen. Laër. I.
(2) Dix ans.

laisser d'enfans, ne m'a que trop enrichi; je possède une fois plus que je ne veux ».

On vient dire à Pittacus : « Tu n'as plus de fils ; Thyrræus est tombé sous la hache d'un meurtrier. Nous t'amenons l'assassin chargé de chaînes ». Plus grand que Solon, qui s'abandonna au désespoir, Pittacus répondit : « Le coupable sur l'échafaud, ouvrira-t-il la tombe de mon fils ? »

Le poëte Alcée profanait les muses, en les rendant l'organe de la calomnie impure, et Pittacus en était le principal objet ; nous demandions tous le châtiment d'Alcée : « Habitans de Lesbos, nous répondit Pittacus, les traits de satyre d'un homme qui jette ses armes dans un combat pour fuir plus vîte, ne peuvent atteindre, ni blesser ».

L'orateur se tut un moment ; puis il ajouta :

« Citoyens, terminons l'éloge de Pittacus, par la lecture des adages qu'il déposa, et que nous avons gravés sur son tombeau. C'est à bon droit qu'ils lui méritèrent une place parmi les sept sages de la Grèce ; lisons :

« Le sort est le tyran des hommes et des Dieux.

Ne consacrons d'autels qu'à la nécessité.

Il n'y a de certain que le présent.

Il faut au peuple enfant, des verges et des lois.

Pour connaître un mortel, donne-lui du pouvoir.

Les véritables victoires se gagnent sans effusion de sang.

Cherche un homme de bien dans les lieux solitaires.

DE PYTHAGORE. 385

Habitans des îles, restez chez vous : rien de plus inconstant que la mer.

Si tu n'as point assez de prudence pour détourner le malheur qui te menace; ayes du moins assez de résignation pour le supporter.

Ce n'est point avec l'arme de la parole qu'il faut attaquer les méchans. Pour aller à eux, prenez vos arcs et vos flèches.

La véritable république se trouvera chez un peuple qui ne laissera point aux méchans la liberté de lui commander ».

Après que l'orateur eut fait tout haut la lecture de ces beaux préceptes, la plupart, en vers élégiaques, extraits d'un poëme sur les lois, dédié par Pittacus à ses concitoyens, on brûla des parfums dans le plus profond silence.

Un magistrat prit un moment la parole :

Citoyennes, souffrez qu'on rappelle ici le seul chagrin qu'éprouva Pittacus :

« Hélas! disait-il à ses amis, chacun a ses peines (1); sans la mauvaise tête de ma femme, je m'estimerais parfaitement heureux ».

Épouses et compagnes des citoyens chers à la patrie, promettez d'expier le tort de l'une d'entre vous....

Les Lesbiennes baissèrent les yeux et la pompe solemnelle rentra dans la ville, au bruit des hymnes, chantés alternativement par le

---

(1) Plutarque, *du contentement ou repos de l'esprit*. ch. XI. Montaigne, *essais*. III. 5. La réflexion du philosophe français, à ce sujet, est piquante. « C'est un bien poisant inconvénient, duquel un personnage si juste, si sage, si vaillant, sentoit tout l'estat de sa vie altéré : que devons-nous faire autres hommenets ? »

Tome III.                                    B b

chœur des jeunes citoyens de Mytilène, et par celui des filles de Lesbos. Celles-ci répétèrent quelques-unes des poësies saphiques de leur illustre compatriote, si malheureuse par l'excès de sa sensibilité. On chanta aussi quelques strophes de Damophile (1), contemporaine de Sapho.

Je suivis un groupe de Mytiléniennes ; l'une d'elles, à propos des funérailles anniversaires de Pittacus, rapporta un ancien adage du pays (2), qui a du moins de la singularité :

« Le trépas est un mal ; la preuve en est qu'aucun des Dieux n'a encore voulu mourir ».

Le lendemain, les citoyens, pleins d'une nouvelle ardeur, retournèrent au chantier du port, et y reprirent l'armement de soixante et dix vaisseaux que Lesbos avait promis de joindre aux cent voiles de Schio pour repousser l'invasion projetée par le roi de Perse.

Le territoire de Mytilène produit des truffes (3). Il en est redevable au mont Tiane, qui lui en envoie la semence charriée par les eaux de plusieurs sources qui débordent tous les ans.

Avant de quitter Lesbos, j'allai me recueillir un moment et méditer, assis sur la base d'une vieille statue d'Apollon tenant à la main une plante de fougère, pour désigner les doux loisirs des poëtes, amans de la simple nature et du repos.

Je m'étonne que les Lesbiens, à cette fougère

---

(1) Philostr. *Apoll. vita.*
(2) *Rhétor.* d'Arist. II. 23.
(3) Plin. *hist. nat.* XIX. 3.

stérile, n'aient pas substitué dans la main de leur Dieu un faisceau d'épis d'orge. Ce gramen nourricier est plus beau dans cette île que par tout ailleurs : sous la meule des esclaves, il donne une farine si blanche, qu'on appelle le *pain des Dieux* la pâte qu'on en fait cuire sous la cendre.

Un insulaire, agriculteur de la colline d'Erese, dont la mer baigne le pied, et qui rapporte de belles moissons de ce végétal; me dit à ce sujet : » Oui! si Jupiter, dégoûté d'ambroisie, voulait essayer de la nourriture des hommes, il enverrait Mercure à Lesbos (1); mais il prendrait un Lydien pour mettre en œuvre notre blanche farine.

PYTHAGORE. Les pains de la belle Cypre rivalisent les vôtres : un voyageur, quand il les aperçoit, ne peut passer outre ; il sent son appétit renaître, et il faut qu'il le satisfasse sur le champ.

Cela prouve, me répliqua l'agriculteur, avec beaucoup de sens, que par tout il y a du bon, et que chaque pays a son mérite.

Aux environs de Malée, promontoire de Lesbos, entre l'orient et le midi, je trouvai des éponges en abondance (2) ; mais elles ne sont point fines.

On m'avait parlé de l'échelle de Pittacus (3), consacrée par lui sur l'autel de la Fortune. Je ne voulus point descendre de Lesbos, avant d'avoir vu par moi-même l'offrande du sage. Je me fis conduire au temple de la Fortune.

---

(1) Athénée, *deipnos*. III.
(2) Aristotel. *hist. an.* V. 16.
(3) AElian. *variae hist.* L. 11.

Cette Divinité y est représentée comme à Smyrne, sous les traits d'une vieille femme (1), portant sur une main un pot de feu, et sur l'autre un vase d'eau. Pittacus fit peindre à sa droite une échelle chargée d'enfans (2), qui montent; à sa gauche une seconde échelle, d'où descendent d'autres enfans. Ceux qui s'élèvent paraissent infatigables et gais, l'éclair de l'espérance brille dans leurs yeux; ceux, au contraire, qui reviennent à terre, sont tristes et versent des larmes. D'autres enfans, un peu plus grands, placés en bas, entre les deux échelles, applaudissent leurs compagnons de la droite, et se moquent de leurs camarades de la gauche.

La double échelle de Pittacus ne s'est point effacée de ma mémoire, et m'a été plus d'une fois profitable.

Nous nous acheminions vers le port pour quitter tout-à-fait l'île, qui compte onze cents stades de circuit (3); quand on vint nous dire: « Eh! quoi! dans trois jours, on célèbre à Lesbos la *fête de la beauté* (4), et vous reprenez la mer!.. Nous ne pûmes résister à cette invitation; nous restâmes encore.

Le jour arrivé, les travaux les plus impor-

---

(1) *Natalis comes.* mytholog.

(2) Les mêmes idées se retrouvent aux deux bouts de la terre. On lit parmi les moralistes orientaux, extraits par Langlès:

*La fortune est une échelle; autant vous montez d'échelons, autant il vous en faudra descendre.*

Il est intéressant de voir deux sages se rencontrer, *Pittacus* et *Saadi*.

(3) Strabo. *geogr.*

(4) On appelait cette fête χαλλιϛιϛ, *de la plus belle.*

tans furent suspendus. Presque tous les insulaires se rendirent le matin, au lever du soleil, sur la grande place publique de Mytilène. Le sénat de la ville présida lui-même cette réunion de citoyens, et prit place sur des siéges élevés. Les mères de famille arrivèrent les dernières, tenant par la main celle de leurs filles qu'elles jugeaient capables de prétendre au prix de la beauté. Les concurrentes s'avancèrent seules au milieu d'un cercle formé par une bandelette consacrée. Les étrangers comme les insulaires, sont admis à l'examen, et ont droit de suffrage. Je m'abstins d'user de ce privilège, me renfermant dans mon emploi habituel de simple spectateur; j'avoue que je ne fus pas tout-à-fait impassible. Il était difficile de se défendre de quelques douces émotions à la vue d'un groupe assez nombreux des plus belles filles de Lesbos, animées toutes du désir de plaire.

Les deux urnes furent ouvertes pour recevoir les noms de toutes ces beautés, accompagnés d'un signe approbateur ou contraire. Cette sorte de solennité dura fort long-temps, et retint les jeunes Lesbiennes dans une agitation qu'elles eurent beaucoup de peine à dérober à l'œil sévère des juges. Plusieurs d'entre elles tiraient de leur sein un petit miroir de métal, et le consultaient furtivement avec inquiétude, afin de rendre à leurs traits cette sérénité douce, l'un des charmes des grâces. Parmi toutes ces jeunes vierges, j'en vis peu qui eussent conservé cette pureté de traits, indice de l'innocence des mœurs. Peu d'entre elles offraient cette harmonie de beautés, ces appas naturels, cet attrait de l'aimable ingénuité, qui attire l'œil et passe à l'ame. Je ne vis nulle part de plus beaux yeux, des couleurs plus fraîches, des proportions plus élégantes; aucune des filles de Lesbos ne reproduisit à mes yeux cet ensemble indéfinissable, qui agit si puissamment sur un cœur pur, et dont j'avais ressenti si bien l'effet à Samos, dans la personne d'Ariphile.

Les Lesbiens ne sont pas si exigeans : cependant le prix fut balancé; les magistrats proclamèrent les noms de deux Mytiléniennes, qui réunissaient le plus de suffrages, mais chacune d'elles autant que l'autre. En pareille circonstance, l'usage veut qu'on ait recours à la décision de l'un des étrangers présents à la fête ; et l'on s'adresse à celui qui porte un caractère public ou révéré. On vint à moi ; le premier du sénat me dit : « Initié ! daigneras-tu répondre à notre vœu, et prononcer ? le prix sera double, décerné par un sage ».

Je répondis : « Les initiés ne sauraient se porter pour arbitres dans une lutte pareille ; s'il s'agissait de la plus vertueuse, j'oserais ne pas me récuser ; mais les insulaires de Lesbos ne décernent un prix qu'à la plus belle ; je ne puis avoir d'opinion ».

Les sénateurs un peu embarrassés, hâtèrent le dénouement de cette difficulté, en proposant, pour cette seule fois, de diviser en deux parts la couronne de myrthe, si ardemment convoitée. Ainsi se termina cette fête, suivie de danses et de jeux, en présence de la tête d'Orphée (1), que les Lesbiens se

---

(1) Philostrat.

vantent de posséder. « Tu peux la consulter, me dirent-ils ; elle rend des oracles ».

En me retirant, j'aperçus un vieux temple ; j'y portai mes pas. Au fond d'un sanctuaire obscur, je distinguai un groupe de pierre, taillé avec plus de feu que d'art, et représentant l'acte générateur dans toute la naïveté de l'expression (1) : les insulaires ont perdus la trace de ce symbole tout naturel de l'univers hermaphrodite, se reproduisant de lui-même, et sans avoir besoin de recourir à d'autres agens qu'aux seuls êtres qui le composent.

Je me crus encore sur les rives de l'Indus et du Gange, en présence du *Lingam* (2) sacré, emblême du monde, animal divin qui a les deux sexes.

§. CXXVIII.

*Cumes, Ténédos et Lemnos.*

CELUI qui me faisait les honneurs de sa barque, me témoigna le désir de mettre pied à terre sur le continent dont nous étions fort voisins, et de prendre quelques lumières sur la ville de Cumes (3), située vis-à-vis Lesbos. Le port de cette cité jouit de toute franchise ; les habitans se reprocheraient d'imposer la curiosité des voyageurs, ou de spéculer sur leurs échanges. Une multitude de peuple courant vers la place, nous dit : « Voyageurs, vous débarquez fort à propos ; venez voir une

---

(1) Dapper, *Archipel.* p. 298. *in-fol.*
(2) Les parties doubles de la génération.
(3) Cumes d'Asie. Strabo. *geogr.* XIII.

*onobatès*. Nous nous laissâmes entraîner vers un grand cube de pierre, et nous vîmes arriver presqu'aussitôt que nous une femme montée sur un quadrupède à longues oreilles. « La voilà, s'écria-t-on de toutes parts ; voilà l'*onobatès* (1). C'est ainsi, nous ajouta-t-on, que les épouses adultères sont châtiées à Cumes. Nous lui laissons la vie ; mais nous condamnons le reste de ses jours à l'infâmie. Pendant trois heures elle doit rester debout sur cette pierre, exposée aux regards du peuple ; après quoi, elle ne pourra plus se montrer impunément ».

Un Cuméen nous dit : « Etrangers, si vous passez la nuit dans nos murs, un spectacle plus grave pourra laisser en vous une forte impression. On s'égaye sur notre compte (2), dans toute l'Asie et par toute la Grèce, parce que nous n'entendons pas raillerie en fait de mœurs et de crimes publics. Nous en appelons au jugement du voyageur impartial. Nous sommes gouvernés par un corps de sénateurs que président deux magistrats. Une nuit de chaque année, ceux-ci rendent compte de leur administration, avec les formes dont vous allez être les témoins.

Cette invitation nous intéressa beaucoup ; nous restâmes pour y répondre.

A la chute du jour, les sénateurs prirent place. Le *phylacte*, on nomme ainsi à Cumes le gardien de la prison, se présenta au milieu de l'assemblée. Nous le vîmes s'a-

---

(1) *Femme qui a chevauché l'âne.* Plutarque, *questions grecques.*

(2) *Cumeos sero sapere*, proverbe ancien.

vancer jusqu'au siége des deux principaux magistrats, et les prenant chacun d'une main, il les conduisit aux portes pour y attendre le décret qui doit les absoudre ou les condamner, d'après l'examen du tableau tracé par eux, de leur conduite administrative. Le phylacte, debout entre eux deux, ne les quitte point un seul moment. Après plusieurs heures d'une attente pénible, l'ordre arriva enfin de laisser l'un des deux rentrer et reprendre sa place; l'autre fut conduit aussitôt à la prison.

Le citoyen de Cumes, qui nous avait prévenu de ce grand acte, vint à nous, et me serrant la main, nous dit: « Etrangers, racontez aux autres peuples que vous visiterez, ce que vous avez vu ici, et demandez-leur s'ils savent rendre une justice meilleure, et plus prompte. Que les Dieux vous gardent »!

PYTHAGORE. Habitans de Cumes, le jugement des rois, après leur mort, pratiqué en Egypte, n'a pas autant de sagesse.

Nous nous remîmes en mer; à la vue de Ténédos, me rappelant le proverbe de *la hache*, originaire de cette île, j'obtins d'y faire quelques heures de séjour, malgré les risques à courir pour y entrer en rade (1). Elle a encore quatre-vingt stades de circonférence (2); mais elle n'est plus ce qu'elle était avant la ruine de Troye, sa métropole. Les seules choses dignes de l'observation du voyageur sont un assez beau temple d'Apollon (le divin Homère en parle), une fontaine qui

---

(1) . . . . . *Malefida carinis.*
  Virgilius.

(2) Strabo. *geogr.*

au solstice d'été déborde chaque jour deux ou trois heures après le coucher du soleil; une argile rouge, dont on fabrique des vases et des amphores presqu'aussi estimés que les belles poteries de Samos, mais plus fragiles encore (1); enfin, le tribunal de Ténédos, si redoutable jadis; il ne l'est plus aujourd'hui qu'en peinture. J'assistai à un jugement. Derrière celui des magistrats qui préside, est dessiné une hache sur le mur : l'exécuteur des sentences se tient debout à côté de lui, et montre de la main l'instrument du supplice aux accusés et aux témoins. Autrefois, me dit-on, la hache était réelle, et le bourreau (2) la tenait levée sur la tête du juge lui-même, et au premier signal de celui-ci, en frappait sans autre préliminaire, le criminel et le calomniateur qui avait porté en sa faveur un faux témoignage.

Pythagore. D'où peut venir cette coutume? elle paraît ancienne, et remonter à des siècles barbares.

On me répliqua : tu veux dire sans doute à des siècles impitoyables au crime. Ecoute :

« Bien avant les malheurs d'Ilium, cette terre isolée où nous sommes s'appelait *Leucophrys* (3). Les habitans y menaient une vie dure et sauvage ; leur caractère était âpre, et ami de la justice jusqu'à la férocité. Quelques-uns d'entre eux aperçoivent un jour flotter près du rivage une petite arche, espèce de berceau. Ils

---

(1) Ce qui donna lieu au proverbe grec : *Tenedium fictile*, pour exprimer l'extrême fragilité. Dion. Chrys.
(2) D'où le proverbe : *Tenedius vir*.
(3) Diod. sic. VI. *bibl.*

l'attirent sur le sable. C'était un enfant exposé. On avait brodé sur ses langes ce peu de mots, répétés en différens caractères : « Je suis *Tenès*, fils de Cygnus. Mon père, prince de Colonne dans la Troade, a cédé aux importunités de sa femme, que je ne puis qualifier que de marâtre. Je n'ai plus d'autre mère que la providence des Dieux ».

Les insulaires prirent soin de l'enfant, comme s'il leur eût été envoyé par le ciel même. Le jeune Tenès crût en âge, en force et en sagesse. On admirait sa pénétration, son amour de l'ordre, son goût pour l'équité. A peine touchait-il à sa trentième année, tous les habitans de l'île s'assemblent autour de lui ; quelle fut sa surprise, à ce discours qu'on lui adressa : « Nous t'avons servi de parens et de famille ; sers nous à ton tour de chef, et de père ; et donne nous ton nom. Ton élection n'excitera la jalousie d'aucun insulaire, et les vertus que tu as déjà montrées semblent nous répondre de toi pour l'avenir ».

Tenès répondit :

« Votre confiance veut toute ma franchise : je consens à être votre chef ; mais sous une condition. Je ne puis bien régner que par la justice. Je vous préviens que je serai aussi inflexible qu'elle. Je veux que la hache des lois soit sans cesse présente aux yeux du juge et des coupables. Je veux que le châtiment talonne le crime. Aussitôt que le faux témoin et l'adultère seront convaincus, je veux que la hache tombe aussitôt sur leur tête, sans délai, ni distinction ».

Ce plan de législation fut adopté avec enthousiasme et exécuté à la rigueur. Tenès devint père. Son fils, loin de marcher sur ses traces, et se croyant tout permis, fut surpris dans les bras d'une femme qui n'était pas la sienne. Tenès qui présidait ordinairement le tribunal, ne s'abstint pas de ses fonctions, malgré les instances qu'on lui fit. Mon devoir, répondit-il, avant toute autre considération! Mon devoir, et que la hache fasse le sien! Il eut le courage de voir rouler à ses pieds la tête de son fils adultère. Cet événement se passait à l'époque du siége de Troye. Tenès ne pouvant se distraire du terrible spectacle qu'il avait donné à Ténédos, passa sur le continent et alla défendre sa patrie contre les Grecs (1). Achille termina sa vie qui n'était plus qu'un fardeau pour ce père malheureux. Il avait laissé dans notre île une si haute idée de sa vertu, qu'à la nouvelle de son trépas, nos ancêtres lui bâtirent un temple, en face du tribunal.

PYTHAGORE. Un autel à un mortel!...

LE TÉNÉDIEN. Oui. Un homme qui par son amour pour la justice est devenu l'effroi de l'adultère et du faux témoin (2), ces deux fléaux des cités, vaut bien le Dieu (3) qui détruit les mulots (4), cette peste des campagnes.

Une hache est suspendue sur le seuil de la porte du temple de Tenès, pour en frapper quiconque oserait prophaner ce lieu saint, en y prononçant le nom du héros meurtrier de Tenès.

---

(1) Plutarque, *quest. grecques.* XXVIII.
(2) *Tenès . . sanctissimus deus habetur...*
                   Cicer. *natur. deorum.* III. 15.
(3) Apollon le Sminthien.
(4) Ou les rats.

En quittant le rivage, je remarquai sur une dune un jeune homme qui me parut abymé dans des calculs. On me dit que c'était Cléostrate, et qu'il promettait en lui un grand astronôme (1). On m'ajouta : l'amour de l'étude le possède exclusivement. Nos jeunes femmes s'en plaignent, et elles en ont d'autant plus sujet qu'elles sont presque toutes belles (2); elles ont même plus d'éclat ici que dans toutes les autres contrées de la Grèce. Je restai quelquetemps à bord pour dire à l'insulaire complaisant : « vous avez des fêtes orphiques dont on m'a beaucoup parlé.

Le Ténédien. Je ne t'en parlais pas, dans la crainte de déplaire à un initié, ennemi du meurtre et du sang.

Pythagore. Ce qu'on en raconte est donc vrai.

Le Ténédien. Oui! tous les ans, un homme est égorgé et mis en morceaux pour être distribué à tous les assistans (3). C'est ainsi que nous célébrons chaque année le trépas de Bacchus déchiré par les Titans. Ce spectacle religieux se donne à l'équinoxe printannier. Le lendemain, nos jeunes filles solennisent la renaissance du Dieu, en portant, comme en trophée, le phallus, emblême de la reproduction.

Je fronçais le sourcil. Le Ténédien se hâta d'ajouter : « Nous avons des spectacles moins atroces et plus décens. Si tu séjournais quelque peu, tu serais invité à une fête où comme à Lesbos et dans le Péloponèse nous adjugeons,

---

(1) Plin. *hist nat.* II. 8.
(2) Athénée, XIII. *deipnos.*
(3) Porphyr. *abstin.* II. 56. Clement. *prot.* sur Bacch.

solennellement, un prix à la plus belle de nos insulaires; et tu en serais l'arbitre suprême, en ta qualité d'étranger.

Pythagore. Je sais trop ce qu'il en a coûté à Pâris.

Le Ténédien. N'oublie-pas du moins qu'il faut voyager à Tenédos (1) pour voir ce qu'il y a de plus parfait en femmes (2) et en écrévisses (3). Il n'y a que les joueurs de flûte de mal reçus dans notre île; nous leur interdisons l'entrée de nos temples.

Pythagore. Et pourquoi?

Le Ténédien. Vraisemblablement à cause de la flûte phrygienne qui servit au ravisseur Pâris pour séduire la belle Hélène (4). Ce couple impur relâcha dans ce port et souilla notre île par quelques heures de séjour.

Je n'étais pas très-empressé de m'arrêter à *Lemnos*, île trop fameuse par ses reptiles et son volcan; où les vierges sont immolées sous le couteau des prêtres de Vulcain; où les épouses se défont de leurs maris dans le bois sacré de Minerve; où tout récemment encore, des pères féroces viennent d'égorger, eux-mêmes, leurs femmes et leurs enfans (5). N'allons point à Lemnos (6). Le labyrinthe que nous y verrions ne nous dédommagerait pas

---

(1) Bayle, *dictionn*.
(2) Nymphodor, cité par Athénée. III.
(3) Suidas.
(4) *In portam Ténedos moestam mitigavit.*
      Darès, Phryg. *exc. tr.*
(5) D'où est venu le proverbe: *Lemnius obtutus.*
    Voy. Herodot. Hesych. et Eustath.
(6) Les Sages ne naviguent point à Lemnos. Sophocles.

de ces horribles souvenirs (1). Le mont Athos projette son ombre jusque sur cette île malheureuse.

Nous nous contentâmes d'envoyer un de nos serviteurs à la ville d'Hephæstia, pour y faire provision de cette *terre lemnienne* qui soulagea Philoctète atteint d'une flèche empoisonnée.

Le patron du petit navire qui m'avait pris sur son bord me dit : « Tu ne te refuseras pas à une descente dans l'île Samothrace. Nous devons y relâcher pour demander aux divinités de la navigation, des vents favorables, garantis par l'apparition des dioscures au haut du mât de notre bâtiment (2) ».

PYTHAGORE. Déjà initié à Thèbes, j'ai quelques droits à la manifestation des mystères cabiriques.

LE MAITRE D'UN NAVIRE. Tu sçais qu'on ne doit y entrer qu'aux approches de la nuit.

§. CXXIX.

*Pythagore à la Samothrace.*

Dès l'île Imbros, nous aperçumes le sommet du Saoce, montagne de la Samothrace (3), élevée de mille pas d'homme. Le nom que porte l'île sainte, lui vient de sa localité. Cette terre divine, sise non loin de la *Thrace*, est l'une des plus *hautes* de la mer (4). C'est celle aussi qui offre le plus de bons mouillages et ses

---

(1) Plin. *hist. nat.* XXXVI. 13.
(2) Feux St-Elme.
(3) Aujourd. *Samandrachi.*
(4) *Samos* veut dire un *lieu élevé* quelconque.

ports jouissent de toute franchise. Le Samothrace habile tireur d'arc se dit *le libre insulaire* par excellence. Sans doute parce qu'un mortel n'est jamais esclave et ne craint personne, tant qu'il a un arc et des javelots : avec cette arme il défend son existence et y pourvoit.

A peine eus-je touché ce sol révéré que j'allai droit à Zerynthos, ville des Cabires, vaste souterrain habité par les grands Dieux ou du moins par leurs prêtres (1). Ceux-ci sont au nombre de neuf (2). Je m'y présentai seul. Les initiés aux mystères d'Egypte sont admis, sans préliminaires, dans le bois sacré et jusqu'à l'intérieur de l'enceinte destinée aux solennités les plus secrètes. Ce qui me frappa plus encore ici qu'ailleurs, c'est cette chaîne qui lie d'un bout de la terre à l'autre la doctrine professée sous le voile dans les différens sanctuaires. Je reconnus à la Samothrace les principes que j'avais déjà puisés aux sources les plus éloignées (3) ; Memphis, Thèbes, Méroë, Orchoé, Brachmé, et sans doute Eleusis enseignent les mêmes documens que Zerynthos qui les tient de la Phrygie, ou des Pélasges, ou de quelqu'autre peuple qui n'existe peut-être plus. J'appris, ou plutôt on me rappela, dans les mystères *épicleidiques* de la Samothrace (4), que les grands Dieux qu'on y désigne sous le nom de Cabires, sont le ciel et

---

(1) *Divi potentes.* Varro. *ling. lat.* IV. 10.
(2) Freret, *acad. inscript. hist.* tom. XIII. *in-*12. *initio.*
(3) *Origine des cultes*, ou *religion universelle*, par Dupuis. *in-*4°. tom. II.
(4) fermés à clef.

la terre (1) : peut-il y en avoir de plus grands, puisqu'ils contiennent en eux toutes les autres Divinités ? C'est encore et toujours la nature, ou l'univers, c'est-à-dire, l'universalité des êtres dont nous étudions les vertus, dont nous admirons le mécanisme harmonieux, me dit le prêtre Aglaophame qui s'attacha à moi comme à un frère qu'il revoyait après une longue absence (2). Nos grands Dieux par excellence sont cet agent de la matière, et ce principe fécondant dont la bonne intelligence entretient et conserve le monde.

Tous les mortels ne sont pas capables de s'élever si haut. De la grande Divinité composée de la terre et du ciel, nous avons dérivé plusieurs autres Dieux moins grands, mais plus à la portée du vulgaire. La Grèce offre Cérès aux peuples du continent. Dans cette île, nous avons les Dioscures à l'usage des gens de mer. Nous en avons fait encore, pour l'entretien de la concorde dans les familles, les Dieux tutélaires de la piété fraternelle. Est-il rien de plus intéressant à offrir que l'image de deux enfans gémeaux, qui s'embrassent, coiffés chacun de la moitié de la coquille de l'œuf d'où ils sont éclos (3) ? Ces détails, puérils peut-être aux yeux sévères du sage, frappent l'œil de la multitude, et lui rappellent, en jouant, ses devoirs les plus saints.

Nous avons fait aussi, du désir (4), un Dieu auquel nous donnons Vénus pour mère.

―――――――――――――――――――

(1) *Terra enim et coelum, ut Samothracum initia docent, sunt dei magni.* M. Ter. Varro. *ling. lat.* IV.
(2) Jambl. XXVIII.
(3) Pausan. *lacon.*
(4) Plin. *hist. nat.* XXXVI. 4.

*Tome III.*                                      C c

Pythagore. J'aime cette mythologie.

Aglaophame. Nous avons donné à nos Dieux des noms un peu barbares (1); ils n'en sont que plus révérés ; on leur croit plus de vertus qu'à des expressions ordinaires.

Nous mêmes, ministres de ces autels mystérieux, nous avons pris le même titre que nos Divinités. Nous nous faisons appeler Cabires. Il n'y a pas de mal que le peuple confonde ses prêtres avec ses Dieux.

Pythagore. Et cela est d'autant plus convenable, que les Dieux restent toujours invisibles ; il n'y a que leurs pontifes qui se montrent.

Aglaophame. Nous avons adopté l'ancien système théogonique, le seul véritable, puisqu'il repose sur la nature même des choses. Long-temps les hommes n'eurent d'autre culte que le tribut de reconnaissance qu'ils rendaient à la terre, et le tribut d'admiration qu'ils décernaient au ciel. Le ciel principalement fut la grande Divinité, parce que le genre humain est encore plus porté à l'étonnement qu'à la gratitude. Le ciel, encore aujourd'hui, est le premier des dieux cabiriques de la Samothrace.

Pythagore. Ainsi que chez les peuples orientaux.

Aglaophame. Nous marions dans nos temples Vénus aux Dioscures, Dieux tutélaires de la navigation, par un motif tout naturel et qui n'a rien de mystérieux. La planète de Vénus préside au signe du taureau, époque favorable pour se mettre en mer. L'entrée du soleil dans ce signe est marquée, le soir par le coucher

---

(1) *Axieros*, *Axiokersa*, etc. *vertu prolifique*, etc. Voy. *lettres sur la mytholog*. de Blackwell. tom. II.

héliaque des gémeaux, le matin par le lever de la belle constellation de Phaëton. Notre mythologie apprend que les Dioscures creusèrent les premiers canots, et tentèrent le premier voyage maritime. Et quels Dieux convenaient davantage à des insulaires ? Nous donnons aux peuples qui vivent sur les mers la douce espérance d'échapper aux tempêtes, et nous inspirons aux initiés cette confiance mâle qui les place au-dessus des orages.

Dans le vaisseau des Argonautes, battu par l'aquilon (1), Orphée leur dit avec ce calme dont les initiés seuls sont capables : « Je ne crains rien pour moi, j'ai vu les mystères. Vous, invoquez Castor et Pollux ». Tout l'équipage se prosterne, prie. Orphée observe le ciel qui s'épure. Une flamme légère s'attache aux banderoles du vaisseau. « Relevez-vous, dit-il à ses compagnons, vos vœux sont exaucés. Voyez sur le haut de ce mât l'image brillante des Dioscures ». Les rameurs reprennent courage ; la force de leurs bras est doublée ; le mauvais pas est franchi, et l'on arrive au port; et de riches offrandes pleuvent sur nous de toutes parts. L'avare même est prodigue quand il a peur. C'est pour cela que tu nous vois dans l'abondance de toutes choses.

PYTHAGORE. Aux yeux du sage, ce serait un scandale ; mais la multitude a d'autres yeux.

AGLAOPHAME. Sans doute ; et d'ailleurs, ces trésors sont bien acquis. Nous guérissons l'esprit de l'homme de la crainte et du découragement.

---

(1) Voy. le poëme grec.

PYTHAGORE. Vous guérissez une maladie par une autre.

AGLAOPHAME. Cela peut-il être autrement?..

PYTHAGORE. J'aimerais à penser que cela se peut.

AGLAOPHAME. Le commerce, sous les auspices de nos Dioscures, est devenu plus hardi. C'est aux Cabires que les Phéniciens doivent l'empire des mers.

La raison rend timide. Les sages, pour l'ordinaire, sont peu entreprenans.

PYTHAGORE. Mais leurs institutions n'en sont que plus certaines.

AGLAOPHAME. Nous rendons de plus grands services encore à l'espèce humaine : nous rassurons la vertu malheureuse; nous menaçons le vice puissant de la toute puissance des Dieux; nous purifions de l'homicide.

PYTHAGORE. De l'homicide?

AGLAOPHAME. Oui! excepté de celui commis dans un temple.

PYTHAGORE. Prudente exception! Absoudre l'homicide commis par tout ailleurs!

AGLAOPHAME. Que reste-t-il à faire, quand le mal est irréparable? que peut-on de mieux que d'exciter le remords dans l'ame du coupable, de le livrer à des serpens qui lui fassent sentir toute l'énormité de son crime, et l'absoudre ensuite, après lui avoir fait promettre de réparer par la pratique du bien, tout le mal qu'il a commis?

Un de nous est chargé, sous le nom de *Koës*, d'interroger la conscience, d'en sonder tous les replis, d'arracher des aveux.

PYTHAGORE. Emploi délicat ; fonction qui demande beaucoup de sagacité ; mais en même-temps elle vous ouvre le secret des familles.

AGLAOPHAME. Nous y ramenons le calme ou l'innocence. Pour tout autre que pour celui qui est venu se faire purifier ou initier ici, une première faute, un premier pas dans la carrière des forfaits, précipite, sans qu'on puisse l'arrêter, dans l'abyme. Nous empêchons l'homme novice dans le crime, de devenir scélérat consommé.

PYTHAGORE. Mais n'est-il pas à craindre aussi que le coupable, comptant sur le pardon de ses crimes, pourvu qu'il en fasse l'aveu, ne les répète à mesure qu'ils lui sont remis ?

Nous fûmes interrompus par une famille entière, qui venait présenter à l'initiation un nouveau né. On posa sur l'autel des cabires l'enfant dans une absolue nudité, emblême de son innocence. Le grand prêtre demanda aux parens ses noms, pour les inscrire sur le grand livre des initiés ; puis il le revêtit lui-même de la robe sacrée, espèce de tunique blanche, en lui disant : « Jeune initié, porte-la toujours aussi pure ».

Il lui passa autour des reins une ceinture de pourpre phrygienne trois fois teinte : « Imbue de nos saints mystères, que ton ame en conserve toujours une forte teinture » !

Il lui posa sur la tête une couronne d'olivier : « Faible arbrisseau, puisse-tu donner un jour d'aussi doux fruits » !

Enfin, on plaça le nouveau né sur le trône des initiés ; on lui tint dans la main le sceptre des Dieux, en lui adressant ces dernières paroles : « Commande au mal et au méchant.

Le sage partage avec les Dieux l'empire sur le reste des hommes ».

Ce cérémonial fini, restés seuls, je demandai au Cabire ce que signifiait cette scène, capable de compromettre les mystères de l'initiation, plutôt que de les rendre plus imposans.

« Au contraire, me répondit Aglaophame; cela prouve que pour mériter le titre auguste d'initié, il faut avoir, ou recouvrer l'innocence du premier âge. Pense donc qu'un enfant initié est obligé, plus qu'un autre, à se surveiller, et garde ordinairement ses mœurs plus tard ».

PYTHAGORE. Tu parles de mœurs; et précisément l'objet le plus propre à les faire perdre de bonne heure, est exposé sur vos autels à la vénération publique. L'emblême est sublime; je sais que primitivement l'image du *phallus* était celle de la nature. Depuis long-temps cette sublime intention de nos premiers aïeux s'est perdue avec leur sagesse; et pourquoi conserver le simulacre, quand l'esprit qui l'animait, qui le justifiait, n'est plus?

AGLAOPHAME. Les objets changent de valeur, et quelquefois de nature, selon la place qu'ils occupent, le lieu où ils sont exposés. A Babylone, le phallus est le signal ou l'enseigne du vice. Dans la Samothrace, il rappelle aux assistans, préparés à le voir, le plus grand des bienfaits, le lien qui rapproche les familles, la base qui fonde les sociétés; enfin l'acte qui assure à l'espèce humaine son immortalité. L'homme meurt, les hommes ne meurent point. Tu as dû retrouver le phallus dans tous les mystères où l'on t'a initié. C'est le

Met-il à l'abri des passions?

L'Insulaire. Sans doute; il garantit des envieux, et provoque des songes, tous de bon augure, si on le place au plus petit des doigts de la main. Les étoiles dont il est parsemé, sont douées des plus étonnantes vertus : fabriqué d'après les principes certains d'une science occulte, il vous communiquera des propriétés étonnantes (1). Il vous fera lire dans tous les secrets de la nature; il donne la connaissance de tous les astres et de tous les corps sublunaires. Le savant *Aëtion* en est l'inventeur (2)... Ulysse, le sage Ulysse, ne manqua pas de se munir d'un anneau (3) ».

Je cédai à l'empressement, voisin de l'importunité, que me marquait l'insulaire, avide de gain. L'anneau astronomique que je choisis, marquait la hauteur des rayons du soleil; c'était là toutes ses propriétés. D'autres anneaux plus recherchés, représentent ce que les Samothraces appellent *leurs grands Dieux*; ils ont oublié déjà que leur savant Aëtion n'entendait figurer que le ciel et la terre. Quoiqu'il en soit, la Samothrace produit des oignons presqu'aussi excellens que ceux d'Egypte (4).

Le plus remarquable des poissons qui se trouvent dans ses eaux, est le *Pompile* (5); mais on n'y touche point; on le répute sacré (6), parce qu'il sert, assure-t-on, de guide aux navigateurs.

---

(1) Plotin. *enn.* 4. lib. IV. 35.
(2) Clemen. Alex.
(3) *Argonaut.* Apollon. I. 1.
(4) Athénée. I.
(5) De la famille des *thons*.
(6) Athén. VII. *deipnos.*

Nous étions prêts à remettre à la voile ; un événement singulier nous fit rester une demi-journée de plus au port. Des insulaires, occupés d'une grande pêche, sentirent leurs filets déchirés au milieu des eaux de la mer, et arrêtés par un obstacle insurmontable. Ils s'obtinèrent à en découvrir la cause ; et à l'aide de plusieurs instrumens, ils attirèrent à eux sur le rivage des chapiteaux de colonnes. Ils parurent bien moins étonnés que moi, et me dirent :

« Pareille chose est arrivée déjà. Honorable étranger, il faut t'apprendre que bien avant les déluges des autres pays, nos premiers ancêtres en essuyèrent un très-grand (1), occasionné par les eaux venues de la séparation des Cyanées (2) ; elles s'étendirent jusqu'à l'Hellespont. La mer de Pont (3), qui jusqu'à ce moment, n'était qu'un lac, enflé par les fleuves qui s'y jettent, franchit ses rivages avec impétuosité, et recouvrit les campagnes de l'Asie (4). Les hauteurs seules de notre Samothrace purent sauver nos pères de cette inondation, dont ils marquèrent les bornes par des autels où leurs enfans se font un devoir de sacrifier encore aujourd'hui. La retraite de toutes ces eaux se fit si lentement, que nos aïeux eurent le loisir d'oublier leurs institutions sociales. Ils manquaient presque de tout sur ces roches stériles ; il fallut recommencer la civilisation de l'île. Saon, un fils de Jupiter, fut notre législateur.

---

(1) Diod. sic. V. 30. *bibl. hist.*
(2) Aujourd. les Dardanelles.
(3) Le Pont-Euxin, auj. la mer Noire.
(4) A présent la Propontide, ou mer de Marmara.

Depuis ce cataclysme (1), il n'est pas très-rare de rencontrer sous les eaux quelques débris de nos anciennes cités ; ils attestent du moins nos origines premières ; nous ne sommes pas un peuple nouveau ».

En retournant à bord, je m'adressai ces paroles amères : « Ils me disent tous la même chose ; les hommes sont plus jaloux, plus fiers d'une antiquité bien obscure, et de leurs vieux préjugés, que de leurs vertus, ou de la découverte d'une vérité ».

§. CXXX.

*Paros, Céos, Andros, Ægine.*

Où dirigeons-nous notre course ? dis-je au pilote.

LE PILOTE. Nous touchons bientôt à l'île de Paros ; toutes celles qui se sont rencontrées sur notre route tortueuse, ne méritaient pas beaucoup d'attention; seulement, vis-à-vis Scopelos, remarque ce rocher presqu'inaccessible ; un misanthrope s'y étoit retiré. Sommeillant, le matin, un vautour vint lui arracher les yeux ; l'infortuné s'écria : « Je croyais que de tous les animaux, l'homme était encore le plus cruel. Puisqu'il n'en est pas ainsi, allons chercher dans un autre monde la paix que celui-ci me refuse ».

En prononçant ces paroles, il se laissa rouler dans la mer. Je n'attesterai pas le fait ; je ne suis que l'écho fidelle de tous les navigateurs qui mouillent dans ces parages.

---

(1) C'est-à-dire, déluge.

Quant à Paros, dis-je au patron du navire, passons outre. On y trouve, il est vrai, de beau marbre, des gâteaux excellens et des figues rouges (1) fort exquises, de fraîches eaux et des femmes ardentes (2). Il pourrait s'y trouver aussi un nouvel Archiloque ; je n'aime point les animaux, aboyant sans distinction contre les brigands et contre le voyageur qui passe son chemin.

LE PILOTE. Dans cette île est un temple aux Grâces : tu ne veux point y sacrifier ?

PYTHAGORE. Eh ! ne vois-tu pas d'ici, dans le chantier de ses deux ports, les apprêts d'une flotte armée considérable ? Elle est destinée à servir d'auxiliaire au despote de la Perse, méditant l'invasion de toute l'Ionie. Paros trahit la cause de l'indépendance de la Grèce ; je me croirais son complice, en y portant mes pas.

S'il faut nous arrêter, l'île de *Céos* mérite davantage notre attention.

Nous entrâmes dans une petite rade, honorée d'un temple d'Apollon, et d'un autel à Minerve. Nous aperçumes, au pied de la ville *Iulis* (3), dans un petit bois de laurier, un très-jeune homme profondément occupé ; il ne nous vit pas d'abord ; une douce rêverie enchaînait ses sens (4), et embellissait les traits irréguliers de son visage ; il me parut être dans le moment d'une inspiration poëtique. Nous nous détournions pour ne pas le troubler ; il vint à nous pour nous dire :

---

(1) Athén. III. *deipnos.*
(2) *In Paro...* Voy. *Proverbia* Brassicani.
(3) Strabo. *geogr.* X.
(4) *Hist. de Simonide*, par Boissy. Voy. Bayle. *dict.*

« Que ce ne soit pas moi qui vous empêche de visiter le temple. Voyageurs amis ! pardon si j'ai tant tardé à vous offrir, au nom de ma patrie, le tribut de l'hospitalité. Je composais une élégie, en attendant Leopreprès mon père; il m'a promis de me résoudre enfin aujourd'hui une grande question sur laquelle je le presse depuis bien du temps. Je l'ai supplié de me dire ce qu'on entend par *les Dieux*. La première fois que je me hasardai de lui proposer ce problême, il me renvoya au lendemain ; le lendemain je lui rappelai sa parole, même réponse, même délai ; je n'en sais pas encore davantage. C'est donc un sujet bien difficile, bien épineux ? Etrangers, pourriez-vous me tirer de peine » ?

Je répondis : Jeune ami des Muses, des étrangers ne doivent pas se mêler de l'éducation d'un fils qui a son père, et un père aussi sage que le tien paraît l'être. Seulement, s'il ne le trouve pas mauvais, nous assisterons à la solution qu'il t'a fait espérer en ce moment.

Le jeune Simonide reprit : « Je suis d'autant plus impatient, que toute notre ville admire la justesse de la réponse de mon père à deux amis qui vinrent lui demander un moyen pour rendre leur amitié durable : « Ne vous mettez jamais en colère l'un contre l'autre tous deux à-la-fois, leur dit-il ».

Leopreprès arriva : Eh bien ! mon cher Simonide, tu m'attends ?...

SIMONIDE. Et je ne suis pas le seul : voici des étrangers qui partagent ma juste impatience. Explique-toi donc enfin.

LEOPREPRÈS. Je m'avoue hors d'état, plus

que jamais, de te satisfaire. Tu as eu tort d'en parler ; c'était, pour ainsi dire, un secret de famille. Sache donc, et je n'en rougis pas devant les voyageurs qui nous écoutent, sache que plus j'examine ce sujet, plus il me semble obscur.

Simonide. Un jour, si l'on vient me proposer la même question, le fils de Leoprеprès sera donc obligé de convenir aussi de son insuffisance. Peut-être crains-tu de t'expliquer, à cause de ma grande jeunesse.

Leoprеprès. Tu aurais trois fois ton âge, je ne pourrais t'en dire plus ; et la sagesse consiste peut-être à s'abstenir d'en parler.

Ainsi, mon cher Simonide, interrogé sur cette matière, n'aye point de honte de n'en pas savoir davantage que ton père.

Simonide. Je m'en souviendrai : mais si l'on ne s'en contente pas comme moi(1) ?

Leoprеprès. Tu renverras les importuns à un plus habile que nous.

Honorable étranger, me dit le jeune homme, tu es peut-être trompé dans ton attente ?

Pythagore. Fils de Leoprеprès ! la raison même a pris pour organe la bouche de ton père : on ne définit point les Dieux. Cultive les Muses ; donne aux passions l'accent de la vertu, étudie les lois de l'harmonie, et ne reconnais d'autres divinités que les Grâces décentes ; celles-là n'échappent point à nos sens.

Je demandai à Leoprеprès, si en faisant quelque séjour à Céos, je pourrais assister à quelque solennité ?

Leoprеprès. Nous n'avons point de fêtes

---

(1) Cicer. *natur. deor.* I. 59. Minut felic. *octav*.

publiques déterminées, ni fixes (1); chaque famille célèbre les siennes à sa volonté. De tous les cultes connus, il n'en est aucun qui domine dans notre île.

Il est même des maisons qui s'en passent tout-à-fait, et s'en tiennent à la seule pratique des mœurs naturelles. Cette liberté religieuse nous a préservé jusqu'à ce moment de guerres saintes ; la paix aussi est chose sacrée. Mais nous avons une coutume passée en loi, qui nous avertit de mourir quand nous comptons plus de soixante années d'existence. Un vase de ciguë nous est présenté (2) : il faut faire place aux autres, et ne pas attendre qu'on nous chasse ; d'ailleurs, à soixante ans on a vécu.

PYTHAGORE. La plupart des hommes aiment à vivre le plus longuement possible.

LEOPREPRÈS. Ce qui semble t'étonner est plus salutaire qu'on ne pense.

Quand on a fixé soi-même le terme de ses jours, tu aurais peine à concevoir avec quel soin on en surveille l'emploi.

PYTHAGORE. On m'a parlé d'une source, à Céos, dont les eaux rendent stupide (3) ; les insulaires, à ce qu'il me paraît, n'en font pas beaucoup usage.

LEOPREPRÈS. Nous y avons recours dans les grandes calamités qui ne laissent aucun espoir.

PYTHAGORE. Que faut-il croire d'un très-ancien pâtre, dont vous avez fait un Dieu ?

---

(1) Ce qui donna lieu au proverbe : *in ceo quis dies ?* Hesychius. Voy. *adagia* Hadr. junii.
(2) Strabo. *geogr.* AElian. *hist. vor.*
(3) Varron, cité par Pline, *hist. nat.* XXXI. 2.

LEOPREPRÈS. Aristée (1) étoit loin de cette ambition : il consacra sa vie entière au gouvernement des troupeaux ; il en fut même le législateur, car il donna, d'après son expérience, des règles sûres pour les préserver des épidémies. Chéri de tous les insulaires reconnaissans, il n'avait qu'un pas à faire pour devenir roi ; il aima mieux garder des moutons que des hommes.

PYTHAGORE. Une modération aussi rare méritait l'apothéose ».

Avant de sortir de l'île, nous nous arrêtâmes un moment près du temple des vieillards, devant un canal habité par des anguilles apprivoisées et familiarisées (2) ; leurs ouïes sont ornées d'anneaux d'or.

Nos mariniers ne voulurent point franchir l'île *Andros*, sans adresser leur vœu au père Liber ou Bacchus ; c'étoit plutôt pour participer au prodige de la métamorphose d'une source d'eau vive en une fontaine d'excellent vin. Nous les laissâmes suivre les mouvemens de leur crédulité ; du moins celle-ci n'est pas gratuite. Un d'eux, à son retour dans le vaisseau, sut me dire : « Vous souriez ; il y a sous roche quelqu'imposture sacerdotale ; qu'on nous en impose toujours, et par tout de cette manière ! Chaque année, à pareil jour, je croirai au lait de la mère-nourrice de Bachus (3) ».

---

(1) Bayle, *dictionn*.
(2) Plin. XXXII. 2. *hist. nat.* Æl. *var. hist.* XXXVII.
(3) Il y a une fontaine au temple de Bacchus, qui est en l'île d'Andros, laquelle a le goût de vin, tous les ans, le cinq janvier, et l'appelle-t-on pour ce regard, *Dios tecnosia*, c'est-à-dire, mère du dieu Bacchus.
Plin. *hist. nat.* II. 103.

Le

Le même nautonier, qui connaissait mes goûts, me rapporta une pièce de monnaie de l'île, frappée en l'honneur de Polycrate. Elle représente une Pallas armée, avec ces mots : *hommage des Andriens*. Je fus tenté d'y substituer : *Basse adulation des insulaires d'Andros*, ou *sacrifice à la peur*.

Nous n'imitâmes point le bon Homère, qui souilla l'un de ses poëmes immortels du récit des amours adultères d'Hélène et de Pâris dans l'île de *Cranaë* (1). Nous ne voulûmes point toucher cette terre isolée, qui n'offre d'autres antiquités que le lit de gazon où le fils de Priam déshonora Ménélas, et consomma la ruine de son pays.

Nous devions à la mémoire d'Æaque un voyage dans l'île *d'Ægine* (2), qu'il illustra par son amour pour la justice. Nous nous rendîmes à l'occident, où se trouvent la ville des Æginetes et le beau temple de Jupiter, bâti par leur législateur et premier roi. Je comptai cinquante colonnes alignées pour un seul côté ; elles sont distantes l'une de l'autre d'un pas et demi d'homme. On m'y raconta une tradition, le plus bel éloge qu'on puisse faire d'Æaque, et qui rachète l'imposture religieuse qu'il se permit, pour donner du poids à sa législation ; car les législateurs ont eu presque tous ce tort à se reprocher.

« L'île n'était peuplée que de fourmis. Æaque obtint de Jupiter, dont il se disait le fils, la métempsycose de toutes ces fourmis en hommes ».

---

(1) Pausan. *voy. en Grèce*. Strabo. *geogr.*
(2) Pausan. *in Corinthiacis*. Strab. *geogr.* VII et VIII.

C'est l'emblême de la civilisation. Ægine n'eut d'abord pour habitans que des peuplades demi-sauvages, se logeant comme les insectes, dans des trous qu'ils se creusaient (1) en terre. Le génie d'Æaque vint à bout d'en faire des citoyens. Il commença par établir le culte de Vénus, en lui consacrant un temple dans la partie orientale de l'île ; puis un autre à Jupiter. Que ne fait-on pas de l'homme, avec l'amour des femmes et la crainte des Dieux ?

On me permit de m'asseoir un moment sur un tronc d'arbre vermoulu, au centre duquel était une fourmillière.

« C'est à l'ombre de ce chêne que le temps a presque consumé, me dit-on, qu'Æaque servait d'arbitre aux autres rois de toutes les îles et du continent. Tant qu'il vécut, il n'y eut point de guerres ; les peuples s'en rapportaient aux équitables décisions de notre fondateur ; un seul mot, sorti de sa bouche, avoit plus de force que des armées entières ».

PYTHAGORE. Eh! pourquoi donc ne se trouvet-il pas dans chaque siècle un nouvel Æaque, si la paix des nations ne tient qu'à cela ?

La famille d'Æaque soutint la célébrité de son chef ; et l'île, déjà féconde en productions et en gibier, le devint en héros ; Achille et Patrocle y naquirent. Ses lois sages attirèrent des colonies, et la rendirent bientôt métropole à son tour.

Du moment qu'elle s'adonna exclusivement au commerce, et négligea les travaux de l'agriculture, pour perfectionner la fabrication de ses monnaies, elle se vit opulente, mais pauvre

---

(1) *Myrmex*, *Myrmidons* ; ou *fourmis*, *formicarii*.

en grands hommes. Orgueilleuse de sa puissance maritime, elle s'attire la haine de ses voisins, et des guerres désastreuses vont remplacer le calme qu'elle goûta long-temps à l'ombre de ses lois. Hélas! me dit l'Æginète qui m'entretenait des antiquités de son île, qu'allons-nous devenir? Astrée est remontée dans l'Olympe; Æaque est descendu chez Pluton; il ne reste plus sur la terre que la discorde.

Cependant ces insulaires conservent quelques belles institutions capables d'arrêter la corruption des mœurs; chaque année ils célèbrent entre eux un repas public, auquel l'étranger ne peut être admis comme convive. Cette fête a cela de touchant, que chacun se sert soi-même à table; on ne distingue ni maître, ni valet; c'est le banquet des égaux.

Les Æginètes ont encore des mœurs (1); ils sont économes et laborieux.

## §. CXXXI.

### *Eubœé et l'Euripe, Naxos.*

On ne vante point les lois, ni les mœurs des insulaires d'*Eubœé* (2) que nous visitâmes après ceux d'Ægine. Mais quand on se trouve dans le voisinage d'une contrée décrite par Homère, peut-on ne pas être curieux d'en vérifier les tableaux? De grands troupeaux, du

---

(1) . . . . *Mores quos ante gerebant,*
*Nunc quoque habent; parcum genus est, patiensque laborum.*
Ovid. *metam.* VII. 25.

(2) Auj. *Negrepont.*

marbre et l'Euripe donnent de la célébrité à cette île l'une des plus anciennement habitées, quoique d'un séjour peu sûr. La ville qui lui donna son nom, n'est déjà plus. Un tremblement de terre l'a fait disparaître. Elle avait eu pour fondateurs de riches propriétaires d'un grand nombre de taureaux blancs qu'ils élevaient dans de gras pâturages; cette origine vaut bien celle que les Eubœens prétendent devoir à des demi-Dieux ou à des héros, tels que Mercure, Abantias ou Cadmus.

On donne cent cinquante mille pas d'homme à cette langue de terre qui, sans doute appartenait, jadis, au pays de Grèce, et trois cent soixante-cinq mille pas de circuit. Je ne perdis pas mon temps à vérifier ces mesures. Eubœé a des promontoires et des montagnes, où Jupiter et Junon ont des autels. Elle compte aussi plusieurs écueils. Celui de Capharée en est le plus dangereux. L'*Arcturus* y cause plus d'un naufrage dans l'année (1). Hélas! le voyageur ne rencontre, presque par toute la terre, que des autels et des écueils. L'Eubœé porte plusieurs belles villes dont la plus considérable est Calchis, bâtie sur l'Euripe. Au moyen de deux moles et d'un pont de bateaux (2), cette cité pourrait facilement communiquer avec le continent de la Béotie : Thèbes et Calchis se donneraient pour ainsi dire la main.

On s'occupe, me dit-on dans la ville, de ce grand projet. Sa fondation remonte un peu avant la guerre de Troye. Elle est comme

---

(1) La queue de l'ourse.
(2) Ces constructions ont été exécutées depuis.

adossée à une montagne dont elle prend le nom.

Je ne fis que passer par Chalcis; l'air qu'on y respire n'est pas le souffle de la sagesse. La nature même désavoue le genre de volupté auquel on se livre dans cette ville. Dans celle d'Erétrie, on met un peu plus de choix et de réserve dans la jouissance des plaisirs; peut-être parce qu'on s'y adonne à des exercices plus violens. La course des chars y est fort en vogue. Le culte s'y partage entre Hercule et Minerve. Le retour du siége d'Ilium contribua pour beaucoup à la corruption des insulaires d'Eubœé. Des guerriers oisifs ont l'ame ouverte à tous les vices. Toutes ces expéditions brillantes ont eu des suites fâcheuses ou peu honorables.

Apollon a un temple tout de marbre dans la cité de Carystos. Neptune en possède un à Gérestus, ville appelée ainsi à cause d'un promontoire de ce nom qui correspond à celui de Sunium dans l'Attique. Nysa brûle de l'encens au dieu Lunus avec l'attribut d'une tête de taureau entre les jambes : vestiges presqu'effacés de l'ancienne astronomie religieuse.

Edepsus est une autre petite ville qui doit son existence à des sources d'eaux thermales, qu'on appelle les bains d'Hercule. A la suite d'un mouvement souterrain, elles cessèrent de couler. J'arrivai le second jour de cet événement. Toute la ville était en deuil. Qu'allons-nous devenir, s'écriaient les citoyens, si Hercule jaloux de notre prospérité, nous retire ce bienfait?

«Eh! n'avez-vous point, leur dis-je, des bras et de la terre? Les mortels ont-ils besoin d'autre chose pour vivre ? Rougissez de votre dépendance. Affranchissez-vous, et ne soyez plus redevables au hasard des circonstances ».

Mes paroles ne produisant rien sur des hommes accoutumés à la paresse, je leurs dis encore : « Du moins, ne vous livrez pas tout de suite au désespoir ; donnez aux nymphes vos bienfaictrices, et que le dernier tremblement de terre a effrayées, donnez-leur le temps de reprendre leurs cours : demain, peut-être, leurs ondes salubres reparaîtront aussi abondantes qu'auparavant ».

J'avais remarqué déjà ce phénomène dans mes voyages ; je n'espérais pas être justifié sitôt. On me sut gré de mes paroles consolatrices, sans trop y ajouter foi. Le troisième jour, la source recommença à jaillir. On me crut le prêtre de quelqu'oracle. Je sçus qu'on me chercha pour me rendre des honneurs auxquels je me dérobai. Je n'avais pas assez la conscience de les avoir mérités. Cet événement me rappela Phérécide (1).

Les peuples aiment à se vieillir et ne seraient pas fâchés qu'on crût qu'ils sortent tous d'une race de grands hommes ; c'est la ressource des hommes ordinaires ! Les Eubœens se disent issus de géans. Les plus raisonnables d'entre eux me dirent : « Le vulgaire appelle géans les premiers princes qui gouvernèrent cette île ; encore aujourd'hui, à certain jours, nous consacrons des offrandes à Briarée, que nous représentons avec cent têtes et cent bras, symbole de la force de ses conceptions.

---

(1) Voy. §. XIV. tom. I.

Son véritable nom était Ægéon (1) ; il fut notre législateur et le premier monarque de toute l'île ».

Briarée aux cent têtes, aux cent bras me reporta sur les bords du Gange, où les Dieux ont de pareils attributs ; et ce rapprochement me confirma dans l'opinion que les cerveaux humains sont tous sortis du même creuset.

L'ÆGINÈTE. On ne pouvait reprocher à Ægéon qu'un excès d'orgueil ; il le poussait au point de ne vouloir pas courber la tête aux pieds des Dieux. Un prince sage n'en a pas besoin, osait-il dire.

Un de ses descendans, enclin à la guerre, nous eût attiré la haine de tous nos voisins : Hercule de Thèbes vint nous en délivrer ; son corps, écartelé par quatre jeunes coursiers, demeura sans sépulture. Nous fîmes grâce à son frère : Elephenor, c'est son nom, monté sur un roc de l'Euripe, convoqua le peuple sur le rivage : « Insulaires, nous cria-t-il, reconnaissez mon innocence, où je me précipite dans les flots ».

Nous lui répondîmes : « Nous ne voulons plus de tyrans ; sois le capitaine de la flotte que nous envoyons au siége de Troye ». L'infortuné partit tout joyeux. Hélas ! il devait périr sous les coups d'Agenor.

Homère a chanté la vaillance de nos ancêtres sous le nom des Abantes d'Eubœé, remarquables par leur coiffure ; de tous leurs cheveux, ils ne gardaient qu'une tresse derrière la tête.

PYTHAGORE. Sait-on l'origine de cet usage ?
L'INSULAIRE. On raconte que dans les pre-

---

(1) Servius, comm. in Virg. Æneid. X.

niers temps, ils laissaient croître leur chevelure; laquelle retombait sur le front, et recouvrait tout leur visage. Dans une guerre, l'ennemi s'avisa de se saisir de cette touffe de longs cheveux du devant de la tête et les terrassa sans peine. Ils n'y furent pas repris, et aimèrent mieux se priver de cette parure naturelle, que de perdre la vie ou la liberté.

Après nos rois, nous voulûmes essayer d'un gouvernement confié à plusieurs. Nous choisîmes les plus opulens d'entre les insulaires, comme plus intéressés au maintien de l'ordre et du calme. Nous leur donnâmes le nom d'*Hippobates*, parce qu'une des conditions de rigueur imposées aux aspirans à la magistrature, était d'être assez riche pour nourrir un certain nombre de chevaux. Sous ce régime politique, nous vîmes notre patrie jouir de quelque prospérité; ce ne fut pas pour long-temps. Une troisième révolution nous fit reprendre un roi; et si ce fut un bien, nous en fûmes redevables aux citoyennes de Chalcis. Les femmes aiment mieux la monarchie que la république. Toute l'île reconnut Tynnondas, qui répondit à cette marque excessive de confiance par beaucoup de modération et de sagesse. Nous fûmes assez contens d'Antiléon son successeur; le troisième du nouveau règne fut massacré (1), injustement sans doute; car toute une nation n'a que le pouvoir légitime de chasser le chef dont elle n'est pas satisfaite. Le peuple n'a pas plus droit de vie et de mort sur son roi, qu'un roi sur son peuple. A la Nature seule appartient ce privilége.

---

(1) Aristotel. *polit.* V. 4 et 6.

L'insulaire, qui me parlait ainsi, m'ajouta : « Quand on connaît le cœur humain, on conçoit les vicissitudes politiques plus facilement que le phénomène de l'Euripe ».

Et il s'offrit de m'accompagner sur les rives de ce fameux détroit de la mer Ægée : en m'y conduisant, il me dit avec un sourire : « Honorable étranger, je me reprocherais l'hospitalité que j'exerce envers toi avec tant de plaisir, s'il devait t'arriver la même infortune qu'à un voyageur, il n'y a pas long-temps. C'était un vieillard à longue barbe ; il vint s'asseoir sur cette roche voisine, pour contempler tout à loisir, et pour étudier les oscillations journalières des flots dans ce détroit. Il voulut en pénétrer la cause ; nous le vîmes se creuser le cerveau, et enfin, de dépit, se précipiter dans la mer, en disant : « Puisque je ne puis parvenir à te comprendre, comprends-moi (1) ».

PYTHAGORE. Pour l'honneur de l'espèce humaine, croyons plutôt que ce mortel, las de la vie, voulut noyer ses chagrins dans le grand fleuve d'oubli.

Les flots de l'Euripe ont six fois par jour leur flux et leur reflux (2). On assure même qu'ils ont ce double mouvement sept fois pendant le jour, et autant pendant la nuit.

« Oui, me répéta mon guide avec complaisance, les eaux de ce détroit, dont le courant est si rapide, coulent alternativement, tantôt d'un côté, tantôt de l'autre, avec tant de précipitation, que le vent le plus impétueux n'ar-

---

(1) Ce conte a été fait depuis sur Aristote.
(2) Plin. *hist. nat.* Strabo. *geogr.* Suidas.

rête pas leur course ; ils empêchent même le meilleur navire de remonter la mer, eût-il toutes les voiles déployées ».

J'obtins quelques jours pour observer ce phénomène ; je crois avoir remarqué bien distinctement deux mouvemens aux flots de l'Euripe. D'abord celui qui leur est commun avec les eaux de la mer ; comme elles, ils ont deux fois leur flux et leur reflux dans l'espace de vingt-quatre heures, en retardant chaque jour d'une heure. L'Euripe, ainsi que le grand Océan, met chaque fois six heures à monter, et autant à descendre ou à s'en retourner, n'importe en quelle saison, et quelque tems qu'il fasse ; et ce mouvement est tantôt du côté du midi, tantôt du côté du septentrion. Ainsi, ce n'est pas là encore où se trouve la merveille ; elle consiste en ce que dans d'autres temps de l'année qui ne sont point assujettis à des lois, du moins on ne les connaît pas, l'Euripe, dans l'intervalle d'un jour naturel, éprouve quatorze flux, et le même nombre de reflux. Il ne subit aucun mouvement extraordinaire pendant dix-huit ou dix-neuf jours de chaque période lunaire. Pendant les trois derniers jours de chaque lune, jusqu'au huitième de celle qui se renouvelle, le cours de l'Euripe est troublé, et soumis à un mouvement particulier qui change quelquefois, et intervertit le cours des eaux du détroit à chaque moitié d'heure ; son reflux est plus des deux tiers d'une heure à s'effectuer.

J'observai de plus que le flux de l'Euripe s'élève rarement plus haut qu'un pied ; celui de la mer monte quelquefois à quatre-vingt coudées.

Je fis l'acquisition d'une pièce de monnaie appartenant à chacune des villes d'Eubœé. Presque toutes ces médailles ont pour type la tête d'un bœuf ou d'un taureau. Les habitans d'Edepse y font graver une écrevisse et un poisson familier sur leurs côtes.

Ceux de Carystos ont pour marques distinctives, un coq et la tête de Mercure, recouverte de son chapeau garni de deux ailes. Cette peuplade active sacrifie au dieu du commerce.

Les monnaies de Cerinthe représentent Apollon assis sur un trépied, et la lyre à la main ; elles offrent de plus une tête sans nom, ceinte d'une branche de laurier.

Les Itiens, plus intéressés, rendent les honneurs numismatiques à la fortune ; l'empreinte est frappée de la figure d'une femme assise sur la proue d'un navire, et déployant une voile. d'autres bronzes représentent un bœuf placé entre deux belles grappes de raisin. Si l'île d'Eubœé ne semble plus favorable à l'héroïsme, elle n'a point perdu la faculté de produire d'excellens vins. Cependant les insulaires viennent d'élever, au milieu de leur territoire, une table de pierre sur laquelle je lus cette belle loi :

*Les Euboeens s'interdisent les armes qu'on lance* (1) *; ils ne combattent leurs ennemis que corps à corps* (2).

Les Eubœens vivent sous un magistrat toujours trop nombreux, élu par eux-mêmes. Cette forme politique, la plus simple, serait

---

(1) Strabo. *geogr.* X.
(2) Homer. *Iliad.*

aussi la meilleure, si le peuple était capable de bons choix.

Après quelques heures de navigation, les matelots nous crièrent : « *Anticyre!* Que celui d'entre les passagers qui a besoin d'ellébore (1), le dise ! nous le mettrons à terre ».

Aucun de nous ne répondit. Les hommes conviennent avec peine qu'ils ont perdu la raison. Ce mal honteux, et si commun, est un secret trop bien gardé.

Il n'en est pas de même de Naxos ; nous voulûmes tous visiter cette île fameuse par ses vignobles, et dont le circuit semble décrire le contour d'une feuille de vigne (2). Il ne restait plus aux habitans que cette ressource, pour les consoler de l'indépendance qu'ils ont perdue. Pisistrate, le tyran d'Athènes, les a forcés d'accepter un despote de sa main (3), choisi parmi eux. Naxos n'est plus que le grenier de l'Attique.

Comment, dis-je à un insulaire, comment un peuple, placé au milieu de la mer, et qui trouve chez lui en abondance du pain et du vin, peut-il cesser d'être libre ?

« Précisément, me répondit-il, cette abondance nous a perdus; la grande fertilité de notre petit territoire nous attira des envieux, et la liqueur du dieu de la treille fit le reste. Le culte trop assidu peut-être que nous rendons à Bacchus,

---

(1) Plin. *hist. nat.* XXV. 15. Pausan. XII. 36. Horat. *satyr.* III. 2. Aristoph. *com.*
   *Bibe elleborum.*
   *Naviget anticyrum.*
(2) *Mém. de l'acad. des insc.* p. 538. tom. IV. *in*-12.
(3) Nommé *Lygdamis.*

nous a ôté les mêmes forces qu'il nous donnait d'abord; un buveur n'est pas difficile à soumettre. Nous serions encore maîtres chez nous, si nous avions fréquenté plus souvent ce superbe temple d'Apollon que tu vois à la partie occidentale de notre île. La foule s'est portée trop constamment aux autels, tout de marbre, du joyeux amant d'Ariane (1); viens y sacrifier ».

Ce bel édifice, entouré d'eau, occupe presqu'à lui seul une roche plate, avec laquelle on communique par un beau pont. Le portique, composé seulement de trois pierres, est très-hardi. Ce qu'il y a de plus recommandable, c'est un réservoir de vin, toujours rempli. Cette précieuse liqueur y coule par flots, à travers plusieurs canaux qui ont leur source dans Naxos; il se passe peu de jours qu'il n'y ait quelque solennité auprès de ce réservoir, sur le rebord duquel se font maintes libations dont ce dieu n'a pas seul tous les honneurs. Le prêtre, et ceux qui viennent y sacrifier, sont si pleins de la divinité, qu'ils ont peine souvent à balbutier l'hymne d'usage; pourtant un bas-relief, sculpté avec beaucoup d'art, semble commander un peu plus de retenue; il représente l'enfance du dieu des raisins, allaité par les trois nymphes d'une fontaine voisine: allégorie charmante pour avertir les hommes de ne se permettre que le vin tempéré par l'eau.

Une autre sculpture, qui répond à la précédente, offre Bacchus assis, et les jambes croisées; il exprime dans un vase une superbe grappe de raisin. Debout, devant lui, est un de ces hermès qui servent de limites à nos

---

(1) Homer. *Odyss.*

champs : il semble avertir le buveur de poser des bornes à son ardeur pour le culte du dieu de la vendange. Leçons perdues ! l'attrait pour tout ce qui flatte l'emporte sur la crainte des suites.

J'approchai de la coupe d'or du pontife, et j'eus peine à me défendre du charme attaché à cette liqueur précieuse qu'on récolte à Naxos. Le prêtre, la tête ceinte de lierre et de pampre, vêtu d'une robe longue, reçut de moi l'offrande d'une grenade. Je laissai tomber aussi quelques pièces de monnaie dans une patère derrière l'autel, après y avoir lu l'invitation de contribuer aux frais d'entretien des canaux et du réservoir de Bacchus.

On trouve dans Naxos, dont le circuit a près de quatre-vingt mille pas d'homme, une pierre à aiguiser (1), qui a de la réputation ; de beau marbre ophite, des mines d'or, et principalement, ce qui est préférable, sans doute, de beaux fruits en abondance, et beaucoup de gibier. Les hauteurs de l'île sont parsemées de nids d'aigles.

Les jeunes filles naxiotes rêvent toujours à la belle Ariane, abandonnée dans leur île par Thésée, et consolée par Bacchus.

Une vieille tradition porte que jadis les femmes de Naxos reçurent du fils de Sémelé (2) le privilège d'accoucher au huitième mois de leur grossesse, époque de sa naissance. Mais la nature ne dérange pas ses calculs pour justifier les poëtes.

---

(1) *Naxia cos*, proverbe. Pindar.
(2) Bacchus *bimere*. Ovid. *metam*. III.

## §. CXXXII.

*Ios, Siphnos, Délos, Cythère, Therasie.*

Naxos, qui s'entend quelquefois qualifier de *Reine des Cyclades*, quoiqu'elle n'ait pas un bon port, et de *petite Sicile*, à cause de sa fécondité ; Naxos, fière du vin qu'elle produit, et qu'on appelle le nectar des Dieux (1), est peu jalouse du genre de célébrité dont jouit l'une des moindres îles cyclades, sa voisine. *Ios*, que je ne manquai pas de visiter, est honorée (2), si ce n'est de la tombe, du moins du berceau d'Homère. Les insulaires paraissent fort opiniâtres à soutenir contre ceux de la *libre Schio* (3), cette prétention qui fait leur éloge. On ne peut guère leur refuser la satisfaction d'avoir donné naissance à la mère du poëte immortel. Il est beau de voir ainsi les peuples réclamer tout ce qui peut les faire appartenir en quelque chose à un grand homme. Ils conservent à Ios l'humble toit d'où fut originaire le chantre divin d'Ulysse ; ils m'ajoutèrent, et l'invraisemblance du récit ne me rendit point insensible à ce

---

(1) Archiloque, cité par Athénée.
(2) *In hâc Homerum sepultum ferunt, ita jubente oraculo, ut in maternâ patriae sepeliretur, propterea quod matre certâ, patre vero incerto natus esset.*
Car. Steph. dict. hist. Voy. Plin. hist. nat. IV. 12.

(3) La *libre Schio*, la patrie prétendue d'Homère, n'est plus aujourd'hui que *l'île au mastic*, et ne sert qu'à fournir aux femmes du sérail une drogue propre à parfumer leur haleine, et à gâter leurs dents.

qu'il renferme de touchant ; ils m'ajoutèrent, en me conduisant sur un rivage pierreux : « C'est ici qu'Homère, aveugle et fort âgé, voulant passer de Samos dans l'Attique, toute remplie de sa gloire, aborda, et se sentit atteint d'une maladie soudaine. Ses ennemis racontent le fait autrement (1). Il n'eut pas la force de monter jusqu'à notre ville, bâtie sur la croupe de ce grand rocher : le premier de nous qui l'aperçut gissant sur le sable, et délaissé par la plus criminelle indifférence, fit part aussitôt de cet événement à tous les citoyens. « Homère, le divin Homère, vient d'aborder dans l'île ; venez, accourons auprès de lui ; hélas ! il est prêt d'expirer ». Nous y fûmes tous ; nous lui prodiguâmes tous les secours de l'hospitalité sainte. Nous ne le quittâmes plus. Tour-à-tour nous passions les jours et les nuits à ses côtés. Il rendit sa grande ame entre nos bras, et nous lui fermâmes les yeux : du moins les derniers momens de sa vie ne furent point les plus malheureux : c'est ce qu'il nous dit en mourant ; et ces dernières paroles furent la plus précieuse récompense que nous puissions espérer.

Quand il ne fut plus, toutes les villes de la Grèce et de l'Ionie réclamèrent sa dépouille (2), qu'on nous enleva par un indigne stratagême ; il fallut nous contenter de ce

---

(1) *Vie d'Homère*, attribuée à Plutarque.
(2) *De Homero, cujas esset decertarunt septem urbes : Smyrna, Rhodos, Colophon, Salamis, Chios, Argos, Athenae... eadem de Pythagorâ, magnorum hominum magistro, lis...*
Steph. Rhodericus. IV. *Pythagoras*. 1651. *in*-16.

cénotaphe

cénotaphe (1), à l'endroit où le divin Homère cessa de vivre. On ne pourra du moins nous enlever le souvenir de l'avoir possédé les derniers, et d'avoir été honorés de sa reconnaissance ».

Cette tradition, plus que douteuse, eut pour moi un charme difficile à peindre ; je quittai Ios, l'ame pénétrée.

Le patron de notre navire proposa de visiter l'île *Siphnos* (2). Les habitans y étaient fort tristes, et encore tout honteux des cent talents auxquels ils avaient été imposés par les Samiens.

Je leur dis : « Insulaires, ne vous plaignez pas ; on n'en a plus le droit, quand on s'est attiré ses maux. Que vous manquait-il ? Siphnos était la plus heureuse des îles de cette mer. Vous avez le sol le plus fécond, et de belles eaux. Une active industrie, secondée par les vertus d'une pierre qu'on ne trouve que chez vous, vous avait mérité un juste renom pour la fabrique d'une vaisselle et de vases connus et recherchés au loin. Le dieu Pan, dont vous honoriez la statue dans son temple rustique, multipliait vos troupeaux. Le chef-lieu de votre île était orné d'un prytannée et d'un marché public tout de marbre. Vos femmes sont belles ; vos filles ont des grâces : que vous manquait-il? Les Dieux vous ont punis justement. Qu'aviez-vous besoin d'exploiter vos mines d'or et d'argent ? Mange-

---

(1) Etant tombé malade à Ios, il y mourut, et fut enterré sur le bord de la mer.
*Vie d'Homère*, attribuée à Herodote.
(2) Aujourd'hui *Siphanto*.

t-on de l'or ? En vain vous avez voulu justifier votre soif inextinguible de richesses, en portant au temple d'Apollon, à Delphes, la dixième partie des trésors arrachés des entrailles de la terre. Les Dieux vous ont punis de votre indifférence pour les malheurs de vos voisins. Vos ames, aussi dures que vos métaux, ne se sont point émues à la vue des Samiens opprimés par Polycrate, errans sur les mers, sans asile. Vous eutes l'inhumanité de leur refuser le prêt de dix talens, pour les aider à chasser leur despote. Les Samiens ont ravagé votre île insensible à l'infortune. Ne vous en prenez qu'à vous ; profitez du châtiment ; refermez vos mines d'or et d'argent : renoncez à Plutus, pour retourner au Dieu des troupeaux ».

Ils convinrent de leurs fautes avec moi ; et pour récompense de mes conseils qui n'étaient plus de saison, ils m'offrirent une pièce de chaque espèce de leurs monnaies. Ils en ont une frappée à l'image de la chimère de Corinthe, dont ils sont une colonie. C'est une figure de monstre qui a la tête d'un lion, et celle d'un serpent à l'extrémité de la queue : type ancien d'astronomie et d'histoire. J'acceptai une médaille représentant Diane, en habit de chasse ; un levrier est à ses pieds : elle porte un arc dans sa main gauche, et sur sa droite une lampe allumée. Les jeunes Siphniennes ne profitent pas de la leçon.

Les habitans et le sol de Siphnos attestent un ancien cataclysme qui couvrit l'île entière, et la dépeupla.

J'allai méditer au temple rustique de Pan, dieu du pâtre et du sage. Le pâtre reconnaissant y va rendre ses actions de grâce au gardien et au conservateur de ses troupeaux. Le sage y sourit au symbole de la nature divinisée, digne en effet de ses hommages et surtout de ses études.

Plus encore à Siphnos que dans les autres îles des mêmes eaux, je trouvai établi l'usage de suspendre aux branches des arbres les enfans nouveaux-nés, couchés dans un réseau (1), et bercés par le balancement naturel des rameaux : spectacle charmant! On dirait d'un verger dont les fruits vivans croissent sous l'œil des mères de famille, attentives à la moindre agitation de l'air. Leurs nourrissons se trouvent bien de cette coutume qui donna peut-être l'idée au poëte Anacréon de ces jolis *nids d'amours*, qu'il décrit avec tant de grâce dans l'une de ses chansons (2).

Le temps des fêtes était passé, quand nous abordâmes la célèbre *Délos* (3), l'un des sanctuaires où le soleil et la lune, sous les traits d'Apollon et de Diane, reçoivent un culte solennel de toute la Grèce, imitatrice de l'Egypte. Les poëtes en ont fait disparaître la majestueuse simplicité primitive sous des fictions ingénieuses et puériles. On a peine à reconnaître les vérités astronomiques découvertes par les fondateurs de ce culte,

---

(1) Encore aujourd'hui, à Siphanto, les hamacs sont fort en usage pour les enfans du premier âge.

(2)  *Amor sedusque nostro*
*In corde nidulatur.*
*Pullus fit unus, ales :*
*Hic conditur sub ovo*... etc.

Od. XXXIII

(3) A présent *Dili*.

défigurées sous les brillans mensonges des hymnes d'Olen et d'Homère, chantés à Délos.

Tous les yeux, tous les pas sont dirigés vers le temple d'Apollon; on sait à peine qu'il y a un autel consacré à la providence de la nature (1), divinité dont le soleil ne fait qu'une partie détachée, comme Délos elle-même n'est qu'un fragment mobile de la terre continentale.

Je me présentai pour brûler mon encens sur le trépied pythique de la providence génératrice. Les insulaires, accoutumés à des sacrifices sanglans, me regardèrent, pénétrés d'une sorte d'admiration stupide (2) : Ce qui me donna sujet de leur dire avec toute l'autorité de la raison :

« Habitans de Délos! qui demeurez immobiles autour de moi, imitez plutôt ma conduite. Renoncez aux victimes animales; le soleil et la terre fécondée par lui, rejettent de pareilles offrandes; et la première de toutes les divinités, la Providence de la nature qui conserve toutes choses, répugne à l'image de la destruction, et repousse de son autel la main teinte du sang versé même en se défendant. Sa grande solennité n'est pas encore venue ; ce sera le jour où toutes les nations, enfin d'accord, promettront de renoncer pour jamais à la guerre et aux arts meurtriers. La

―――――――――

(1) Macrob. liv. I. ch. 17. *saturn.*
*In insulâ Delos, aedes providentiae aptâ religione celebratur.*
(2) ... *Cum Delum appulit... Insulae illius incolis admirationem sui injecit, cum ad solam aram Apollinis genitoris, quae unica incruenta erat, adorasset.*

Jambl. *vita Pythag.* VII.

paix des hommes est la seule offrande digne d'honorer la Providence de la nature ».

Je fus universellement applaudi ; mais on me laissa seul achever mon hommage. Je m'attendais à un succès plus marqué et plus durable, dans un lieu où les préjugés religieux semblent avoir préparé les chemins à la révolution morale que je provoquais.

Mes chers disciples, respectons les erreurs et les écarts de l'esprit, quand il en résulte d'heureux effets.

Délos est devenue une terre si sacrée, que toute inimitié cesse à son approche. La discorde se tait, et suspend ses fureurs homicides, à la vue seule de cette île. Les rivaux les plus irréconciliables s'embrassent comme des frères, pendant les panégyres qu'on y célébre ; les pirates eux-mêmes y respectent les lois du commerce (1). Pourquoi une aussi belle institution est-elle renfermée dans l'étroite enceinte d'une île ? Pourquoi n'y a-t-il que Délos où les hommes vivent en bonne intelligence ? La vue de tous les objets qui décorent l'intérieur du temple de la sœur et du frère inspire cette harmonie qui règne entre Diane et Apollon. Ce Dieu lui-même est représenté portant sur sa main le groupe des trois Grâces. Chacune d'elles a pour attribut un instrument de musique, la lyre, la flûte et l'antique chalumeau aux sept embouchures. Tout retrace cette harmonie céleste encore inconnue à la terre ; mais une fois qu'on a perdu de vue le sanctuaire de Délos, en quittant l'île, on reprend ses passions. Rien de plus éphémère

---

(1) Paw, *rech. sur les Grecs.*

que la vertu produite par la superstition. Le le lendemain de la fête, on n'y pense plus.

Cependant les prêtres peuvent s'applaudir. Ils ont plus de pouvoir que les sages Amphictyons ; les peuples qui obéissent aveuglément aux pontifes de Délos, ne respectent pas toujours les décisions de leurs représentans rassemblés aux Thermopyles (1).

Quatre lions de marbre, symbole du soleil à ce signe du zodiaque, gardent les avenues du temple de Délos, construit avec les matériaux précieux tirés des carrières du mont Cynthus.

A travers une forêt de colonnes, on admire un palmier qui les éclipse toutes (2) ; on croit dans l'île que ce bel arbre date de la naissance même de Diane et d'Apollon. Au pied de ce superbe végétal, Latone fut délivrée sans douleurs du double et précieux fardeau qu'elle portait. Les jeunes femmes enceintes ne manquent pas de venir autour de ce palmier, pour y faire libation de quelques gouttes de leur lait. L'imagination rassurée par cet acte religieux, elles accouchent en effet avec moins de souffrances. La nature profite de tout, même des erreurs de l'homme.

Une tradition vraisemblable veut que le premier hymne chanté sur la terre, fût un cantique au soleil. Elle cite même le nom du poëte, le plus ancien de tous, du moins chez les Grecs. Olen, venu des froides contrées du septentrion, dressa dans l'île de Délos

---

(1) *Decreta Amphictyonum*, *amphictyonicae leges*, *ad concordiam excolendam*.
(2) Plin. *hist. nat.*

un autel au dieu Apollon, et lui fonda un culte accompagné de chants et de danses, comme à Héliopolis. La nuit, il n'oublia point Diane, et réserva pour cette divinité une part de son encens et de ses hymnes. Il fut éclipsé par Homère qui n'a point de rivaux. Depuis, les fêtes brillantes de Délos devinrent aussi stables qu'elle ; mais ce ne sont toujours que des fêtes.

Je remarquai dans cette île un usage antique que je ne retrouvai point ailleurs. Lors d'un sacrifice personnel ou public, on y allume l'autel d'une façon toute particulière. Le prêtre ne se sert point d'un caillou heurté avec du fer ; il prend deux morceaux de bois, et les frotte l'un contre l'autre avec violence, jusqu'à ce que l'un des deux soit enflammé. La qualité du bois propre à cet exercice n'est point arbitraire ; on choisit pour cela du lierre et du laurier. Les insulaires en agissent de même pour leurs foyers domestiques : vestiges curieux des habitudes primitives !

Parmi les monnaies qui ont cours à Délos, je distinguai une médaille représentant Apollon et Diane montés sur le même char attelé de deux bœufs et de deux chevaux. On lit pour légende : *les deux immortels frère et sœur*. Au-dessus d'eux, est la tête de Jupiter dont ils sont les enfans.

Avant de quitter cette terre sacrée, nous fîmes provision de *cytise* (1). Originaire de l'île de Cythnos, il abonde dans les Cyclades ; cet arbrisseau est recommandable : il multiplie les abeilles, engraisse le bétail, et donne

―――――――――――――――――――――――
(1) Plin. *hist. nat.* XIII. 24.

du lait aux nourrices. Le cytise fait plus de bien au monde que toutes les solennités de Délos.

Pour ne point encourir l'application du proverbe (1), les femmes de notre équipage désiraient beaucoup qu'on s'arrêtât quelques heures dans l'île de *Cythère* (2). Elles n'insistèrent plus, quand on leur apprit qu'il n'y avait à voir qu'un vieux temple de Vénus armée (3), un vieux palais du roi Ménélas, et les bains taris de son infidelle épouse. Quelques tourterelles innocentes soupirent leurs amours sur les ruines de ces monumens de scandale qu'on ne fréquente presque plus, depuis que Cypre attire la foule des étrangers.

Cythère se ressent du voisinage de la Laconie, et du caractère de ses maîtres. Ce point de terre n'a peut-être jamais répondu à sa renommée. Soumis d'abord à des marchands (4), et maintenant à des soldats (5), l'insulaire esclave et pauvre est toujours étonné de la réputation que sa patrie conserve dans le monde ; un moment et le hasard ont suffi pour la rendre célèbre à jamais. Que de fameux personnages lui ressemblent (6) !

Les premières impressions restent toujours

---

(1) Αχιτης, homme grossier, *qui n'a point été à Cythère.*
(2) Auj. *Cerigo.*
(3) Larcher, *mém. sur Vénus*, p. 64 et 65.
(4) Les Phéniciens.
(5) Les Spartiates.
(6) . . . *Cytherea, manent immota tuorum Fata tibi.*

Virgilius, *Æneid.* I.

dans le souvenir des nations, ainsi que dans a mémoire des hommes.

Nous nous hâtâmes de dépasser *Therasie* (1); il n'y a point d'îles dans ces parages plus sujettes aux révolutions maritimes. Chaque siècle, il s'en détache une partie; des convulsions annuelles la déchirent, la mettent en pièces : elle est remplie d'abymes. On y rencontre à chaque pas des foyers de soufre et de bitume; on y marche, pour ainsi dire, sur des charbons mal éteints (2). Toute cette terre est volcanisée; il en jaillit des pierres ponces à de grandes distances.

Les insulaires avaient bâti une ville près la mer, sur la côte occidentale; déjà même elle prospérait. Ils prirent eux-mêmes la sage résolution de détruire leur propre ouvrage : tôt ou tard, l'homme se repent d'une entreprise désavouée par la nature. Les Thérasiens craignirent de se trouver un jour ensevelis sous leurs murailles. Ils se contentent de quelques habitations légères sur la pente d'une montagne; plusieurs se logent dans le flanc de quelques roches profondes. Ils y ont renoncé aux faveurs de la fortune; ils goûtent en échange les plaisirs de la sécurité; néanmoins ils ont peu d'imitateurs.

Thérasie, dont l'existence physique est un prodige journalier, a presqu'été aussi agitée par les révolutions civiles. Il fut un temps où elle était l'objet de la convoitise des peuples

---

(1) A présent *Santorin*.
(2)    *Et incedis per ignes*
   *Suppositos cineri doloso.*
      Horat. od. II. 1.

conquérans ; alors on l'appelait *Callisthe* (1). Elle changea plusieurs fois de maîtres. Lacédémone l'envia, et la ravit aux Phéniciens. Minerve, sa divinité tutélaire, ne fut point un palladium capable de lui éviter ce traitement. Elle compte deux fondateurs, Cadmus et Théras, et se vit à son tour capable d'être la fondatrice d'une colonie florissante ; la Cyrène lybique reconnaît en elle sa métropole.

Théras, qui enleva Thérasie aux successeurs de Cadmus, racheta l'illégitimité de sa prise de possession par de belles lois. Les Thérasiens, sans bornes dans leur reconnaissance, lui consacrèrent un autel dans le temple même d'Apollon; il méritait du moins un honorable souvenir, s'il introduisit l'usage dans lequel on est en cette île de ne point porter le deuil de ceux qui meurent avant leur septième année, ou après leur cinquantième. « L'existence des premiers, dit l'insulaire, n'est comptée pour rien; les seconds ont assez vécu ».

Ils ont trop vécu, si leur patrie n'est pas plus libre et plus heureuse que Samos.

## §. CXXXIII.

### *Pythagore sur le Taygète.*

Enfin, je quittai tout-à-fait la mer dans le golfe Laconique, et me fis déposer à *Gythium* (1), bassin vaste, creusé par les Lacédémoniens, pour servir de port à leur ca-

---

(1) C'est-à-dire, *la très-belle.*
(2) Aujourd. *Colokythia.*

pitale. Il est défendu par des môles et même par des remparts à peine achevés, et que l'ennemi forcera difficilement ; et c'est ainsi qu'on élude les lois de Lycurgue (1) Sparte est toujours sans fortifications (2) ; mais on en donne aux extrémités de son territoire.

Sparte y équipait, à mon arrivée, une flotte destinée, disait-on avec mystère, à secourir Athènes qui se dispose tacitement à secouer le joug des Pisistratides. On frétait en même temps dans ce pays plusieurs navires de commerce (3), qui doivent partir incessamment pour la Crète et l'Egypte.

Les Gythiens se donnent une origine à part (4). Ils ne reconnaissent point pour fondateurs de simples mortels ; il leur faut le concours d'un dieu ou d'un héros, pour poser les bases de leur ville. Hercule et Apollon la construisirent à frais communs. Cérès, Bacchus et Neptune partagent aussi leur encens ; et la fontaine qui coule dans la place du marché public, est consacrée au Dieu qui donne ou rend la santé (5). Ils se représentent Neptune sous la figure d'un vieillard ; serait-ce pour indiquer que la mer est ce qu'il y a de plus ancien au monde ? Auraient-ils adopté le système de Thalès ? Les portes de cette cité se nomment *Castorides*, parce qu'elles sont sous la protec-

---

(1) Le législateur des Spartiates leur avait défendu de se clorre.
(2) Lacédémone fut huit cents ans sans murailles.
    Tite-Live. XXXIX.
(3) Thucydide.
(4) Strabon. *geogr.*
(5) Esculape.

tion des Dioscures (1). A l'entrée de l'une d'elles, se trouve une roche d'un volume considérable, et nommée *Capotès*. Les coupables tourmentés de remords, vont s'y asseoir, prononcent le nom d'Oreste, et rentrent chez eux soulagés. Gythium, où l'on parle la langue dorique, n'est pas précisément sur le rivage de la mer; elle en est éloignée de trente stades (2), et de près de deux cents (3) de Sparte, la capitale si fameuse de l'Hécatompolis laconienne (4).

Je ne pus satisfaire tout de suite mon empressement à m'y rendre (5); la loi de Lycurgue, dite *xeneiasie* (6), oblige l'étranger qui se présente à subir plusieurs formalités de prudence et de précaution. Il me fallut donner le temps d'informer sur ma personne, et de vérifier les renseignemens qu'on exigea d'abord de moi. Pour ne pas perdre plusieurs journées entières dans une attente toujours trop longue, quand on ne sait s'en dédommager, j'allai faire une excursion au mont Taygète (7), à travers de sombres forêts de sapins, habitées par des daims timides, d'énormes sangliers et des ours. J'y rencontrai un temple de Cérès (8), bâti à

---

(1) Castor et Pollux.
(2) Cinq quarts de lieues.
(3) Huit lieues.
(4) La Laconie avait cent villes.
(5) ... *In Lacedemone legislatorum cognoscendorum cupidus moratus...*
    Jamblich. *vita Pythag.* V. 25.
(6) Xenophon. Plutarque.
(7) Aujourd'hui le mont *Lycée*, ou la *montagne des Mainotes*.
(8) Pausan. *lacon.* XX.

l'endroit où Esculape pansa une blessure d'Hercule. Ce lieu saint renferme une statue d'Orphée ; on en est redevable aux Pélasges, peuple antique, dont les traces commencent à se perdre : la postérité les regrettera.

Comme j'étais occupé de l'examen de la végétation du lieu, une jeune bergère des montagnes, accompagnée du bélier (1), chef de son troupeau, vint à moi pour me dire : « Etranger ! n'oublies pas le *Charision*, pour en porter à ta femme... Tu ignores peut-être ce dont je veux te parler. C'est une plante qui a la vertu de rendre l'épouse plus affectionnée envers son mari, pourvu que pendant tout le printemps, elle en suspende une touffe à son col. Je puis t'en donner ».

PYTHAGORE. Je suis encore seul sur la terre.

LA BERGÈRE. Tant pis... Que les Dieux te préservent d'une femme adultère (2) » !

Un Gythien auquel j'étais recommandé, voulut bien m'accompagner et diriger mes courses. Nous nous plaçâmes sur la hauteur d'un site sauvage, d'où il me fut possible de planer, pour ainsi dire, sur toute la Laconie (3). Je vis se développer au loin sous mes yeux, le cours de l'Eurotas, bordé de lauriers toujours verts, comme il convient au *roi des fleuves*, selon l'expression du pays ; et la ville d'Amiclée qu'il arrose. Là, mille pensées assaillaient

---

(1) En grec, *tityros*.
(2) C'était l'un des quatre vœux, ou l'une des quatre imprécations en usage chez les Lacédémoniens.
*Ædificatio te capiat, te agger et equus ; et uxor tua mœchum habeat !* Suidas.
(3) Strab. geogr. VIII.

en foule mon cerveau. Mon guide s'en aperçut, et me dit : « Le titre saint que tu portes aurait dû te mettre à l'abri des lenteurs qu'on te fait éprouver ; pardonne à un peuple jaloux de sa liberté et de ses mœurs, et dont les lois ne sont pas moins sévères pour lui-même que pour les étrangers qui le visitent. Tu ne connais encore que sur parole la Grèce dont cette région est la partie la plus importante ; du moins en ce moment le *Péloponèse* (1), ou *l'île de Pélops*, aux soixante-seize montagnes (2), joue le premier rôle sur la scène politique. Pour se maintenir à cette élévation, elle a besoin d'une haute prudence que nous poussons peut-être jusqu'à l'inhospitalité ». L'histoire semble justifier cette conduite qui tient encore un peu de la rudesse des premiers siècles.

PYTHAGORE. Les sages Egyptiens s'en sont bien trouvés.

Mon Gythien s'arrêtait précisément à l'endroit du Taygète où l'on expose les enfans nouveaux-nés ; il est vrai qu'en ce moment, le lieu n'était point attristé par ce spectacle. « Allons plus loin, lui dis-je : aucun objet sinistre ne doit me distraire pendant notre entretien ». Il y consentit.

Nous nous fixâmes à l'entrée de l'une de ces nombreuses cavités (3) qui font ressembler à des éponges les hauteurs du Péloponèse.

Un pâtre montagnard, qui portait à Gythium une provision de lait durci (4), fort

---

(1) Aujourd. *la Morée*.
(2) Plin. *hist. nat.* IV. 6.
(3) *Lacédémone anc. et mod.* p. 75. et 76.
(4) Lucien parle de ces fromages.

recherché du pays et des étrangers, nous en offrit en passant, et ne voulut rien accepter en échange ; il déposa son présent à nos pieds, et s'éloigna précipitamment.

Je dis au Gythien : « Votre port est dans une grande activité. La métropole médite une expédition importante, peut-être contre quelque tyran étranger »...

Le Gythien. Peut-être aussi contre quelque despote plus près de nous.

Pythagore. La Perse menace les îles, sans doute pour en venir un jour à l'invasion du Continent.

Le Gythien. Darius peut se présenter dès à présent ; la Grèce, et surtout Sparte, espère être libre encore quelques années. Nous avons du courage et des vertus ; On est bien fort avec de tels auxiliaires, sans compter les lois du divin Lycurgue (1). Nous serons invincibles, tant que nous combattrons pour d'aussi saintes lois. Elles sont le boulevart de Sparte, comme Sparte l'est du reste de la Grèce.

Pythagore. Ne craignez-vous pas quelques divisions intestines causées par la jalousie des autres états de la Grèce contre la Laconie.

Le Gythien. Ces petites querelles domestiques entretiennent l'amour de la patrie et des combats ; dans un danger commun, elles se taisent aux premiers commandemens de la confédération amphyctionique.

Pythagore. La Messénie détruite par Lacédémone n'offre un spectacle agréable qu'aux

---

(1) *Lacedaemonii, si quem velint praedicare bonum virum, divinus, inquiunt, hic vir est.*
Plato. *dial.* Meno et Socr.

yeux de vos ennemis. La liberté gémit de voir ses enfans s'entredétruire, au lieu de se presser en bons frères autour d'elle pour défendre la mère commune.

Je m'aperçus que mes réflexions paraissaient amères; j'y mis fin aussitôt, et priai mon guide bienveillant de me tracer une esquisse des événemens du pays célèbre que je me proposais de parcourir. Car, lui dis-je, on m'a prévenu que je ne trouverais point de sources pour y puiser les connaissances historiques, nécessaires à l'étude des hommes.

*Fin du troisième Volume.*

www.ingramcontent.com/pod-product-compliance
Lightning Source LLC
Chambersburg PA
CBHW060936230426
43665CB00015B/1961